集人文社科之思 集刊 专业学术之声

集 刊 名：逻辑、智能与哲学
主办单位：中国逻辑学会
协办单位：中国社会科学院哲学研究所智能与逻辑实验室
　　　　　西南大学逻辑与智能研究中心　浙江省逻辑学会

LOGIC, INTELLIGENCE AND PHILOSOPHY

名誉主编：张家龙
主　　编：杜国平
执行主编：马　亮
编辑部主任：陈晓华

编辑委员会（按姓氏拼音排序）

陈晓华	杜国平	郭美云	何　霞
姜海霞	金　立	刘明亮	雒自新
马　亮	周龙生	朱　敏	

编辑部人员（按姓氏拼音排序）

| 陈晓华 | 涂美奇 | 王　晴 | 王　爽 |
| 魏　涛 | 夏素敏 | 赵奥佩 | 朱科夫 |

本刊投稿邮箱：LIP2021@126.com

第一辑

集刊序列号：PIJ-2021-442
中国集刊网：www.jikan.com.cn
集刊投约稿平台：www.iedol.cn

主编 | 杜国平　　执行主编 | 马　亮

逻辑、智能与哲学

LOGIC, INTELLIGENCE AND PHILOSOPHY

第 一 辑

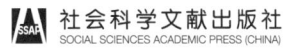

社会科学文献出版社
SOCIAL SCIENCES ACADEMIC PRESS (CHINA)

卷 首 语

杜国平

  逻辑学是一门主要研究推理有效性的学问，而推理无疑是智能的核心要素之一，因此，逻辑学是智能科学最为重要的基础性学科，智能科学的发展离不开逻辑学的创新发展。

  哲学是理论化的世界观和方法论，理论化离不开明确概念、准确判断、严谨推理和合理论证，而逻辑学提供了达成上述诸点的基本方法。没有逻辑学，哲学就失去了论证的魅力。

  哲学一词来自希腊语 philosophia，意为爱智慧。从古至今，哲学的涵义经历了若干流变，但是其对智慧的挚爱却须臾未离。

  数理逻辑产生百余年来，取得了突飞猛进的发展，几乎使得人们忘记了还存在其他形态的逻辑学。相较于算力不断提高、技术日新月异，智能科学基础理论创新却相对寂寞。两者都需要在哲学层面进行根本性的思考和突破，两者都需要重回亚里士多德、重回莱布尼兹，重回哲学的沉思！逻辑学的创新发展离不开哲学，智能科学的创新发展离不开哲学！

  基于此，特创立本集刊。

逻辑、智能与哲学

（第一辑）　　　　　　　　　　　　2022 年 8 月出版

智能哲学前沿

从人工智能的角度探讨一些哲学问题
　　//〔美〕约翰·麦卡锡　帕特里克·J. 海耶斯 著
　　　　王　爽　涂美奇　王　晴译 / 1

智能与哲学

人工智能伦理研究辨析 // 陈爱华 / 49
反向推理：心脑界面语言研究的科学统一策略 // 赵梦媛 / 65
从聚合规则视角探析集体决策理论 // 董英东　陈　妍 / 78

逻辑与智能

因果推理的形式论辩解释模型 // 应　腾 / 90
结构因果模型启示下刘易斯因果理论的重构 // 谭　浩 / 109
反事实语义中 MP 规则与等值置换的有效性问题 // 魏　涛 / 130

逻辑与哲学

CnK 的哲学特征初探 // 周龙生 / 146
逻辑学的描述性和规范性 // 王垠丹 / 156

QML 框架下内涵对象的量化问题 // 刘明亮 / 170

青年学者论坛

基于 MMTD 的单句模糊性度量 // 何　霞 / 185
吉姆斯的部分内容概念及其相干应用 // 段天龙 / 201
代数方案视域下的命题理论
　　——以 Bealer 和 Zalta 的方法为例 // 涂美奇 / 222

逻辑教育与测评

人工智能时代《数理逻辑》课程的教育技术现代化实践 // 李　娜 / 237
形式差异对三段论推理难度的影响探析 // 姜海霞 / 247

Table of Contents & Abstracts / 262

征稿启事 / 271

·智能哲学前沿·

从人工智能的角度探讨一些哲学问题[*]

〔美〕约翰·麦卡锡　帕特里克·J.海耶斯著
王爽　涂美奇　王晴译[**]

一　简介

能够执行智能行动的计算机程序必须可以表征世界，其输入可根据该表征进行解释。设计这样一个程序需要对何为知识以及何以获取知识等问题做出表态。因此，一些主要的传统哲学问题逐渐出现在人工智能中。

具体而言，我们想要这样一种计算机程序：它通过形式语言推出某种可达成指定目标的策略，然后决定其行动。这需要对因果、能力、知识等概念进行形式化。这种形式化方法在哲学逻辑中普遍使用。

本文第一部分开始于一个哲学观点——如果我们当真想制造一台具有真正智能的机器，这个观点就会自然而然地产生出来。接着，我们讨论了从形

---

[*] 本研究一部分资助来源于（美国）国防部长办公室高级研究项目局（SD-183），一部分资助来源于科学研究委员会（B/SR/2299）。
[**] 王爽、涂美奇、王晴，中国社会科学院大学哲学院博士研究生。
[***] 本文引用格式：王爽、涂美奇、王晴：《从人工智能的角度探讨一些哲学问题》，《逻辑、智能与哲学》（第一辑），第1~48页。

而上学和认识论上充分表征世界的概念。继而，我们在交互式自动机系统表征世界的范畴内解释了能行（can）、因果关系（causes）和知道（knows）。最后，我们提出了解决决定论宇宙（a deterministic universe）中的自由意志问题和反事实条件句问题的方法。

第二部分主要涉及形式化方法。该方法可证明一个策略能够达成一个目标。情境、通式、未来算子、行动、策略、策略的结果和知识等概念均被形式化。文中给出一种构造一阶逻辑句子的方法，使得该句子在某一公理所有模型中都为真，当且仅当某一策略能够达成某一目标。

本文的形式化方法是对 McCarthy（1963）和 Green（1969）的推进，它允许改进包含循环的策略和涉及知识获取的策略，并且形式更加简洁。

第三部分讨论在第二部分中形式化基础上的一些开放性问题。

第四部分是回顾哲学逻辑中和人工智能问题相关的工作，并从本文观点出发，讨论之前致力于编制"通用智能"程序的一些尝试。

二　哲学问题

（一）为什么人工智能需要哲学

智能机器是一个很古老的想法。然而，对人工智能问题的严肃的工作，或者对这个问题的严格理解要等到储存式编程计算机的出现才开始。我们将 Turing 的文章《计算机器与智能》（1950）和 Shannon（1950）关于如何让编程机器下国际象棋的讨论视为人工智能的开端。

从那时起，人工智能主要沿着以下路线发展。编写程序来解决给人类带来智力困难的一类问题，例如，下国际象棋或跳棋，证明数学定理，在给定规则下实现从一种符号表达到另一种的转换，整合由基础运算组成的表达，识别与质谱和其他数据一致的化合物。在设计这些程序的过程中，有时通过内省（introspection），有时通过数学分析，有时通过人类被试实验来确定或多或少的智能机制。测试这些程序有时会使人们更好地理解智能机制并且识别新的机制。

另一种方法是从诸如记忆、决策等智能机制入手（通过比较由学习、树状搜索、推断等次级标准的加权总和组成的分数），并编制训练这些机制的问题集。

在我们看来，这项工作最重要的地方是带来对智能机制的更深刻理解，这对人工智能的发展至关重要，尽管很少有研究者试图将他们的特定机制放在人工智能的大背景中。有时，研究者将他的特定问题当作整个领域的问题，他认为他看到了树林，而实际上他只看到了一棵树。关于智能机制的一个古老但从未过时的讨论可见 Minsky（1961）；另见 Newell（1965）对人工智能现状的评论。

已经有人尝试设计具有人类灵活性的智能。不同研究者对此认识不同，但即使是在有关研究者本人所使用的通用智能的意义上，亦无人取得成功。我们对于这些工作的批评不涉及本文中的哲学问题，因此我们将会在结论部分对此进行讨论。然而，我们仍有义务在此提出通用智能的概念。

给出通用智能的充分条件并不难。Turing 的想法是智能机器能够成功地在老练的观察者面前假装成人类半个小时就足够了。然而，如果我们朝着这一目标努力，我们的注意力就会分散到必须模仿人类行为这样一个肤浅的层面。通过规定被模仿的人是在电传线路的末端，Turing 排除了其中的一些问题，所以声音、外表、气味等都不必考虑。但 Turing 确实允许自己分心去讨论对人类易犯错误的模仿包括算术、懒惰和使用英语的能力。

然而，对于人工智能，尤其是对于通用智能的研究，将会因为对智能的更清晰的认知而得到改进。一种方法是给出一个纯粹行为主义的或者黑箱的定义。在这种情境下，如果机器解决了某些需要人类智能的问题，或者能够在一个需要智能的环境中生存，我们就不得不说它是智能的。这个定义似乎很模糊，在不偏离行为主义术语的情境下，也许可以把它说得更精确一些，但我们却不这样做。

相反，我们应该在定义中使用明显为内省式（apparent to introspection）的结构，例如事实知识。这样的风险有两重：首先，我们对自己的心理结构的内省观点可能是错误的，我们可能仅仅认为我们使用了事实；其次，可能有一些实体满足行为主义的智能标准，但不是以这样的方式组织起来。尽管如此，我们认为将智能机器构建成为事实操纵器是构建人工智能和理解自然智能的最佳选择。

因此，我们的兴趣在于建构一个对世界进行表征或对世界进行建模的智能体。在这种表征的基础上，可以回答内部提出的特定类的问题，虽然不一定准确。比如：

1. 在某情境的特定情形下，接下来会发生什么？
2. 如果我做了一个特定的行动会发生什么？
3. 3 + 3 等于几？
4. 他想要什么？
5. 我能想出做这件事情的方法吗，还是我必须从其他人或其他地方获得信息？

以上并非表征问题的完全集合，我们还没有这样一个集合。

在此基础上，如果一个实体可以完整地对整个世界进行建模（包括数学的理性世界、对自己的目标和其他心理过程的理解），如果它在这个模型上足够聪明，可以回答各种各样的问题，如果它能在需要的时候从外部世界获得额外的信息，并且可以在外部世界按照它的目标要求和它的物理能力执行这些任务，那么我们将说这个实体是智能的。

根据这个定义，智能有两个部分，认识论部分和启发式部分。认识论部分是对世界的一种表征，问题的解决取决于表征中所表达的事实。启发式部分是根据信息来解决问题并决定如何去做的一种机制。迄今为止，人工智能领域的大部分工作都可以看作致力于解决问题的启发式部分。然而，本文却完全侧重于认识论部分。

基于智能的这种概念，在构建人工智能的认识论部分时，会出现以下几种问题：

1. 哪类对世界的通用表征会允许添加具体的观察和刚被发现的新的科学定律？

2. 除了对物理世界的表征，还需要表征哪些实体？比如，数学系统、目标、知识状态？

3. 如何利用观察来获得关于世界的知识，以及如何获得其他类型的知识？特别是如何获得关于系统自身的心智状态的某些知识？

4. 用哪种内部概念来表示系统知识？

这些问题与哲学的某些传统问题相同，或至少类似，特别是在形而上学、认识论和哲学逻辑方面。因此，对于人工智能的研究人员来说，哲学家们的思想尤为重要。

由于两千五百多年以来哲学家们并没有真正达成一致，人工智能若要依靠从哲学中获得足够具体的信息来编写计算机程序是无望的。幸好，如果要在一个计算机程序中体现前述哲学，仅需要做出足够的哲学预设，而排除大量与之不相干的哲学即可。构建一个通用智能计算机程序似乎需要做出以下预设：

1. 物理世界存在并已经包含某种智能机器，称为人类。

2. 关于这个世界的信息可以通过感官获得，并且可以在内部表达。

3. 我们对世界的常识性看法大致是正确的，我们的科学观点也是如此。

4. 思考形而上学和认识论的一般问题的正确方法，不是要首先试图清除自己头脑中的所有知识，然后从"我思故我在"（Cogito ergo sum）开始重新建立。相反，我们建议使用我们所有的知识来构建一个**知道**的计算机程序。通过对程序的信念与我们的观察和知识进行大量的比较，可以检验哲学体系的正确性。（这一观点与目前对数学基础的主流态度相吻合。从系统外使用任何看起来有用的元数学工具来研究数学系统的结构，而不是在系统内做最少的假设，并在其中逐条地构建公理和推导规则。)

5. 我们必须致力于构建一个相当全面的哲学体系，而不是像现在流行的这样把问题分开研究，并且不把结果合并起来。

6. 系统的确定性标准变得更强了。例如，除非一个认识论系统至少在原则上允许我们构建一个计算机程序来推导知识，否则就会因为它太过模糊而被拒绝。

7. "自由意志"的问题具有尖锐而具体的形式。也就是说，在常识推理中，一个人经常通过评估他能做的不同行动所产生的结果来决定接下来做什么。一个智能程序必须使用同样的过程，但是使用确切的形式化意义上的"能行"概念，必须能够显示它具备这些选择，而不否认它是一个决定论的机器。

8. 首要任务是定义一个更基础、更常识性的世界观，这个定义要足够精确，使得计算机能够据此进行操作。但这本身就是一项非常困难的任务。

在此有必要提及另外一种可能实现人工智能的方法。人们不需要了解它，也无须解决相关哲学问题。它使计算机模拟自然选择，在适度严苛的环境中，计算机程序通过突变而进化出智能。也许是由于没有充分地模拟世界和进化过程，这种方法到目前为止还没有取得实质性成功，但它有成功的可能性。这似乎是一个危险的过程，智能程序在程序设计者并不知情的情况下运转，可能会导致失控的局面。无论如何，试图通过理解什么是智能来制造人工智能的方法更符合本文作者的观点，而且看起来更容易成功。

（二）推理程序和密苏里程序

要使需要解决的哲学问题看起来更加清晰，就最好将它与某种智能程序联系起来，这种程序被称为推理程序（a reasoning program，RP）。RP 通过输入和输出设备同外界进行交互，其中一些可能是感觉和运动器官（例如，电视摄像机、麦克风、人工手臂），另一些是通信设备（例如，电传打字机或键盘显示控制台）。在内部，RP 表示信息的方式有很多种。例如，图片可以表示为点阵或具有分类和邻接关系的区域和边缘列表；场景可以用具有位置、形状和运动速率的实体清单来表示；情境可以用符号表达式来表征，并允许转换规则；话语可以通过数字化的时间函数、音素序列和句法分析来表示。

然而，若一种表征方式起主导作用，在更简单的系统中这可能是唯一存在的表征方式。这是一种用合适的形式逻辑语言的语句集合来表征的方式。比如，ω-阶逻辑中包含函数符号、描述算子、条件表达式、集合等，是否必须包括指称晦暗的模态算子尚未确定。这种表征在以下意义上占主导地位：

1. 所有数据结构都有语言学上的描述，给出了结构和它们所刻画的世界之间的关系。

2. 子程序有语言学上的描述，可以说明这些子程序做什么，是从内部操作数据，还是从外部操作世界。

3. RP 关于世界行为的（how the world behaves）信念的规则，以及给出策略结果的规则都在语言学意义上表示。

4. 实验人员为 RP 设计的目标、子目标，它对自身进展状态的看法都可以在语言学意义上表示。

5. 可以说，如果一个问题是用某一行动策略可解决的所有语句的逻辑后承，那么 RP 的信息足以解决这个问题。

6. RP 是一个演绎程序，它试图找到行动策略并证明此策略可解决问题。RP 找到一个策略就执行一次程序。

7. 策略可能包含 RP 可以解决的子目标，而策略的某个部分或策略全部可能是纯智能的，也就是说可能涉及寻找策略、证明或其他满足某些标准的智能对象。

McCarthy（1959）首次讨论了这种程序，命名为 Advice Taker。McCarthy

(1963）提出了初步的形式化方法，但其中观点已被本文取代。本文的原始论文曾在 1958 年的"思维过程机械化研讨会"上发表，Y. Bar-Hillel 评论说论文中包含了一些哲学上的预设。本文就此予以回应。

构造 RP 包含了人工智能问题中的认识论部分和启发式部分：也就是说，存储的信息必须足以确定实现目标的策略（这种策略可能涉及获取进一步的信息）并且 RP 必须足够聪明可以找到这个策略而后证明其正确性。当然，这些问题相互作用，但由于本文的重点是认识论部分，所以我们只提及密苏里程序（the Missouri program，MP）的这一部分。

密苏里程序的座右铭是"请赐教"（Show me），它并不试图找到策略或证明使用这些策略可以实现一个目标。相反，它允许实验者向它展示证明步骤并检查它们的正确性。此外，当它"确信"它应该执行一个行动或执行一个策略时，它就会这么做。我们可以把这篇论文看作是对密苏里程序的构建，说服读者以实现本文的目标。

（三）对世界的表征

设计 RP 或 MP 的第一步是确定人们认为这个世界具有什么结构，以及关于世界及其变化规律的信息如何在机器中表征。这取决于人们是在讨论对一般规律的表达还是对具体事实的表达。因此，我们对气体动力学的理解依赖于将气体表征为在空间中运动的大量粒子，这种表征方法在推导气体的力学、热电学和光学性质方面起着重要作用。我们认为气体在既定时刻的状态是由每个粒子的位置、速度和激发态决定的。然而，即使对单个微粒，我们也从不确定其位置、速度和激发态。我们对特定气体样本的实际知识可以用诸如压力、温度和速度场等参数来表示，或者更粗略地用平均压力和温度来表示。从哲学的角度来看这是完全正常的。我们不否认存在我们不能看见的实体；我们也不是人类中心主义者，将世界想象为按照我们直接甚或间接可接触的方式构建。

因此，从人工智能角度，我们可以直接定义表征世界的三种充分性（adequacy）：形而上学的充分性、认识论上的充分性、启发式的充分性。

如果世界可以具有某种形式而不与我们感兴趣的现实方面的事实相矛盾，那么这种表征就具有形而上学的充分性。对于现实的不同方面，具有形而上学的充分性表征的例子有：

    1. 把世界表征为粒子的集合，其中的每一对粒子在力的作用下相互作用。
    2. 将世界表征成一个巨大的量子力学波函数。
    3. 将世界表征为一个交互式的离散自动机系统。我们将使用这种表征。

满足形而上学充分性的表征主要作用在构建通用理论上。进一步来看可以从理论中推导出可观察到的结果。

如果表征可以实际地用来表达对世界某个方面事实的看法，那么对一个人或者一个机器来说，这个表征具有认识论上的充分性。因此，上述陈述都不足以表达如"约翰在家"或"狗追猫"或"约翰的电话号码是 321-7580"这样的事实。日常语言显然足以表达人们用这种语言相互交流的事实，却不足以表达诸如人们知道怎样去识别一张特定面孔的事实。本文的第二部分是对诸如因果关系、能力和知识等常识性事实在认识论上充分的形式表征。

如果在解决问题的过程中，推理过程实际上是可以用语言表达的，那么这种表征具有启发式的充分性。在本文中，我们将不再进一步讨论这一略为尝试性的概念，只是在后面指出，一种特定的表征在认识论上具有充分性，但不具有启发式的充分性。

在本文的这一部分，我们还将把世界表征为一个交互式的自动机系统来解释因果关系、能力和知识（包括自我知识）等概念。

（四）自动机表征和"*能行*"的概念

S 为交互式的离散有限自动机系统，如图 1 所示。

图1

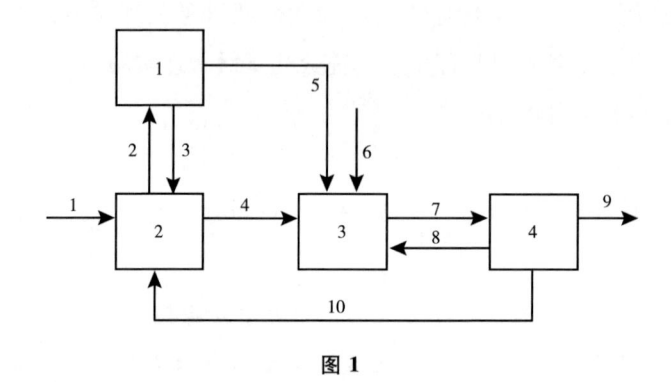

每个方框代表一个子自动机，每条线代表一个信号。时间取整数值，整个自动机的动态行为由方程给出：

(1)　　$a_1(t+1) = A_1(a_1(t)，s_2(t))$

　　　　$a_2(t+1) = A_2(a_2(t)，s_1(t)，s_3(t)，s_{10}(t))$

　　　　$a_3(t+1) = A_3(a_3(t)，s_4(t)，s_5(t)，s_6(t)，s_8(t))$

　　　　$a_4(t+1) = A_4(a_4(t)，s_7(t))$

(2)　　$s_2(t) = S_2(a_2(t))$

　　　　$s_3(t) = S_3(a_1(t))$　　　　　　　　　　　　　　　　　　(1)

　　　　$s_4(t) = S_4(a_2(t))$

　　　　$s_5(t) = S_5(a_1(t))$

　　　　$s_7(t) = S_7(a_3(t))$

　　　　$s_8(t) = S_8(a_4(t))$

　　　　$s_9(t) = S_9(a_4(t))$

　　　　$s_{10}(t) = S_{10}(a_4(t))$

这些等式的解释是任意自动机在时刻 $t+1$ 上的状态 a，是由在时刻 t 的状态和在时刻 t 接收到的信号 s 所决定的。在时刻 t 上特定信号 s 的值是由它所在的自动机在 t 时刻的状态 a 决定的。自动机中没有来源的信号表示来自外部的输入，没有目的地的信号表示输出。

有限自动机是系统在时间内相互作用的最简单的例子。它们是完全确定的；如果我们知道所有自动机的初始状态，如果我们知道作为时间函数的输入，那么在未来的所有时间内系统的行为完全由上述方程决定。

用自动机进行表征是把世界看成一个交互式的子自动机系统。举个例子，我们可以把在房间中的每一个人看作一个子自动机，环境是由一个或多个附加的子自动机组成。正如我们将看到的，这一表征具有许多事物和人之间交互式的特点。然而，如果我们过于仔细地看待这种表征，并试图通过交互式的自动机系统来表示特定的情境，我们就会遇到以下困难：

1. 如果我们试图表示某人的知识，那么子自动机中需要的状态数目是非常大的，例如 $2^{10^{10}}$。这么庞大的自动机必须用计算机程序来表示，或者用其他不单独提及状态的方式来表示。

2. 很难表示几何信息。设想，表示多关节物体的位置，比如一个人或一个更困难的形态——一块黏土。

3. 固定互联系统是不够的。由于一个人可以处理房间里的任何物体，一个充分的自动化表征将需要与每个物体连接起来的信号线。

4. 然而，最严重的反对在于（用我们的术语来说）自动化表征在认识论上是不充分的。我们对一个人的了解还不足以列出他的内心状态。我们需要用其他方式来表示关于这个人的信息。

然而，我们可以用自动机表征"能行"概念、"因果关系"概念、某些反事实陈述（如"如果我昨天划了这根火柴，它就会点燃"）以及在进一步详解的情况下表征"相信"的概念。

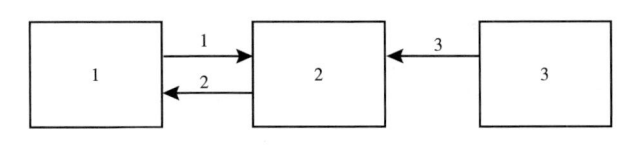

图 2

图 3

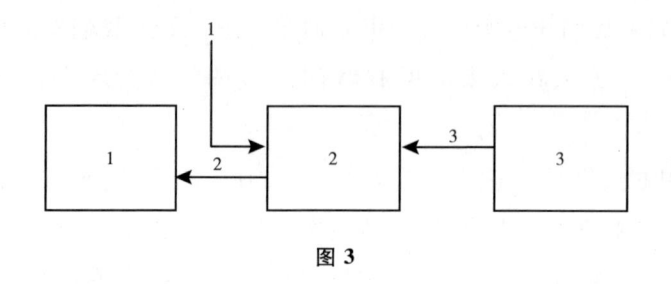

考虑"能行"概念。设 S 是一个没有外部输入的子自动机系统，如图 2 所示。令 p 为其中一个子自动机，假设有 m 条信号线从 p 中输出。p 的能力由一个新的系统 S_p 来定义。S_p 是从系统 S 中断开从 p 中输出的 m 条信号线，并代之以 m 条外部输入线到系统中而获得的。在图 2 中，子自动机 1 有一个输出，在系统 S_1（图 3）里由一个外部输入代替。在新的系统 S_p 中总有相同的状态集合作为系统 S。现在令 π 为状态上的一个条件，例如 "a_2 是偶数"或者"$a_2 = a_3$"。（π 的应用可能是像"这个盒子在香蕉下面"这样的条件。）

因此我们写出这样的形式：

$$can(p, \pi, s)$$

它的读法是："子自动机 p 能够在情境 s 中导致（bring about）条件 π。"如果自动机 S_p 有一系列输出，最终使 S 达到满足 $\pi(a')$ 的状态 a'。换句话说，在决定 p 能够实现什么时，我们考虑的是其行动序列的效果，而不是决定它实际将做什么的条件。

在图 2 中，我们考虑一个初始状态 a，其中所有的子自动机初始状态为 0。因此读者可以轻易地证明下述命题：

1. 子自动机 2 将（will）永远处于状态 1 中。
2. 子自动机 1 能（can）使子自动机 2 处于状态 1 中。
3. 子自动机 3 不能（cannot）使子自动机 2 处于状态 1 中。

$$a_1(t+1) = a_1(t) + s_2(t)$$

$$a_2(t+1) = a_2(t) + s_1(t) + 2s_3(t)$$

$$a_3(t+1) = \textbf{if } a_3(t) = 0 \textbf{ then } 0 \textbf{ else } a_3(t) + 1$$

$$s_1(t) = \textbf{if } a_1(t) = 0 \textbf{ then } 2 \textbf{ else } 1$$

$$s_2(t) = 1$$

$$s_3(t) = \textbf{if } a_3(t) = 0 \textbf{ then } 0 \textbf{ else } 1$$

我们规定，在近似上看，"能行"是适合于自动机内部使用的、通过推理来决定做什么的概念。我们同时规定在许多情境下，它与日常用语中使用的能的常识概念相符合。

首先，假设我们有一个通过推理来决定做什么的自动机，假设它是一台使用 RP 的计算机，然后它的输出由它在推理过程中所做的决策决定，它事先不知道（还没有进行计算）它将做什么。因此，它认为它能够做任何通过其输出序列可以实现的事情也是正常的。常识推理大致也是如此。

上述关于"能行"的简易概念需要进行进一步阐述，既要充分体现常识性概念，又要在推理程序中达到实际目的。首先，假设自动机系统允许外部输入。在这种情境下有两种方式可以定义"能行"概念。一种方式是，无论外部输入信号是什么，如果 p 能够实现 π，则断言 $can(p, \pi, s)$。因此，我们要求存在一个 p 的输出序列以实现目标，而不考虑对系统的外部输入序列。注意，在这个"能行"的定义中，我们并不要求 p 有办法知道外部输入是什么。另一种定义要求输出依赖于 p 的输入。这相当于说 p 可以实现一个目标，前提是这个目标可以通过某个代替 p 的自动机的任意输入实现。对于任何一个定义，能行都是子自动机在系统中位置的函数，而不是子自动机本身。我们不知道这两种处理方法哪一种更好，因此我们称第一种方法是能行 a（*cana*），第二种方法是能行 b（*canb*）。

一个人能做什么取决于他所处的位置而不是他的性格，这种想法有点违背直觉。这种想法可以通过以下方式中和：想象一个人由几个子自动机组成；子自动机的外部输出是关节的运动。如果我们在那个时候切断与世界的联系，我们就可以回答这样的问题："他能穿过一个已有的洞吗？"然而，我们会得到一些与直觉相反的答案，比如他可以以最快的速度跑一个小时，或者可以跳过一座大楼，因为这些是他的关节的一系列运动有可能达到的结果。

然而，下一步，考虑一个这样的自动机——它接收来自脊髓的神经脉冲并将其传递到肌肉。如果我们切断对这个自动机的输入，考虑到肌肉承受力的限制，我们就不能再说他能跳过一座建筑物或以最快的速度长距离奔跑。然而，我们可以说他能骑独轮车，因为恰当的神经信号可以实现这个结果。

在大多数情境下，与直觉概念相对应的"能行"的概念可能是通过假设一个意志器官而得到的，该器官做出做事的决定，并将这些决定传递给大脑的主要部分去试图执行这些决定，而且包含关于特定事实的所有知识。如果我们在这一点上切断，我们就可以说，某人不能拨打总统的私密电话号码，因为他不知道这个号码。尽管如此，如果有人问他能不能拨打那个特别的号码，答案当然是他能。然而，即使是这样的切断也不会给出如下陈述："我不能不说再见就走，因为这会伤害孩子的感情。"

在这些例子的基础上，人们可能试图假设一连串越来越窄的"能行"概念，最终形成一个概念，根据这个概念，一个人只能做他实际做的事情。这样一来，这个概念就多余了。实际上，我们不应该寻找一个单一的最好的能行概念，上述的每一个概念都是有用的，并且在某些情境下得到实际使用。有时，当提到两个不同层次的约束时，一个句子中就会使用一个以上的概念。

除了用于解释"能行"概念外，自动化表征世界还非常适合于定义因果关系的概念。因为，子自动机 p 使条件 π 处于状态 s，如果改变 p 的输出，就会阻止 π。事实上，交互式的自动机系统的整个概念只是因果关系这一常识性概念的形式化结果。

此外，自动机表征还可以用来解释某些反事实条件句。例如："如果我昨天这个时候划了这根火柴，它就会点燃。"在一个合适的自动机表征中，我们有一个处于昨天那时的系统的某种状态，我们想象对从我的头部或我的"决策盒"的输出处的神经施以切断，并且已经发出了适当的信号来划火柴。那么，火柴是否点燃取决于它是否潮湿等其他因素，这是关于系统S_p确定的可判定的问题。为了从自己的错误中学习，RP 似乎需要通过接受或生成这种对反事实句式的解释："如果我做了某事我就会成功，因此我在某种程度上应该改变这个过程，在这种情境下会产生正确的行动。"

在前文中，我们想当然地认为对情境的表征是一个交互式的子自动机系统。然而，一个给定的总体情境可能以多种方式表征为一个由交互式的子自动机组成的系统。关于给定的子自动机能够实现什么，如果某些子自动机的行动不同会发生什么，或者是什么导致了什么，不同的表征方式可能会产生不同的结果。事实上，在不同的表征中，相同或对应的子自动机可能无法识别。因此，这些概念取决于所选择的表征方式。

例如，假设两个火星人在观察一个房间里的情形。一个火星人像我们一样把它分析为一组互动的人，但另一个火星人把所有的脑袋都放在一个子自动机里，所有的身体放在另一个子自动机里。（来自动量空间的生物会把物质分布的傅立叶分量看作独立的交互式的子自动机。）第一个火星人如何说服第二个火星人，他的表征才是首选？粗略地说，他会主张同一个人的头部和身体之间的相互作用比不同人的头部之间的相互作用更紧密，因此从"原始混乱"和传统表征中获得了更多的分析。特别有说服力的一点是，他指出，当会议结束后，头部将停止彼此互动，但各自的头部将继续与各自的身体进行互动。

我们可以用自动机来形式地表达这种论证：假设我们有一个自主的自动机 A，它是一个没有输入的自动机，令它有 k 种状态。进而，令 m 和 n 是两个整数，使得 $m, n \geq k$。现在用状态 A 标记 $m \times n$ 阵列中的 k 个点。这

可以通过 $\left(\dfrac{mn}{k}\right)!$ 种方法。对于每一种方法，我们都将自动机 A 表征为 m 状态下的自动机 B 与 n 状态下的自动机 C 交互的系统。阵列的每一行都有对应的 B 状态，每一列都有对应的 C 状态。这些信号与每个状态本身有一一对应的关系；因此，每个子自动机的输出值都有与之对应的状态。现在可能的情境是，这些信号中的两个在对另一个子自动机的影响上是等价的，我们用这种等价关系来形成信号的等价类。那么，我们可以把等价类视为信号本身。假设现在从 B 到 C 有 r 个信号，从 C 到 B 有 s 个信号。与 m 和 n 相比，我们会疑惑 r 和 s 一般可以取到多小。通过计算具有 k 个状态的不等价自动机的数量，并将其与分别具有 m 和 n 个状态以及 r 和 s 个信号在各自方向上的两个自动机的系统数量进行比较，就可以得到答案。这个结果不值得详细研究，但它告诉我们，只有少数 k 状态自动机承认这样的拆分，r 和 s 与 m 和 n 相比很小。因此，如果一个自动机恰好承认这样的拆分，那么它就承认在关于对状态的重新命名上，第二个拆分等价于第一个拆分。将这一论点应用于现实世界，极有可能的情况是，我们习惯地将世界自动机拆分为独立的人和事物。这种拆分具有独特的、客观的和通常首选的地位。因此，与这种拆分相关联的"能行"、"因果关系"和"反事实"的概念也具有优先地位。

在我们看来，这解释了哲学家在分析反事实和因果关系时所遇到的一些困难。例如，"如果我昨天划了这根火柴，它就会点着"这句话，只有在一个相当复杂的世界模型中才有意义，这个模型具有客观的优先地位。然而，该模型的优先地位取决于它与大量事实的对应关系，单独地对待个别反事实条件句可能不会有结果。

自动机也可以表征信念和知识的概念。我们在这方面做的不多，本文现在提出的想法是暂时的。我们试图给出一些条件，在这些条件下，一个子自动机 p 相信某个命题。我们不打算直接这样做，我们试图把它和谓词 $B_p(s, w)$ 联系起来。令 s 是自动机 p 中的状态，w 是一个命题；如果 p 在状态 s 中被认为相信 w，$B_p(s, w)$ 为真，否则 $B_p(s, w)$ 为假。针对谓词 B，我们可以问下列问题：

1. p 的信念是一致的吗？这些信念是正确的吗？

2. p 可以推导吗？是否出现了新的信念，这些新信念是之前信念的逻辑后承吗？

3. p 可以观察吗？与 p 相关的自动机的真命题是否会使得 p 相信它们呢？

4. p 的行为是理性的吗？当 p 相信一个断言它应该做某事的命题时，p 会做吗？

5. p 可以在语言 L 中交流吗？对于某个输入或输出信号线的内容，比如语言 L 中的文本，这条线是向 p 传递信念还是从 p 中传递出信念呢？

6. p 具有自我意识吗？它对自己的信念和改变这种信念的过程有各种各样的正确信念吗？

所有这些问题都是关于谓词 B_p 的。然而，如果对某个谓词 B_p 的问题 1 到 4 得到了肯定的回答，我们将认为完全有资格将 B_p 视为一个合理的信念概念。

一个重要的方面是，与信念或知识有关的情形与反事实条件句相同：没有办法给一个信念或知识的单一陈述赋予意义。虽然对于任意单一陈述，可以轻易构建一个合适的谓词 B_p，但是要基于更大的系统去构造关于信念和知识的个体陈述，这个系统必须作为一个整体来验证。

三　形式主义

在第二部分中，我们展示了如何在形而上学充分的自动机模型中给出能力和信念概念的形式化定义，并指出了这些形式化概念和相应的常识性概念之间的对应关系。然而，我们强调，可实践的系统需要具有认识论上的充分性，在这个系统中可确定的事实便可表达。

在这一部分，我们开始构建一个具有认识论上充分性的系统。然而，我们将不给出形式化的定义，而是通过非形式的自然语言描述引入形式的概念，并举例说明如何使用它们来描述情境和它们所呈现的行动的可能性。这里提出的形式主义试图取代 McCarthy（1963）提到的形式主义。

（一）情境

情境 s 是宇宙在某一瞬间的完备状态。Sit 表示所有情境的集合。由于宇宙太大了不能完整描述，我们不会尝试去描述一个情境，而是仅仅给出关于情境的事实。这些事实将会用来推演进一步的事实，即关于本情境、未来情境和人能够从该情境中获得的东西等事实。

这就要求我们不仅要考虑实际发生的情境，还要考虑假设的情境。比如，史密斯先生可以把他的车卖给某个出价 250 美元的人，但他不打算以这个价格出售汽车，那么这个假设的情境就是不完全定义的，因为还无法确定史密斯的心智状态，无法确定他将以多快的速度回到他的办公室，等等。尽管如此，对事实的表征足以确定这种情境的某些事实，至少足以让他决定不去卖车。

我们将进一步假设，在给定的情境下，运动规律决定了所有未来的情境。[①]

为了给出关于情境的部分信息，我们引入了通式的概念。

（二）通式

通式是一个函数，定义域是情境的空间 Sit，如果这个函数的值域是（真，假），那么就叫作命题通式，如果值域是 Sit，那么就叫作情境通式。

通式通常是函数值，因此 $raining(x)$ 是通式使得 $raining(x)(s)$ 为真，当

[①] 这一假设很难与量子力学相协调，相对性告诉我们，任何对不同地方的事件的同时性赋值都是任意的。然而，我们会在下述基础上继续工作，现代物理学在决定做什么的问题上与常识无关，特别是与解决"自由意志问题"无关。

且仅当在情境 s 中地点 x 正在下雨。已知两个变元的函数和以第一个变元的函数值为第二个变元的函数等价，利用这两者之间的等价关系，也可以把这个公式写为 raining(x, s)。

假设对一个情境 s，一个人 p 在地点 x 上，并且 x 正在下雨。我们可以用几种方式来写它，每一种方式的用途都不同：

1. $at(p, x)(s) \land raining(x)(s)$. 这与给出的定义相对应。

2. $at(p, x, s) \land raining(x, s)$. 数学上看更方便也更简洁。

3. $[at(p, x) \land raining(x)](s)$. 引入了惯例，即通式的值由在通式中的算子赋予，这些值通过将逻辑算子应用于操作符通式进行计算，因此，如果 f 和 g 是通式，那么

$$(f \text{ op } g)(s) = f(s) \text{ op } g(s)。$$

4. $[\lambda s'. at(p, x, s') \land raining(x, s')](s)$. 这里我们可以通过 λ-抽象形成复合通式。

下面是一些通式和涉及通式表达的例子：

1. $time(s)$. 这是与情境 s 相关的时间。最重要的是通过情境来表示时间，因为我们有时希望考虑有相同时间的不同情境，例如，替代原有行动路线的结果。

2. $in(x, y, s)$. 这断定了在情境 s 中处于 y 位置上的 x。通式 in 可能满足传递性规律：

$$\forall x. \forall y. \forall z. \forall s. in(x,y,s) \land in(y,z,s) \to in(x,z,s)。$$

我们也可以写成：

$$\forall x. \forall y. \forall z. \forall. in(x,y) \land in(y,z) \to in(x,z)。$$

其中，我们用了一个这样的惯例，一个没有变元的量词被应用于一个隐含的情境变元，这是随后的一个命题通式的（被抑制的）论证。以这样的方式抑制情境论证，相当于用自然语言写句子的惯例，例如，"约翰在（was）家里"或者"约翰在（is）家里"，而理解这些断言所适用的情境，

这项任务被交给了读者。

3. $has(Monkey, Bananas, s)$. 这里引入的一个惯例：首字母大写的词表示专有名词，例如，"Monkey"是一个特殊个体的名字，不能断言这个个体是一只猴子，因此表达式 $monkey(Monkey)$ 需要出现在论证的前提中。读者有权感觉到他已经得到暗示，个体 Monkey 原来是个猴子。上述表达式的意思是在情境 s 中个体 Monkey 会有一个对象 Bananas。在下面的例子中，有时会省略像 $monkey(Monkey)$ 这样的前提，但在一个完整的系统中，这些前提必须出现。

（三）因果关系

用通式 $F(\pi)$ 来表示因果关系，其中 π 是自身的命题通式。$F(\pi, s)$ 断言，情境 s 之后（在一个未指定的时间之后）将出现一个满足通式 π 的情境。可以用 F 断言，如果一个人在雨中，他将被淋湿，写作：

$$\forall x. \forall p. \forall s. raining(x,s) \wedge at(p,x,s) \wedge outside(p,s) \to F(\lambda s'. wet(p,s'), s).$$

抑制明显会提及的情境：

$$\forall x. \forall p. \forall raining(x) \wedge at(p,x) \wedge outside(p) \to F(wet(p)).$$

在这种情况下，抑制情境可以简化陈述。

F 可以用来表达物理规律。考虑自由落体定律，通常被写成

$$h = h_0 + v_0 \times (t - t_0) - \frac{1}{2} g \times (t - t_0)^2,$$

再加上一些定义变元的话语。因为需要一个机器推理的形式系统，因此不是所有话语都可用。因此我们写成：

$$\forall b. \forall t. \forall s. falling(b,s) \wedge t \geq 0 \wedge height(b,s) + velocity(b,s) \times t - \frac{1}{2} g t^2 > 0$$
$$\to F(\lambda s'. time(s') = time(s) + t \wedge falling(b,s') \wedge height(b,s') = height(b,s) + velocity(b,s) \times t - \frac{1}{2} g t^2, s). \tag{2}$$

在这种情境下，抑制对情境的明确提及需要引入实辅助量 v, h 和 τ 使得句子可以呈现以下形式：

$$\forall b. \forall t. \forall \tau. \forall v. \forall h. \forall [falling(b) \wedge t \geq 0 \wedge h = height(b) \\ \wedge v = velocity(b) \wedge h + vt - \frac{1}{2}gt^2 > 0 \wedge time = \tau \rightarrow F(time = t + \\ \tau \wedge falling(b) \wedge height(b) = h + vt - \frac{1}{2}gt^2)]。 \quad (3)$$

必须有一个惯例（或声明），以便确定 $height(b)$、$velocity(b)$ 和 $time$ 作为通式，而 t, v, τ 和 h 表示普通实数。

这里介绍的 $F(\pi, s)$，对应 A. N. Prior's (1957, 1968) 的表示法 $F\pi$。

情境变元的使用与时间瞬时（time-instants）的使用是类似的。时间瞬时出现在世界-状态演算（calculi of world-states）中，Prior（1968）将后者叫作 U-T 演算。Prior 在他的 U-T 演算和各种模态时态逻辑的公理化之间提供了许多有趣的对应关系（即使用这个 F-算子）。然而，情境演算比任何 Prior 考虑的时态逻辑都丰富。

除了 F，他还引入了其他很有用的三个算子：

1. $F(\pi, s)$. 对于 s 的未来的某种情境 s'，$\pi(s')$ 成立。
2. $G(\pi, s)$. 对于 s 的未来的所有情境 s'，$\pi(s')$ 成立。
3. $P(\pi, s)$. 对于 s 的过去的某种情境 s'，$\pi(s')$ 成立。
4. $H(\pi, s)$. 对于 s 的过去的所有情境 s'，$\pi(s')$ 成立。

定义情境通式 $next(\pi)$ 为在 s 未来的下一个情境 s'，则 $\pi(s')$ 成立。如果没有这样的情境，也就是说，如果 $\neg F(\pi, s)$，那么 $next(\pi, s)$ 就被认为是无法定义的。例如，我们可以把"当约翰到家时，亨利也在家"这句话翻译为

$$at(Henry, home(Henry), next(at(John, home(John)), s))。$$

此外，"当约翰到家时"这句话还可以翻译为

$$time(\,next(\,at(\,John,home(\,John\,)\,)\,\,,s\,)\,)\,\,。$$

$next(\pi)$ 实际上永远不会被计算，因其情境太过丰富而无法完全指定。但是，应用于 $next(\pi)$ 通式的值将被计算。

（四）行动

情境通式在我们对行动的研究中发挥了基础的作用

$$result(\,p,\sigma,s\,)\,\,。$$

这里，p 是人，σ 是行动或者（更一般的）是策略，s 是一种情境。$result(\,p,\,\sigma,\,s\,)$ 的值是当 p 执行 σ 时，从情境 s 开始所产生的情境。如果行动或策略没有终止，则 $result(\,p,\,\sigma,\,s\,)$ 将无法定义。

借助 $result$，我们可以表达某些能力的规律。例如：

$$has(\,p,k,s\,)\,\wedge\,fits(\,k,sf\,)\,\,\wedge\,at(\,p,sf,s\,)\,\rightarrow\,open(\,sf,result(\,p,opens(\,sf,k\,)\,\,,s\,)\,)\,\,。$$

这个公式作为公理模式，断言了如果在情境 s 下，一个人 p 有一把能打开保险箱 sf 的钥匙 k，在他执行了行动 $open(\,sf,\,k\,)$ 后所产生的情境，即用钥匙 k 打开了保险箱 sf，保险箱开了。断言 $fits(\,k,\,sf\,)$ 携带的信息是：k 是一把钥匙，sf 是一个保险箱。我们将在后文考虑需要 p 知道密码的密码保险箱的情境。

（五）策略

行动可以组合为策略。最简单的组合是一个有限的行动序列。我们将把行动组合起来，就像 ALGOL 语句一样，也就是过程调用。因此，行动序列（"把箱子移到香蕉下面"，"爬到箱子上"，"伸手去拿香蕉"）可以写成：

begin $move(\,Box,Under-Bananas\,)\,$;$Climb(\,Box\,)\,$;$reach-for(\,Bananas\,)$ **end**;

通常情境下，策略是一个类似于 ALGOL 的复合语句，包含写成用过程调用赋值语句形式的行动和条件 **go to** 语句。程序中不包含任何声明，因为它们可以包含在决定策略效果的更大的陈述句集合中。

例如，考虑下面的一个策略：向南走 17 个街区，右转，然后一直走到栗子街（Chestnut Street）。这个策略可以写成如下程序：

$$
\begin{aligned}
&\textbf{begin}\\
&\qquad face(South)\\
&\qquad n:=0\\
&b:\quad \textbf{if } n=17 \textbf{ then go to } a;\\
&\qquad walk-a-block; n:=n+1;\\
&\qquad \textbf{go to } b;\\
&a:\quad turn-right;\\
&c:\quad walk-a-block;\\
&\qquad \textbf{if } name-on-street-sign \neq \text{'Chestnut Street'} \textbf{ then go to } c\\
&\textbf{end};
\end{aligned}
\qquad (4)
$$

在上述程序中，外在行动可以表示为过程调用。被赋值的变元只有纯粹的内部意义（我们甚至可以称之为精神意义），语句标签和 **go to** 语句也是如此。

为了应用计算的数学理论，我们将以不同的方式来写这个程序：每一个动作 α 的出现都将被替代为一个赋值语句 $s:=result(p,\alpha,s)$。因此上述程序变成：

$$
\begin{aligned}
&\textbf{begin}\\
&\qquad s:=result(p, face(South), s);\\
&\qquad n:=0;\\
&b:\quad \textbf{if } n=17 \textbf{ then go to } a;\\
&\qquad s:=result(p, walk-a-block, s);\\
&\qquad n:=n+1\\
&\qquad \textbf{go to } b;\\
&a:\quad s:=result(p, turn-right, s);\\
&c:\quad s:=result(p, walk-a-block, s);\\
&\qquad \textbf{if } name-on-street-sign \neq \text{'Chestnut Street'} \textbf{ then go to } c\\
&\textbf{end};
\end{aligned}
\qquad (5)
$$

假设我们希望表明，通过执行这个策略，只要约翰最初在办公室，他就能回家，那么根据 Zohar Manna（1968a，1968b）方法，我们可以从这个程序连同初始条件 $at(John, office(John), s_0)$ 和最终条件 $at(John, home(John), s)$，得

出一阶逻辑的句子 W。证明 W 将表明，该程序在有限的步骤后终止，并且当它终止时，s 将满足 $at(John, home(John), s)$。

根据 Manna 的理论，我们必须证明以下这组句子对于谓词 $q1$ 和 $q2$ 的任意解释以及程序中其他函数和谓词的特定解释是不一致的。

$$at(John, office(John), s_0),$$
$$q1(0, result(John, face(South), s_0)),$$
$$\forall n. \forall s. q1(n,s) \rightarrow \text{if } n = 17$$
$$\quad\text{then } q2(result(John, walk-a-block, result(John, turn-right, s)))$$
$$\quad\text{else } q1(n+1, result(John, walk-a-block, s)), \quad (6)$$
$$\forall s. q2(s) \rightarrow \text{if } name-on-street-sign(s) \neq \text{'Chestnut Street'}$$
$$\quad\text{then } q2(result(John, walk-a-block, s))$$
$$\quad\text{else } \neg at(John, home(John), s)。$$

因此需要证明公式可以写成：

$$\exists s_0 \{at(John, office(John), s_0) \wedge q1(0, result(John, face(South), s_0))\}$$
$$\rightarrow$$
$$\exists n. \exists s. \{q1(n,s) \wedge \text{if } n = 17$$
$$\quad\text{then } q2(result(John, walk-a-block, result(John, turn-right, s))) \quad (7)$$
$$\quad\text{else } \neg q1(n+1, result(John, walk-a-block, s))\}$$
$$\vee$$
$$\exists s. \{q2(s) \wedge \text{if } name-on-street-sign(s) \neq \text{'Chestnut Street'}$$
$$\quad\text{then } \neg q2(result(John, walk-a-block, s))$$
$$\quad\text{else } at(John, home(John), s))\}。$$

为了证明这个句子，我们要使用以下几种以一阶逻辑的句子或句子模式表示的事实：

1. 地理上的事实。最初的街道至少向南延伸了 17 个街区，并与一条街道相交，而这条街道又与右边几个街区之遥的 Chestnut Street 相交，约翰的家就在这里。

2. 通式 name-on-street-sign 将在这点上有值 Chestnut Street 的事实。

3. 赋予行动 α 效果的事实，表示为可从关于 s 的句子中推导出来的 $result(p, \alpha, s)$ 的谓词。

4. 一个归纳的公理模式将会终止，这个公理模式使我们能够推断出走 17 个街区这个循环。

5. 事实：$Chestnut\ Street$ 是一个向南走 17 个街区后，向右走有限个街区可到达的街道。这个事实与步行的可能性没有关系。它也可能被表达为一个句子模式，甚或是二阶逻辑的一个句子。

当我们考虑让计算机执行该策略时，必须将变元 s 与程序的第二种形式的其他变元区分开来。其他变元储存在计算机的内存中，赋值可以以正常方式执行。变元 s 代表世界的状态，计算机通过对行动编程对其进行赋值。同样，像通式 $name$-on-$street$-$sign$ 也需要观察的行动。

（六）知识和能力

为了讨论知识在一个人实现目标的能力中的作用，让我们回到保险箱的例子。

1. $has(p,k,s) \wedge fits(k,sf) \wedge at(p,sf,s) \rightarrow open(sf,result(p,opens(sf,k),s))$，

这表达了一个人用钥匙打开保险箱的能力的充分条件。现在假设我们有一个密码保险箱，密码为 c，那么我们可以这样写：

2. $fits2(c,sf) \wedge at(p,sf,s) \rightarrow open(sf,result(p,opens2(sf,c),s))$，

这里我们用谓词 $fits2$ 和动作 $opens2$ 来表示适合保险箱的钥匙和适合保险箱的密码之间的区别，以及用钥匙和密码打开保险箱的行动之间的区别。$open2(sf,c)$ 是根据密码 c 操纵保险箱的行动。省去 $has2(p,c,s)$ 这样的句子有两个原因。首先，它是不必要的：如果你按照保险箱的密码操作，它就会打开，别无所需。其次，$has2(p,c,s)$ 的意义不清晰。例如，假设一个特定的保险箱 sf 的密码是 34125，那么 $fits(34124,sf)$ 就有意义，$open2(sf,34125)$ 也有意义。但 $has(p,34125,s)$ 是什么意思呢？因此，用钥匙打开保险箱和用密码打开保险箱的规则之间的直接平行似乎是不可能的。

然而，我们需要用某种方式来表达这样一个事实：人们必须知道保险箱的密码才能打开它。首先我们引入函数 combination(sf) 并将 2 改写为

$$3.\ at(p,sf,s) \wedge csafe(sf)$$
$$\rightarrow open(sf, result(p, opens2(sf, combination(sf)),s)),$$

其中 csafe(sf) 断言 sf 是一个密码保险箱，combination(sf) 表示 sf 的密码。〔除非我们想把自己限制在只有一把钥匙的保险箱的情境下，否则在另一情境下我们不能写 key(sf)。〕

接下来，我们介绍对一个人的可行策略的概念。我们的想法是，一个能够实现某种目标的策略对一个人来说可能是不可行的，因为他缺乏某些知识或能力。

第一个方法是将行动 open2(sf, combination(sf)) 视为不可行的，因为 p 可能不知道这个密码。因此，我们引入了一个新的函数 idea-of-combination(p, sf, s) 表示一个人 p 对 sf 在情境 s 中的密码的想法（idea）。

行动 opens2(sf, idea-of-combination(p, sf, s)) 对 p 来说是可行的，因为如果这个行动被定义的话，则认为 p 知道它对密码的想法。然而，我们让句子 3 保持原样，所以我们还不能证明 open(sf, result(p, opens2(sf, idea-of-combination(p, sf, s)), s))。p 知道 sf 密码的断言现在可以表达为①

$$5.\ idea\text{-}of\text{-}combination(p,sf,s) = combination(sf)。$$

有了这个，就可以证明打开保险箱的可能性。

这种方法的另一个例子是，通过在电话簿中查找某人的号码，然后拨号，与他进行对话的情景可以形式化为如下公式。

p 策略的第一种形式是

$$\begin{aligned}&\textbf{begin}\\&\quad lookup(q, Phone\text{-}book);\\&\quad dial(idea\text{-}of\text{-}phone\text{-}number(sq,p))\\&\textbf{end};\end{aligned} \qquad (8)$$

---

① 1996：显然从来没有一个等式 4。

或者以第二种形式

begin
$$s:=result(p,lookup(q,Phone-book),s_0);$$
$$s:=result(p,dial(idea-of-phone-number(q,p,s)),s) \tag{9}$$
end;

前提是：

1. $has(p, Phone\text{-}book, s_0)$.

2. $listed(q, Phone\text{-}book, s_0)$.

3. $\forall s. \forall p. \forall q. has(p, Phone\text{-}book, s) \wedge listed(q, Phone\text{-}book, s)$
$\rightarrow phone\text{-}number(q) = idea\text{-}of\text{-}phone\text{-}number\ (p, q,$
$result\ (p, lookup\ (q, Phone\text{-}book), s))$.

4. $\forall s. \forall p. \forall q. \forall x. at(q, home(q), s) \wedge has(p, x, s) \wedge telephone(x)$
$\rightarrow in\text{-}conversation(p, q, result(p, dial(phone\text{-}number(q)), s))$.

5. $at(q, home(q), s_0)$.

6. $telephone(Telephone)$.

7. $has(p, Telephone, s_0)$。

很可惜的是，这些前提并不充足，无法让人得出以下结论

$$in-conversation(p,q,result(p,\textbf{begin}\ lookup(q,Phone-book); \\ dial(idea-of-phone-number(q,p))\textbf{end};s_0))。 \tag{10}$$

麻烦之处在于，我们无法证明 $at\ (q, home\ (q))$ 和 $has\ (p,$ $Telephone)$ 通式仍适用于情境 $result\ (p, lookup\ (q, Phone\text{-}book), s_0)$。为了使其正确，我们应将第三个假设修改为：

$$\forall s. \forall p. \forall q. \forall x. \forall y. \\ at(q,y,s) \wedge has(p,x,s) \wedge has(p,Phone-book,s) \wedge listed(q,Phone-book) \\ \rightarrow [\lambda r. at(q,y,r) \wedge has(p,x,r) \wedge phone-number(q) \\ = idea-of-phone-number(p,q,r)] \tag{11} \\ (result(p,lookup(q,Phone-book),s))。$$

这种方法是可行的，但 p 查找电话号码时哪些因素保持不变的额外假设

是很特殊的。我们将在后面一节中处理这个问题。

目前的方法有一个主要的技术优势,但是我们为此付出了高昂的代价。所谓优势是我们保留了在语言中用一个相等的表达式替换任何表达式的能力。因此,如果 $phone\text{-}number(John) = 3217580$,那么我们语言中任何包含 3217580 或 $phone\text{-}number(John)$ 的真语句,在我们用一个替换另一个的情况下,都将保真。这种理想的属性被称为指称透明。

指称透明的代价是,我们必须引入 $idea\text{-}of\text{-}phone\text{-}number(p,q,s)$ 作为一个单独的特殊实体,而且不能使用更加自然的 $idea\text{-}of(p, phone\text{-}number(q), s)$,其中 $idea\text{-}of(p, con, s)$ 是应用于 con 概念算子。也就是说,这句话

$$idea\text{-}of(p, phone\text{-}number(q), s) = phone\text{-}number(q)$$

表示 p 知道 q 的电话号码,但是 $(idea\text{-}of(p.3217580, s)) = 3217580$ 仅仅表示 p 知道这个号码。然而,由于指称透明和 $phone\text{-}number(q) = 3217580$ 的事实,我们可以从后者推导出前者。

这个方法的另一个结果是,策略的可行性是一个指称晦暗的概念。因为包含 $idea\text{-}of\text{-}phone\text{-}number(p,q,s)$ 的策略被认为是可行的,但包含 $phone\text{-}number(q)$ 的则不可行,尽管这些量词也许在特定的情境下是等同的。即便如此,我们的语言在指称上仍然是透明的,因为可行性是元语言的一个概念。

想解决这些困难的读者可以思考的一个经典问题就是,"乔治四世想知道韦弗利小说的作者是不是沃尔特·斯科特"并且"沃尔特·斯科特是韦弗利小说的作者",我们不希望从中推导出"乔治四世想知道沃尔特·斯科特是否是沃尔特·斯科特"。Church 在《数理逻辑导论》(1956)第一章中讨论了以上这个例子以及其他案例。

从长远来看,我们似乎必须使用指称晦暗的形式主义,并精确制定关于用等项替换的必要限制;程序必须能够推理其策略的可行性,而自然语言的使用者处理指称晦暗是没有问题的。第五部分中,我们简要介绍了在模态逻辑中解决指称晦暗问题的部分成功方法。

四 一些评论和开放性问题

我们认为,第三部分提出的形式化方法是对以前方法的一种推进,但是距离具有认识论上的充分性还很远。在下面的部分,我们将讨论它所产生的一些问题。对其中的一些问题,我们将给出可能的解决方案。

(一) result(p, σ, s) 的近似性特征

与第二部分的 $can(p, \pi, s)$ 相比,在形式化策略产生特定效果的条件时,使用情景通式 $result(p, \sigma, s)$ 有两个优点。它允许更紧致和更透明的句子,而且它适合应用计算数学理论来证明某些策略能够实现某些目标。

然而,我们必须认识到,说一个行动而不是实际发生的行动,会导致一个明确的情境,这只是一个近似的说法。因此,如果有人被问:"如果他接受了你明天早上跟他决斗的挑战,你今晚会有什么感觉?"他很可能回答:"我无法想象我在什么精神状态下会这么做;如果我说的话是在别人的控制下,莫名其妙地从嘴里蹦出来的,那是一回事;如果你长期给我服用好战药物,那又是另一回事。"

由此我们可以看出,$result(p, \sigma, s)$ 不应该被看作是在世界本身中定义的,而只是在世界的某些表征中定义的;尽管像在第二部分所讨论的那样,在表征中可能有一个偏好的特征。

我们认为这是对形式主义的平滑解释的缺陷,这也可能导致形式化发展的困难。也许可以找到另一种机制,它具有 result 的优点而没有这种缺陷。

(二) 计算程序中"能行"的可能意义

计算机程序很容易被赋予比人更强大的内省手段,因为我们可以让它检查整个内存,包括程序和数据,从而回答某些内省的问题,它甚至可以(缓慢地)模拟它在给定的初始数据下会做什么。下面列出一个程序 can

(*Program*，π) 的各种概念。

1. 有一个子程序 σ 和它在内存中的空间，如果 σ 在内存中，它可以达成 π，控制权转移到 σ。没有人断言 *Program* 知道 σ，甚或知道 σ 的存在。

2. σ 如上所述存在，并且根据 *Program* 中能够检查的证明，从内存中的信息可得出 σ 将达成 π。

3. 如果达成 π 被接受为一个子目标，*Program* 的标准问题的解决程序将找到 σ。

（三）框架问题

在第三部分的最后一节中，在证明一个人可以与另一个人进行交流时，我们必须加上这样的假设，如果一个人有电话，他在查看电话簿上的号码后仍然有电话。如果我们有许多行动要依此执行，我们会有相当多的条件要写下来，特定的行动不会改变特定通式的值。事实上，如果有 n 个行动和 m 个通式，我们可能要写下 mn 个这样的条件。

我们有两个方法可以解决这个困难。第一个是引入框架的概念，如 McCarthy（1962）中的状态矢量。一些通式被声明附着在框架上，一个行动的效果通过分辨哪些通式被改变来进行描述，所有其他通式被假定为没有改变。

这可以通过使用更多的 ALGOL 符号来形式化，也许是某种一般化的形式。考虑一个策略，其中 p 执行从 x 到 y 的行动。在写策略的第一种形式中，令 *go*（x，y）作为程序步骤。在第二种形式中，令 $s：= result$（p，*go*（x，y），s）。现在我们可以写成：

$$location(p)：= tryfor(y, x)。$$

而其他变元不受这个行动影响的事实是由赋值语句的一般属性得出的。在程序成功执行的条件中，将有一些句子使我们能够表明，当执行这个语句时，*tryfor*（y，x）=y。如果我们愿意考虑 p 可以去任何地方，我们可以把赋值语句简单写成

$$location(p)：= y。$$

在这里使用 *tryfor* 的意义在于，使用这个较简单的赋值语句，从表面上看，是不可能执行的，因为 p 可能无法到 y。我们可以在更复杂的情境下讨论这个问题，通过同意当 p 被从 y 禁止时，*tryfor*(y, x) = x。

对于一个情景的组成部分来说，什么是可以出现在赋值右侧的限制包含在策略可行性的条件中。由于在某些情况下独立变化的情境成分在其他情况下是相互依赖的，因此利用 ALGOL 的模块结构方法是有价值的。在本文中，我们将不进一步探讨这种方法。

解决框架问题的另一种方法可能会跟下一节的方法相关；在第五部分，我们提到了第三种方法，它可能是有用的，尽管我们根本没有对它进行充分调查。

（四）形式文字

在这一节中，我们介绍形式文字（formal literatures）的概念，并将它与众所周知的形式语言（formal language）的概念相对比。在构建具有认识论充分性系统的过程中，我们将提及一些对这个概念的可能应用。

形式文字就像一种有历史的形式语言：我们想象到了某一时间，某一句子序列已经被言说。然后文字（literature）将决定接下来可以言说的句子。形式上的定义如下。

设 A 是一个潜在句子的集合，例如，某个字母表中所有有限字符串的集合。令 $Seq(A)$ 是 A 的元素的有限序列的集合，令 $L: Seq(A) \to$ {*true*, *false*} 使得如果 $s \in Seq(A)$ 并且 $L(s)$，那么 $L(s) = true$，σ_1 是 σ 的初始片段，那么 $L(\sigma_1)$ true。称 (A, L) 为文字，解释如下：假设 $L((a_1, \ldots, a_n))$，可以说 a_n 出现在 $(a_1, \ldots, a_{n-1})$ 之后。这也写成 $\sigma \in L$，我们将 σ 称为文字 L 的一个字符串。

从文字 L 和字符串 $\sigma \in L$，我们引入导出文字 L_σ。$\tau \in L_\sigma$ 当且仅当 $\sigma * \tau \in L$，其中 $\sigma * \tau$ 表示 σ 和 τ 的联结。

语言 L 对文字类 Φ 来说是通用的，如果对每个 $M \in \Phi$，存在一个字符串 $\sigma(M) \in L$ 使得 $M = L_{\sigma(M)}$；即 $\tau \in M$ 当且仅当 $\sigma(M) * \tau \in L$。

如果一个文字的字符串形成了一个可递归列举的集合，我们将其称为可计算文字。很容易看出，有一个可计算文字 $U(C)$ 对于可计算文字的集合 C 来说是普遍的。令 e 为一个可计算的文字，设 c 是递归可枚举集合 e 的哥德尔数的表征，表示为 A 的元素串。那么 $\sigma * \tau \in U_c$ 当且仅当 $\tau \in e$。

把自然语言描述为形式文字比描述为形式语言更方便：如果我们允许定义新的术语并且要求新的术语的使用必须根据其定义，那么我们对句子的限制就取决于以前说过的句子。编程语言中约束就是这种形式。该约束为标识符在被声明之前不能使用，并且只能与声明一致。

任何自然语言都可以被看作是相对于自然语言集而言的通用语言。在近似的意义上，我们依据英语来定义法语，然后说"从现在开始我们只说法语"。

上述所有内容都是纯粹的句法。我们所设想的人工智能的应用来自某种被阐释的文字。我们无法精确描述哪类文字会被证明是有用的，而只能勾勒一些例子。

假设我们有一种解释的语言，如一阶逻辑，或许包括一些模态算子。我们引入三个额外的算子：$consistent(\Phi)$，$normally(\Phi)$ 和 $probably(\Phi)$。我们从假设句子列表开始。根据以下规则，一个新的句子可以被添加到字符串 σ 中。

1. 可以添加任何 σ 句子的任何后承。

2. 如果句子 Φ 和 σ 相一致，那么就可以添加 $consistent(\Phi)$。当然，这是一个不可计算的规则。它可以弱化为：只要 Φ 能够通过某种特定的证明程序证明它与 σ 一致，就可以添加 $consistent(\Phi)$。

3. $normally(\Phi)$，$consistent(\Phi) \vdash probably(\Phi)$。

4. $\Phi \vdash probably(\Phi)$ 是一个可能的推导。

5. 如果 $\Phi_1, \Phi_2, \ldots, \Phi_n \vdash \Phi$ 是一个可能的推导，那么

$$probably(\Phi_1), \ldots, probably(\Phi_n) \vdash probably(\Phi)$$

也是可能的推导。

对形式化的预期应用如下：

在第三部分中,我们考虑了一个人给另一个人打电话的例子,在这个例子中,我们假设如果 p 在书中查到了 q 的电话号码,他就会知道,如果他拨了这个号码,他就会和 q 说话。不难想象这些陈述的可能例外情况,如:

1. 有 q 的那一页可能撕掉了。
2. p 可能是盲人。
3. 有人可能故意涂掉了 q 的号码。
4. 电话公司可能录入的内容不正确。
5. q 可能是最近才有电话。
6. 电话系统可能出了问题。
7. q 可能会突然丧失能力。

对于这些可能性中的每一种,都有可能在执行行动的结果的条件中添加一个排除有关困难的术语。又因为我们可以想出很多额外的困难,所以逐一排除全部困难是不现实的。

我们希望由这样的句子来摆脱这一困难:

$$\forall p. \forall q. \forall s. at(q, home(q), s)$$
$$\to normally(in\text{-}conversation(p, q, result(p, dials(phone\text{-}number(q))), s))). \tag{12}$$

然后,我们将能够推断出

$$probably(in\text{-}conversation(p, q, result(p, dials(phone\text{-}number(q))), s_0))).$$

前提是没有如下所示的语句在系统中存在:

$$kaput(Phone\text{-}system, s_0)$$

和

$$\forall s. kaput(Phone\text{-}system, s)$$
$$\to \neg\, in\text{-}conversation(p, q, result(p, dials(phone\text{-}number(q))), s)). \tag{13}$$

类似的方式可以处理许多导致引入框架问题的困难。

算子 *normally*,*consistent* 和 *probably* 都是模态算子并且是指称晦暗的。我们设想的系统中会出现 *probably*(π) 和 *probably*(¬π)，因此会出现 *probably*(***false***)。这样的事件应该会引起对矛盾的搜索。

我们在此警告读者，如果他还不清楚的话，这些想法非常具有试探性，而且可能被证明是无用的，特别是以这些想法目前的形式来说。然而这些所要处理的问题，即不可能为每一件可能出问题的事情命名，对人工智能来说是一个重要的问题，必须使用一些形式化方法来处理这个问题。

（五）概率

在许多场合，有人建议形式化方法通过给其句子添加概率来考虑不确定性。我们同意形式化方法最终必须允许关于事件概率的陈述，但是将概率附加到所有的陈述上有以下反对意见：

1. 目前还不清楚如何将概率附加到含有量词的语句上，使之与人们的信念量相一致。

2. 赋值数字概率所需的信息通常是不可用的。因此，一个需要数字概率的形式化方法在认识论上是不充分的。

（六）并行处理

除了用类似 ALGOL 的程序来描述策略，我们可能还想用这类程序来描述情境的变化规律。在这样做的时候，我们必须考虑到这样一个事实，即许多过程是同时进行的，为了获得认识论上的充分性描述，在同一时间内单一活动类 ALGOL 程序必须为过程并行发生的程序所取代。这表明要研究所谓的模拟语言，但是快速调查表明，他们在允许并行进行的进程种类和允许的交互类型方面受到了很大限制。此外，目前还没有开发出允许证明并行程序正确的形式化方法。

五 文献讨论

本文所概述的实现通用智能的计划显然很难执行。因此，我们自然会问，更简单的计划是否会成功？我们将在本节中专门批评某些已被提出的更简单的计划。

1. L. Fogel（1966）提出通过改变状态转换图来使智能自动机进化，在越来越复杂的任务中表现得更好。Fogel 所描述的实验中，人们对一个不到 10 个状态的机器进行进化，使它预测一个简单序列的下一个符号。我们认为，这种方法不太可能取得吸引人的结果，因为它似乎只限于具有少量状态的自动机（例如少于 100 个），而被视为自动机的计算机程序有至少 2^{10^5} 到 2^{10^7} 个状态。这反映了这样一个事实：虽然有限自动机对行动的表征在形而上的层面是充分的——原则上人类或机器的每一种行动都可以这样表征——但这种表征在认识论上不具有充分性；也就是说，我们希望对行动施加的条件，或者从经验中学到的东西，并不容易作为变化在自动机的状态图中表现出来。

2. 一些研究者（Galanter 1956，Pivar & Finkelstein 1964）认为，智能可以视为通过观察一个序列的过去来预测其未来的能力。这个观点大概是说，一个人的经验可以被看作一个离散事件的序列，而智能高的人可以预测未来。如此，人工智能的研究便可以通过编写程序来预测根据一些简单的规律（有时是概率规律）形成的序列。同样，这个模型在形而上的层面是充分的，但在认识论上是不充分的。

换句话说，我们对世界的了解被划分为关于世界的许多方面的知识，这些知识相互分离、极少互动。一台将经验无差别地编码为序列的机器，首先必须解决编码问题，这是比序列推断更困难的任务。此外，我们的知识也不能用来预测经验的确切序列。想象一下，一个人正确地预测了他正在观看的一场橄榄球比赛的进程，他并没有预测每一个视觉感觉（光和影的游戏，球员和人群的确切运动）。相反，他的预测是在以下层面上：A 队越来越疲惫；他们可能开始失误或传球被拦截。

3. Friedberg（1958，1959）曾尝试用计算机程序来表征行动，并通过随机突变来使程序进化，从而完成一项任务。这种表征在认识论上的不足表现为：该程序机器语言形式中的微小变化不能表征所期望的行动变化。学习新的事实对一个推理程序所造成的影响尤其不能这样表示。

4. Newell 和 Simon 花费数年时间研发一个名为"通用问题解决器"（General Problem Solver，GPS）的程序（Newell et al. 1959，Newell & Simon 1961）。该程序将问题表征为如下任务：使用一套固定的转换规则将一个符号表达式转换为另一个符号表达式。他们成功地将相当多的问题转化为这种形式，但这种表示方法对于一些问题来说是很笨拙的，这使得 GPS 只能做一些小的示例。改进 GPS 的任务也成为 GPS 研究中的一项任务，但我们相信它最终还是被放弃了。通用问题解决器这个名字表明，它的命名者一度认为大多数问题都可以用其术语来表示，但这些人在最近的出版物中改变了观点。

将本文的观点与 Newell 和 Ernst（1965）的观点进行比较是很有意思的，我们引用其中的第二段：

> 我们或许认为问题解决器是一个将问题作为输入并将解决方案作为输出（成功时）的过程。问题由问题陈述（或立即给出的内容）和辅助信息组成，这些信息可能与问题有关，但只能成为处理的结果。问题解决器必须用特定方法来尝试解决问题，因为问题解决器必须先将问题陈述从其外部形式转化为内部表征，才能处理该问题。因此（大致上），问题解决器能够将哪类问题转化为其内部表征决定了其广泛性或一般性，而在获得问题（以内部形式呈现）解决方案方面的成功决定了其力量。无论是否具有普遍性，这样的分解都很适合目前问题解决程序的结构。他们将问题解决程序划分为将问题转换为内部表征的输入程序和问题解决程序，这与我们将人工智能问题划分为认识论和启发式这两部分相一致。不同的是，我们更关注内部表征本身的适宜性。

Newell（1965）提出了如何在问题表征方面具有启发式的充分性。而 Simon（1966）讨论了"能行"的概念，其方式能够与当前的方法相比较。

（一）模态逻辑

要给模态逻辑下一个简洁的定义是很难的。它最初是由 Lewis（1918）发明的，目的是避免蕴含"悖论"（假命题蕴含任何命题）。该想法是为了区分两种真理：*必然*的真理和仅仅*偶然*的真理。偶然真命题虽然为真，但也可能为假。模态逻辑的形式化通过引入命题模态算子□（读作"必然"）而达成。由此，p 是一个必然真理便表达为□p 为真。最近，模态逻辑常被用来分析信念、知识和时态等各种命题算子的逻辑。

关于□的逻辑有许多可能的公理化，但没有一种公理化在直觉上比其他公理化更合理。Feys（1965）对主要的经典系统做了全面的介绍，他还列出了一个很完整的参考文献。这里，我们将给出一个十分简单的模态逻辑的公理化系统，即 Feys-von Wright 的系统 M。它在命题演算的完整公理系统中加入以下内容：

公理 1：□p→p。

公理 2：□（p→q）→（□p→□q）。

规则 1：从 p 和 p→q 可推论出 q。

规则 2：从 p 可推论出□p。

（该公理化系统是根据 Gödel 的系统而给出。）□的对偶模态算子◇被定义为¬□¬。它的直观含义是"可能"：虽然 p 实际上可能为假（或为真），但当 p 至少有可能性时，◇p 为真。读者可以看出以下两命题的直观对应性：¬◇p 即 p 不可能，□¬p 即 p 必然为假。

M 是一个很弱的模态逻辑，我们可以通过增加公理来强化它。例如，增加公理 3：□p→□□p，得到系统 $S4$；增加公理 4：◇p→□◇p，得到 $S5$；增加其他公理也是可以的。然而，我们也可以通过各种方式来削弱所有的系统，例如将公理 1 改为公理 1'：□p→◇p。我们很容易看到，公理 1 蕴涵公理 1'，但反之则不成立。以这种方式得到的系统被称为*道义*系统。

这些修改在我们考虑时态逻辑这种模态逻辑时将会很有用。

应该注意的是，□p 的真假并不是由 p 的真决定的。因此，□不是一个真值函项算子（不同于通常的逻辑联结词），所以没有办法直接用真值表来分析含有模态算子的命题。事实上，模态命题演算的可判定性问题一直是重要的，正是这个属性使得模态演算如此有用，因为当信念、时态等被解释为命题算子时，都是非真值函项的。

模态命题演算的扩展没有明确的比较手段，我们将其称为模态逻辑的第一个问题。当我们考虑模态谓词演算时，也就是当我们试图引入量词时，就会出现其他困难。该问题首先由 Barcan-Marcus（1946）解决。

不幸的是，所有早期解决模态谓词演算问题的尝试都有不直观的定理（例如见 Kripke 1963a），而且，所有这些尝试都遇到了与莱布尼兹同一性定律失败有关的困难，我们尝试着概述一下此问题。莱布尼兹律是

$$L: \forall x. \forall y. x = y \to (F(x) \equiv F(y)).$$

其中 F 是任一开语句。现在这个定律在模态语境中失效了。例如，考虑 L 的下述实例：

$$L_1: \forall x. \forall y. x = y \to (\Box(x = x) \equiv \Box(x = y)).$$

由于 $x=x$ 是定理，通过 M 的规则 2（在几乎所有模态逻辑中出现）可得 □$(x=x)$。因此 L_1 得到

$$L_2: \forall x. \forall y. x = y \to \Box(x = y).$$

但是，L_2 有悖于直觉。例如，晨星与昏星实际上是相同个体（金星）。然而，它们并不必然等同：人们很容易想象，它们可能是不同的。这个著名的例子被称为"晨星悖论"。

这一点以及相关的困难迫使人们在模态谓词演算中放弃莱布尼兹律，或者修改量化规则（这样就不可能得到诸如 L_2 这样的全称语句的不理想实例）。但 Quine 在几篇论文中指出（参见 Quine1964），这仅仅解决了纯粹形式上的问题，却使得解释这些演算非常困难。

所引发的困难如下。语句 Φ(a) 通常被认为是将某种属性赋予某个体 a。现在来考虑晨星。显然，晨星必然等同于晨星。然而，昏星不必然等同于晨星。因此，金星这一个体既具有也不具有必然等同于晨星的属性。即使我们放弃专名，困难也不会消失：因为我们如何解释像 $\exists x. \exists y. (x=y \wedge \Phi(x) \wedge \neg \Phi(y))$ 这样的陈述呢？

Barcan-Marcus 提议对量词进行非传统的解读以避免该问题。她和 Quine 在 Barcan-Marcus（1963）中的讨论非常具有启发性。然而，这引起了一些问题（见 Belnap & Dunn 1968），而最近的模态逻辑语义理论提供了一种更令人满意的解释模态语句的方法。

该理论的发展依赖于几位学者（Hintikka 1963，1967a；Kanger 1957；Kripke 1963a，1963b，1965），但主要是由 Kripke 贡献的。我们将尝试给出该理论的框架，但如果读者发现它不够充分，则应该参考 Kripke 的文章（1963a）。

该理论的观点是，模态演算同时描述几个而不仅是一个*可能世界*。陈述不是被赋予一个单独的真值，而是一系列的真值，在每个可能世界都被赋予一个。现在，当一个陈述在所有*可能世界*中都为真，它就或多或少是必然的。实际上，为了得到不同的模态逻辑（即使不是所有的模态逻辑），必须在更细微的层面上提出建立在*可能世界集合*上的二元关系——选择性关系。那么，当一个陈述在某一世界的所有选择中都真时，它在该世界中就是必然的。现在，事实证明，模态命题逻辑的许多常见公理直接对应于选择性条件。因此，例如在上面的系统 *M* 中，公理 1 对应于选择性关系的自反性；公理 3 $\Box p \rightarrow \Box\Box p$ 对应于其传递性。如果我们使选择性关系为等价关系，那么就相当于根本没有选择性关系；它对应于公理 $\Diamond p \rightarrow \Box \Diamond p$。

这种语义理论已经为模态逻辑的第一个问题提供了答案：某种合理的方法可以对众多的命题模态逻辑进行分类。更重要的是，它还为模态谓词演算提供了一种可理解的解释。我们必须把每个*可能*世界想象成一个个体集合，对某个个体的指派是语言中的名称。然后，每个陈述根据特定的个体集和与可能世界 *s* 相关的指派在 *s* 中获得其真值。因此，在通常意义上，*可能世界*

是模态演算的解释。

现在，莱布尼兹律的失败不再令人费解：在一个世界里，晨星可能等同于昏星（与昏星是相同个体），但在另一个世界里，这两者可能是不同的。

但仍有一些困难，包括形式上的困难：必须修改量化规则以避免不直观的定理（详见 Kripke, 1963a）和解释上的困难：*相同*个体存在于*不同*世界中，这句话的意义并不清晰。

通过构造一个普通真值函项逻辑来直接描述模态逻辑的多重世界语义，可以在不使用模态算子的情境下增强模态逻辑的表达力。为了做到这一点，我们给每个谓词一个额外的参数（即世界变元，或者按本文术语来说是情境变元）。"□Φ"被改写为

$$\forall t. A(s,t) \rightarrow \Phi(t),$$

其中 A 是情境之间的选择性关系。当然，我们必须为 A 提供适当的公理。

由此产生的理论将用情境演算的符号来表达。命题 Φ 已经变成了命题通式 $\lambda s. \Phi(s)$，而模态语义中的"*可能世界*"正是情境。然而请注意，我们得到的理论比直接在情境演算中加入模态算子所得到的理论要弱，因为我们无法翻译诸如□$\pi(s)$这样的断言（其中 s 是一种情境），而得到扩展的情境演算却包含这种翻译。

通过这种方式，我们有可能在情境演算中重建与 Prior 的时态逻辑和 Hintikka 的知识逻辑相对应的子理论，我们将在下面解释二者的理论。然而，这里有一个限定条件：到目前为止，我们只解释了如何把命题模态逻辑翻译成情境演算。由于量化模态逻辑具有指称晦暗的困难，为了翻译它，我们必须在一定程度上提高情境演算的复杂性，但这会使情境演算变得相当笨拙。存在一个关于个体和情境的特殊谓词——$exists(i, s)$——当 i 命名一个存在于情境 s 中的某一个体时，$exists(i, s)$ 被认为是真的。这很必要，因为情境中可能包含多个个体。然后，我们根据以下模式来翻译模态逻辑的量化断言：

$$\forall x.\Phi(x) \rightarrow \forall x.exists(x,s) \rightarrow \Phi(x,s),$$

其中 s 是被引入的情境变元。在下面的例子中，我们将不再讨论这种额外翻译的细节，而仅仅定义命题时态逻辑与命题知识逻辑在情境演算中的翻译。

（二）知识逻辑

我们将只描述知识演算。Hintikka 在其《知识与信念》（1962）一书中首次将知识逻辑作为一种模态逻辑进行研究。他引入模态算子 K_a（读作"某人知道……"），及其对偶算子 P_a，定义为 $\neg K_a \neg$。语义是对 K_a 做如下类似解读得到的："在所有与 a 的知识相容的可能世界中都为真。"K_a 的命题逻辑（类似于□）是 S4，即 M+公理 3，但在量词方面有一些复杂的问题。（此书最后一章出色地阐述了关于模态语境中量化的总体问题。）这种对知识的分析受到了各种批评（Chisholm 1963，Follesdal 1967），Hintikka 在几篇重要的论文中进行了回答（1967b，1967c，1972），其 1972 年的论文综述了"知道"的不同意义以及这些意义被充分形式化的程度。但是，他似乎没有捕捉到"知道"的如下两种意义：第一，"知道如何"的概念，它似乎与"能行"一词有关；第二，知道某人（地点等）的概念，这意味着"熟悉（某人）"，而不仅仅是知道某人是谁。

为了将（命题）知识演算转化为"情境"语言，我们在情境演算中引入一个称为"shrug"的三元谓词。$Shrug(p, s_1, s_2)$，其中 p 是一个人，s_1 和 s_2 是情境。当 p 事实上处于情境 s_2 中时，那么就他所知道的所有东西而言，他可能处于情境 s_1 中为真。也就是说，就个体 p 而言，s_1 是 s_2 的认知选择——这是 Hintikka 对于可选择世界的术语（他称之为模型集）。

然后我们将 $K_p q$（其中 q 是 Hintikka 演算中的一个命题）翻译成 $\forall t.shrug(p, t, s) \rightarrow q(t)$，其中 $\lambda s.q(s)$ 是翻译 q 的通式。当然，我们必须为 shrug 提供公理。事实上，就纯知识演算而言，唯一必要的两个公理是

$$K1: \forall s. \forall p. shrug(p,s,s)$$

和

K2: $\forall p. \forall s. \forall t. \forall r. (shrug(p,t,s) \land shrug(p,r,t)) \to shrug(p,r,s)$,

即自反性和传递性。

当然,把时态与其他机制添加到情境演算中时,可能还需要其他工具,以便将其与知识联系起来。

(三) 时态逻辑

这是哲学逻辑中最大、最活跃的领域之一。Prior 的《过去、现在和未来》(1968) 一书对该领域的工作进行了极其详尽和清晰的阐述。我们已经提到了 Prior 所讨论的四个命题算子 F、G、P、H,他认为这些是模态算子,那么语义理论中的选择性关系就是简单的时间排序关系。他给出了各种公理化系统,对应于决定性和非决定性时态、结束和非结束时间等。量化的问题在这里再度以强势出现。试图对 Prior 的书进行总结是一项无望的任务,我们只能敦促读者去翻阅它。最近出现的几篇论文(见 Bull 1968)表明时态逻辑已经达到技术上的成熟性,因为各种公理系统现已得到完整的完全性证明。

如上所述,情境演算包含一种时态逻辑(或者说几种时态逻辑),因此我们可以在我们的系统中定义 Prior 的四个算子,并通过合适的公理重构这四个算子的各种公理化(特别是在 Bull 1968 中的所有公理都可以转化为情境演算)。

要做到这一点,必须添加某个额外的非逻辑谓词:它是一个被称为"*同历史的*"(cohistorical)的二元情境谓词,其直观含义是断言某个参数在另一个参数的未来。该谓词是必要的,因为我们想把一些情境二元组对看作是完全没有时间上的关系。例如,我们现在这样定义 F:

$F(\pi,s) \equiv \exists t. cohistiorical(t,s) \land time(t) > time(s) \land \pi(t)$。

其他算子的定义与此类似。

当然,我们必须为"*同历史的*"和时间提供公理,这并不困难。例如,考虑 Bull 的一个公理,例如 $Gp \to GGp$,(对我们来说)它最好表示为 $FFp \to$

Fp 的形式。使用定义，可将其翻译为：

$(\exists t. cohistorical(t,s) \wedge time(t) > time(s) \wedge \exists r. cohistorical(r,t) \wedge time(r) > time(t) \wedge \pi(r)) \rightarrow (\exists r. cohistorical(r,s) \wedge time(r) > time(s) \wedge \pi(r))$ 。(14)

它被简化为（使用"$>$"的传递性）

$\forall t. \forall r. (cohistorical(r,t) \wedge cohistorical(t,s)) \rightarrow cohistorical(r,s)$,

即"*同历史的*"的传递性。这个公理正类似于 S4 公理 □p→□□p，它对应于模态语义学中选择性关系的传递性。Bull 的其他公理也可用类似的方式转化为关于"*同历史的*"和时间的约束条件；我们在此将不赘述这些乏味的细节。

更有趣的是将"*shrug*"与"*同历史的*"和时间联系起来的公理。但不幸的是，我们无法想到任何直观上可靠的公理。因此，如果有两种情境是认知选择（即 $shrug(p, s_1, s_2)$），那么它们可能有也可能没有相同的时间值（因为我们希望允许 p 有可能不知道时间），而且它们可能是也可能不是同历史的。

（四）行动逻辑和行动理论

这一领域发展最完善的理论是 von Wright 在其《规范与行动》（1963）一书中描述的行动逻辑。von Wright 把他的行动逻辑建立在他自己的一个相当出色的时态逻辑上。该逻辑依据二元模态联结词 T，因此有 pTq，其中 p 和 q 是命题，意味着"p，然后 q"。因此，举例来说，打开窗户的动作是：（窗户是关着的）T（窗户是开着的）。在该书中，用较长篇幅谈论了演算的形式发展，但正如 Castaneda 在他的评论（1965）中指出的，一些解释问题仍然存在。在最近的一篇论文中，von Wright（1967）改变并扩展了他的形式主义，以便回答这些批评及其他批评，而且还提供了一种基于生命树概念的语义理论。

据我们所知，虽然其他单独构建行动理论的尝试都没有发展到这种程度，但某些对其困难的探讨和调查似乎也很重要。Rescher（1967）非常利落地讨论了几个主题。Davidson（1967）也提出了一些有力的观点。其主要论点是，为了把涉及行动的陈述翻译成谓词演算，似乎有必要允许行动成为约束变元的值，也就是（通过 Quine 的检验）成为真正的个体。情境演算当然也遵循这一观点，我们允许对策略进行量化，而行动是策略的一个特例。Simon 关于命令逻辑（command-logics）的论文（1965, 1967）同样重要。他认为，虽然一个特殊的命令逻辑是不必要的，普通逻辑可以作为唯一的演绎机制，但这一点并不能阻止我们前进。他提出了几个观点，最值得注意的或许是以下观点：主体（agents）在大多数时候都不执行行动，事实上，他们只有在受到某些外部干扰时才会被迫采取行动。他有一个特别有趣的例子，一个串行处理器在一个并行需求的环境中运行，并因此而需要中断。诸如 von Wright 和我们所提出的行动逻辑并不区分行动和无行动，而且，任何足够成熟、足以应对 Simon 批评的行动逻辑，还不为我们所知。

大部分关于行动、时间、决定论等的纯哲学著作与当前目的无关。然而，我们要提出两篇最近出现的文章，它们似乎很有意思：Chisholm（1967）的一篇论文和 Evans（1967）的另一篇论文，总结了最近关于状态、表现和活动之间区别的讨论。

（五）其他话题

在两个领域中，有必要对行动进行某些分析：命令逻辑学和义务理论。对于前者，最好的参考文献是 Rescher 的书（1966），该书列出了很好的参考文献。还要注意 Simon 对 Rescher 一些论点的反驳（Simon 1965, 1967）。Simon 提出，命令逻辑不是必需的，对于某个命题 p，命令被分析为"实现 p！"的形式，或者更一般地说，被分析为"通过改变 x 来实现 $P(x)$！"的形式。其中 x 是一个命令变元，即受到主体的控制。命令和陈述之间的转换只有在"完整模型"的语境下才会发生，该模型规定了环境约束并定义了命令变元。Rescher 认为，这些命令模式不足以处理命令条件句"当 p 时，做 q"，该条件句变成了"实现$(p \rightarrow q)$！"：这不同于前者，因为令 p 为假，后者才被满足。

关于义务和权利的逻辑有很多论文。von Wright 的工作是以这个方向为导向的。Castañeda 有很多关于该主题的论文。Anderson 也写了很多文章（他早期有影响力的报告 1956 特别值得一读）。《符号逻辑杂志》的评论页提供了许多其他参考资料。直到最近，这些理论都似乎与行动逻辑没有太大关系，但在其新的成熟期，它们已经开始与行动逻辑相关了。

（六）反事实

当然，关于这个古老的哲学问题有大量的文献，但其中几乎没有一个与我们直接相关。不过，由 Rescher（1964）最近提出的一个理论可能是有用的。Rescher 的书写得很清楚，我们不会在这里描述他的理论。读者可能知道 Sosa 对该书的批评性评论（1967），他建议对其做一些小的改动。

该理论对我们的重要性在于，它为我们称之为框架问题的困难提出了一种替代性解决路径。该路径的大意如下：作为一条程序规则（也许是推论规则），我们假设当行动被执行时，*所有*适用于以前情境的命题通式也适用于新情境。这往往会产生关于新陈述的不一致集。Rescher 的理论提供了一种机制，可以用合理的方式恢复一致性，而且那些因执行行动而改变真值的通式成了附属品。然而，我们并没有对此进行详细研究。

（七）交流过程

我们在本文中没有考虑形式化描述交流过程的问题，但似乎很清楚，这些问题最终必须得到解决。哲学逻辑学家在这里自发地活跃起来。主要成果包括 Harrah 的书（1963）和 Cresswell（1965）关于"疑问词的逻辑"的几篇论文。在其他作者中，我们可以提及 Åqvist（1965）和 Belnap（1963）。同样，《符号逻辑杂志》的评论页会提供其他参考。

参考文献

Anderson, A. R. (1956). The formal analysis of normative systems. Reprinted in *The Logic of decision and action* (ed. Rescher, N.). Pittsburgh: University of Pittsburgh Press.

Åqvist, L. (1965). *A new approach to the logical theory of interrogatives, part I.* Uppsala: Uppsala Philosophical Association.

Barcan-Marcus, R. C. (1946). A functional calculus of the first order based on strict implication. *Journal of Symbolic Logic*, 11, 1-16.

Barcan-Marcus, R. C. (1963). Modalities and intensional languages. *Boston studies in the Philosophy of Science.* (ed. Wartofsky, W.). Dordrecht, Holland.

Belnap, N. D. (1963). *An analysis of questions.* Santa Monica.

Belnap, N. D. and Dunn, J. M. (1968). The substitution interpretation of the quantifiers. *Nous*, 2, 177-85.

Bull, R. A. (1968). An algebraic study of tense logics with linear time. *Journal of Symbolic Logic*, 33, 27-39.

Castaneda, H. N. (1965). The logic of change, action and norms. *Journal of Philosophy*, 62, 333-4.

Chisholm, R. M. (1963). The logic of knowing. *Journal of Philosophy*, 60, 773-95.

Chisholm, R. M. (1967). He could have done otherwise. *Journal of Philosophy*, 64, 409-17.

Church, A. (1956). *Introduction to Mathematical Logic.* Princeton: Princeton University Press.

Cresswell, M. J. (1965). The logic of interrogatives. *Formal systems and recursive functions.* (ed. Crossley, J. M. and Dummett, M. A. E.). Amsterdam: North-Holland.

Davidson, D. (1967). The logical form of action sentences. *The logic of decision and action.* (ed. Rescher, N.). Pittsburgh: University of Pittsburgh Press.

Evans, C. O. (1967). States, activities and performances. *Australian Journal of Philosophy*, 45, 293-308.

Feys, R. (1965). *Modal Logics.* (ed. Dopp, J.). Louvain: Coll. de Logique Math. serie B.

Fogel, L. J., Owens, A. J. and Walsh, M. J. (1966). *Artificial Intelligence through simulated evolution.* New York: John Wiley.

Follesdal, D. (1967). Knowledge, identity and existence. *Theoria*, 33, 1-27.

Friedberg, R. M. (1958). A learning machine, part I. *IBM J. Res. Dev.*, 2, 2–13.

Friedberg, R. M., Dunham, B., and North, J. H. (1959). A learning machine, part II. *IBM J. Res. Dev.*, 3, 282–7.

Galanter, E. and Gerstenhaber, M. (1956). On thought: The extrinsic theory. *Psychological Review*, 63, 218–27.

Green, C. (1969). Theorem–proving by resolution as a basis for question answering systems. *Machine Intelligence* 4 (eds. Meltzer, B. and Michie, D.). Edinburgh: Edinburgh University Press, 183–205.

Harrah, D. (1963). *Communication: A logical model*. Cambridge, Massachusetts: MIT Press.

Hintikka, J. (1962). *Knowledge and belief: An introduction to the logic of two notions*. New York: Cornell University Press.

Hintikka, J. (1963). The modes of modality. *Acta Philosophica Fennica*, 16, 65–82.

Hintikka, J. (1967a). A program and a set of concepts for philosophical logic. *The Monist*, 51, 69–72.

Hintikka, J. (1967b). Existence and identity in epistemic contexts. *Theoria*, 32, 138–47.

Hintikka, J. (1967c). Individuals, possible worlds and epistemic logic. *Nous*, 1, 33–62.

Hintikka, J. (1977). Different constructions in terms of the basic epistemological verbs. *Contemporary Philosophy in Scandinavia* (eds. Olsen, R. E. and Paul, A. M.), Baltimore: The John Hopkins Press, 105–122.

Kanger, S. (1957). A note on quantification and modalities. *Theoria*, 23, 133–4.

Kripke, S. (1963a). Semantical considerations on modal logic. *Acta Philosophica Fennica*, 16, 83–94.

Kripke, S. (1963b). Semantical analysis of modal logic I. *Zeitschrift fur math. Logik und Grundlagen der Mathematik*, 9, 67–96.

Kripke, S. (1965). Semantical analysis of modal logic II. *The theory of models* (eds. Addison, Henkin and Tarski). Amsterdam: North–Holland.

Lewis, C. I. (1918). *A survey of symbolic logic*. Berkeley: University of California Press.

Manna, Z. (1968a). *Termination of algorithms*. Ph.D. Thesis, Carnegie Mellon University.

Manna, Z. (1968b). *Formalization of properties of programs*. Stanford Artificial Intelligence Report: Project Memo AI–64.

McCarthy, J. (1959). Programs with common sense. *Mechanization of thought processes*, Vol. I. London: Her Majesty's Stationery Office (Reprinted in this volume).

McCarthy, J. (1962). Towards a mathematical science of computation. *Proc. IFIP Congress 62*. Amsterdam: North–Holland Press.

McCarthy, J. (1963). *Situations, actions and causal laws.* Stanford Artificial Intelligence Project: Memo 2.

Minsky, M. (1961). Steps towards artificial intelligence. *Proceedings of the I. R. E.*, 49, 8-30.

Newell, A., Shaw, V. C. and Simon, H. A. (1959). Report on a general problem-solving program. *Proceedings ICIP.* Paris: UNESCO House.

Newell, A. and Simon, H. A. (1961). GPS-A program that simulates human problem-solving. *Proceedings of a conference in learning automata.* Munich: Oldenbourgh

Newell, A. (1965). Limitations of the current stock of ideas about problem – solving. *Proceedings of a conference on Electronic Information Handling*, pp. 195-208 (eds. Kent, A. and Taulbee, O.). New York: Spartan.

Newell, A. and Ernst, C. (1965). The search for generality. *Proc. IFIP Congress* 65.

Pivar, M. and Finkelstein, M. (1964). *The Programming Language LISP: Its operation and applications* (eds. Berkely, E. C. and Bobrow, D. G.). Cambridge, Massachusetts: MIT Press.

Prior, A. N. (1957). *Time and modality.* Oxford: Clarendon Press.

Prior, A. N. (1968). *Past, present and future.* Oxford: Clarendon Press.

Quine, W. V. O. (1964). Reference and modality. *From a logical point of view.* Cambridge, Massachusetts: Harvard University Press.

Rescher, N. (1964). *Hypothetical reasoning.* Amsterdam: North-Holland.

Rescher, N. (1966). *The logic of commands.* London: Routledge.

Rescher, N. (1967). Aspects of action. *The logic of decision and action* (ed. Rescher, N.). Pittsburgh: University of Pittsburgh Press.

Shannon, C. (1950). Programming a computer for playing chess. *Philosophical Magazine*, 41.

Simon, H. A. (1965). The logic of rational decision. *British Journal for the Philosophy of Science*, 16, 169-86.

Simon, H. A (1966). *On reasoning about actions.* Carnegie Institute of Technology: Complex Information Processing Paper, 87.

Simon, H. A. (1967). The logic of heuristic decision making. *The logic of decision and action* (ed. Rescher, N.). Pittsburgh: University of Pittsburgh Press.

Sosa, E. (1967). Hypothetical reasoning. *Journal of Philosophy*, 64, 293-305.

Turing, A. M. (1950). Computing machinery and intelligence. *Mind*, 59, 433-60.

von Wright, C. H. (1963). *Norm and action: a logical enquiry.* London: Routledge.

von Wright, C. H. (1967). The logic of action-a sketch. *The logic of decision and action* (ed. Rescher, N.). Pittsburgh: University of Pittsburgh Press.

·智能与哲学·

人工智能伦理研究辨析[*]

陈爱华[**]

摘 要: 人工智能的研发与应用引发多重伦理挑战,其中包括对人的存在的多样性的挑战、对人的生活多元性的挑战和对生命形式多样性的挑战等。为了应对这些伦理挑战,我们只有通过追问人工智能的伦理研究何以必要,才能弄清其伦理的本质,进而追问其与人的伦理觉悟之间的关系。因为人的伦理觉悟体现了人对其生存状态与生活境遇的反思,进而从应然视域提出人的生存秩序及其维护这一秩序的伦理规范体系。这种伦理觉悟会随着不同时代人的生存状况和生活境遇而变化。人工智能的伦理研究之所以可能,与国内外学者为了应对上述人工智能研发与应用引发的多重伦理挑战,从多重视域对此展开伦理研究密切相关。为了进一步辨析人工智能伦理研究,还须厘清其研究的进路与趋势,

---

[*] 本文系国家社科基金重大招标项目"广义逻辑悖论的历史发展、理论前沿与跨学科应用研究"(18ZDA031)和国家社科基金西部项目"自媒体的道德治理研究"(18XZX016)阶段性研究成果。

[**] 陈爱华,江苏省海门市人,江苏道德发展研究院研究员,东南大学科学技术伦理研究所所长、东南大学哲学与科学系教授,博士生导师,哲学博士。研究方向:科技伦理学、逻辑学、生态伦理、国外马克思主义哲学。

[***] 本文引用格式:陈爱华:《人工智能伦理研究辨析》,《逻辑、智能与哲学》(第一辑),第49~64页。

其中包括做好人工智能研发与应用的顶层设计与总体规划，强化底线思维，构建与之相应的伦理规范体系并将其转变为一种现实性。

关键词： 人工智能　伦理研究　伦理觉悟

20世纪70年代以来，人工智能是计算机学科的一个分支，被称为世界三大尖端技术（空间技术、能源技术、人工智能）之一。进入21世纪，人工智能迅速发展，在很多学科领域得到广泛应用，因而依然是本世纪三大尖端技术（基因工程、纳米科学、人工智能）之一。目前人工智能无论在理论和实践上都已自成一个系统，并且逐步成为一门交叉学科。人工智能亦成为各行各业流行的热门术语。与之相关，伦理学与哲学等其他不同学科的学者分别从不同的视角对人工智能的伦理问题进行不同解析或诠释，形成了多维度、多样态的研究成果。① 笔者试图从人工智能的研发与应用何以引发多重伦理挑战出发，解析人工智能的伦理研究何以必要、何以可能，在此基础上，探索当代人工智能伦理研究的进路与趋势。

一　人工智能的研发与应用何以引发多重伦理挑战②

人工智能的伦理研究之所以必要，与人工智能的研发与应用引发的多重伦理挑战密切相关，其中包括对人的存在的多样性的挑战、对人生活多元性的挑战和对生命形式多样性的挑战等。

---

① 据知网统计，截至2021年1月，人工智能伦理研究的期刊论文有380篇，学位论文有53篇，会议论文有5篇，报纸论文有26篇。
② 之所以用"多重"概念，是因为其一，基于哲学从量的方面描述事物之间的关系，即"一"与"多"的关系；其二，借鉴逻辑学"二难推理"与"多难推理"的命名方式，故称之为"……多重伦理挑战"。

首先，人工智能的研发与应用对人的存在的多样性的挑战。人的存在的多样性不仅有其自然或者生物属性的多样性，如性别、身高、体重、肤色等，更重要的是有其社会属性的多样性，如工作角色、家庭角色、社会交往角色等多重样态，这些进而形成了多元的人际关系和伦理关系。此外，还有心理特征的多样性，如喜、怒、哀、乐、个人偏好等。而人工智能基于算法，将这些多样性都简化为"0"与"1"的运算；人多样化的生存方式亦成为"启动"或者"关闭"的简单操作。这的确给人们的生活与工作带来了便利，但是这种千篇一律单向度存在方式，却是对经过几百万年进化为现在的人的存在方式的颠覆，同时也是对人生存智慧的颠覆。

其次，人工智能的研发与应用对人的存在的多样性的挑战，必然也是对人生活多元性的挑战。人的生活是人存在的展现也是存在方式的体现，具体表现为"如何生活"和"如何在一起"。人"如何生活"体现了生活的多元性。这种多元性可以在多个层面展开，如学习、工作、休闲、娱乐（包括游戏）、旅游、购物、交往等，这里不仅展现了人对生活的设计、设想与憧憬，也展现了人对生活美的诉求，对生活丰富内涵的诠释，对生活中逆境与顺境的驾驭智慧。因而，人生活的喜怒哀乐构成了人丰富多彩的人生。而人工智能基于功能的集成将上述人的多元性生活集为一体，这的确给人们的生活带来了前所未有的便利，即足不出户便可实现"一机在手，样样都有"，将人们的学习、工作、休闲、娱乐（包括游戏）、旅游、购物、交往全都在机器或者手机上完成。原来人的多元性、立体化、个性化生活演变为一种平面化、趋同化、千篇一律的生活。一方面，人们不同样态生活设计、设想与憧憬，不同旨趣的生活美诉求、生活内涵诠释，对于生活中逆境与顺境的驾驭智慧都服从既定的智能程序的预设与编码；另一方面，人们与不同圈层亲朋好友的交往方式与礼仪，演变为同一种方式的"群发"。人们直接与人、物品、自然的接触演变为键盘上的键入、鼠标的点击与滚动。人们的见面之欢、睹物思情、对空气阳光的享受，演变为网页的打开与切换。这样，人生活的独特智慧与传承模式逐渐被算法、代码、程序所代替。与此同时，人对于智能机产生了前所未有的依赖性。如前所述，"一机在手，样样都有",而一机不在,便手足无措。这就衍生了"数字化鸿沟""人如何在一起"的三重异化样态。一是"网生代"的青少年独立生活能力骤降,对智能机和网络的依赖、对他者的依赖无以复加,进而生成了一种畸形的"与他人在一起"的样态。二是那些"机盲""网盲"的老年人由于不能进入"网圈",便成了被人遗忘的人群,即无法如同以前那样"与他人在一起"。三是人们交往关系的异化——网聊热火朝天,见面却无话可说;在家庭中,年轻的父母各自摆弄着智能机,孩子被晾在一边,孩子的孤独感油然而生;在节假日,亲朋好友聚会,仍然各自摆弄着智能机,无暇聊天,"热机冷人"成为聚会中"人如何在一起"的一种异化样态。

最后,人工智能的研发与应用还是对生命形式多样性的挑战。因为无论是对人的存在的多样性的挑战,还是对人生活多元性的挑战,归根结底还是对生命形式多样性的挑战。正是有了生命形式多样性,才有人的存在的多样性和人的生活的多元性。生命之所以异彩纷呈,就在差异造就的多样性。世界的统一性是多样性的统一,是差异性的统一。生命失去了多样性、差异性,也将失去应有的活力,缺乏灵动。若世界千人一面,便失去了蓬勃发展的生机;若思维千篇一律,便陷入内卷性的重复,失去了创新的活力。

二 应对人工智能研发与应用的多重伦理挑战之伦理研究何以必要

为了弄清伦理研究何以应对上述人工智能的研发与应用引发的多重伦理挑战,必须追问伦理的本质。恩格斯说:"历史从哪里开始,思想进程也应当从哪里开始,而思想进程的进一步发展不过是历史过程在抽象的、理论上前后一贯的形式上的反映"。[①] 伦理作为一种文化形态是在历史中生成的,追问伦理的本质亦须对其进行历史的考量。

---

① 《马克思恩格斯选集》第 2 卷,人民出版社,1995,第 43 页。

伦理从其原初形态上讲是源自禁忌和习俗。在西方，伦理学这一概念源出希腊文，本义是"本质""人格"，也与"风俗""习惯"的意思相联系。习俗是一个汉语词语，是习惯风俗的意思。《礼记·学记》曰"五年视博习亲师"，有学者解释其中的"习"字的含义是"常也"。常即经常、惯常。经常、惯常自然成为习惯。人类的生存和发展，要受到自然周期性变化带来的各种制约和限制。人类在长期与自然相处的生活中，对这些自然周期性变化带来的各种制约和限制不断认知与积累，形成相关的习俗。由此可见，习俗是不断修正的文化传承。这些习俗生成一定的伦理形态，实际上就体现了人对自己存在的样态和社会秩序有了一种觉悟。

在中国传统文化中，十分注重这种人伦秩序。比如孟子特别强调"明人伦"的重要性。"人之有道也，饱食、暖衣、逸居而无教，则近于禽兽。圣人有忧之，使契为司徒，教以人伦：父子有亲，君臣有义，夫妇有别，长幼有序，朋友有信。"（《孟子·滕文公上》）正如朱熹所说："伦，序也。父子有亲，君臣有义，夫妇有别，长幼有序，朋友有信，此人之大伦也。"（《孟子集注卷五·滕文公章句上》）中国传统文化又用这种人伦之序，以礼法的形式教化和规范人们的行为。荀子从发生学的视角阐释了礼的形成。荀子在《礼论·第十九》说："礼起于何也？曰：人生而有欲，欲而不得，则不能无求。求而无度量分界，则不能不争；争则乱，乱则穷。先王恶其乱也，故制礼义以分之，以养人之欲，给人之求。使欲必不穷于物，物必不屈于欲。两者相持而长，是礼之所起也。"这里无论是孟子提到的"圣人"，还是荀子提及的"先王"，实际上都是伦理意识的觉醒者代表。正是伦理意识觉醒者的伦理意识觉醒，生成了其伦理觉悟。而"圣人""先王"这种伦理觉悟体现了对现有人的生存状态与生存境遇的反思，进而从应然视域提出人的生存秩序及其维护这一应然性生存秩序的伦理规范体系——"礼"，以规范所有人的行为。子曰："不知命，无以为君子也；不知礼，无以立也；不知言，无以知人也。"（《论语·尧曰》）为此，须"非礼勿视，非礼勿听，非礼勿言，非礼勿动"。（《论语·颜渊》）

这种伦理觉悟不仅体现在伦理形态的发生阶段，而且会随着不同时代人的生存状况和生存境遇的变化而变化，觉醒者通过反思人的生存状况和生存境遇的变化，产生与之相应的伦理意识，进而生成与这一时代相应的伦理觉悟——对已有的伦理形态进行批判性的传承，建构新的时代所需的伦理形态。在春秋战国时期，在奴隶制向封建制过渡时期，出现了"礼崩乐坏"的生存境遇，孔子为"克己复礼"奔走呼号；在五四时期，陈独秀提出了"伦理的觉悟，为吾人最后觉悟之最后觉悟"。①

在西方，古希腊的苏格拉底反思人的生存状况与生存境遇，提出了"认识你自己"；柏拉图在《理想国》中，提出了"智慧""勇敢""节制""正义"四大德，以维持希腊城邦社会的伦理秩序；亚里士多德则进一步阐述了"理智德性"与"道德德性"，提出过好的生活的"中道"即适度。在亚里士多德看来，"德性就必定是以求取适度为目的的"，②"德性是一种选择的品质，存在于相对于我们的适度之中"。③

18世纪末，德国哲学家康德经过十余年的对当时科技发展状况和人的生存状况及其生存境遇的反思，经历了理性觉悟到伦理觉悟的心路历程，进而提出了一组问题式："我能知道什么？""我应当做什么？""如果我做了我应当做的，那么我可以希望什么？"④ 9年之后，他在《逻辑学讲义》中又加了第四个问题："人是什么？"并且认为"前三个问题都与最后一个问题有联系"。⑤ 康德认为：第一个问题是单纯思辨的；第二个问题是单纯实践的；第三个问题是实践的，同时又是理论的，因为一切希望都是指向幸福的，而幸福是对我们的一切爱好的满足，出自幸福动机的实践规律，康德将其称为实用规律（明智的规则），只要是配得上幸福，那就称它为道德的（道德律）⑥；第四个问题是人类学的问题，与此同时，康德把前三个问题同"人是什么"这个问题联系起来，把它们全都看作人类学的问题。这可以看

---

① 陈独秀：《吾人最后之觉悟》，《青年杂志》第1卷6号，1916年2月15日。
② 亚里士多德：《尼可马克伦理学》，廖申白译，商务印书馆，2008，第46页。
③ 亚里士多德：《尼可马克伦理学》，第47~48页。
④ 康德：《纯粹理性批判》，邓晓芒译，人民出版社，2004，第611页。
⑤ 康德：《逻辑学讲义》，许景行译，商务印书馆，1991，第15页。
⑥ 参见康德《纯粹理性批判》，第612页。

作康德伦理觉悟的升华——从人类学的视域统摄人的知、情、意,即纯粹理性、判断力与实践理性。因为康德认识到,人生活的世界是以人创造的文化活动为基础,人包括人自身,都是通过人自觉的、有目的的、自由创造的文化活动的产物,而人的最终命运或前途也与人创造的文化活动密切相关。[①] 这样,康德就从科学（理性）的形而上学和道德的形而上学世界,走向了人的生活世界。康德认为,德性的力量与善良意志相关。他指出:"善良意志,并不因它所促成的事物而善,并不因它期望的事物而善,也不因为它善于达到预定的目标而善,而仅是由于意愿而善,它是自在的善。"[②] 他提出了责任的概念,并认为这一概念就是善良意志概念的体现,责任是"应该"转变成"现实"的力量。他并不接受亚里士多德的"中道"原则,他认为,德性和邪恶之间绝非程度之不同,而是质上的差别,是行为准则的殊异,是准则和道德规律在关系上的差异。[③] 为了使人们更准确地把握责任在道德生活中的功能,康德把它归纳为三个"命题"。（1）行为的道德价值不取决于行为是否合乎责任,而在于它是否出于责任。（2）一个出于责任的行为,其道德价值不取决于它所要实现的意图,而取决于它所被规定的准则。从而,它不依赖于行为对象的现实,而依赖于行为所遵循的意志原则,与任何对象无关。（3）责任就是由于尊重规律而产生的行为必要性。[④] 实际上,康德论及的德性的力量更多是强调道德的自律性,并没有单独论及伦理。

黑格尔则从《精神现象学》到《法哲学原理》的探索过程中,对自由意志由抽象法到道德再到伦理,即从自在到自为发展过程的考察中,区分了被人们相提并论的伦理与道德。他从法哲学的论域阐释了两者的关系。他指出:"道德同更早的环节即形式法都是抽象东西,只有伦理才是它们的真

---

① 参见杨祖陶《康德哲学体系问题》,载《德国哲学论文集》（第16辑）,北京大学出版社,1997,第74~108页。
② 康德:《道德形而上学原理》,苗力田译,上海人民出版社,1986,第43页。
③ 参见康德《道德形而上学原理〈德性就是力量（代序）〉》,第2~3页。
④ 参见康德《道德形而上学原理》,第49~50页。

理。所以，伦理是在它概念中的意志和单个人的意志即主观意志的统一。"① 对此，贺麟先生进行了这样的概括，道德是由扬弃抽象形式的法发展而来的成果，道德是法的真理，居于较高阶段，道德是自由之体现在人的主观内心里。② 因此"道德的观点就是自为地存在的自由"。③ 道德也是法的一种，亦即"主观意志的法"。抽象法、道德、伦理三者之间的关系，黑格尔是从自在自为的自由意志这一理念的发展加以阐释的。他认为，作为抽象的概念即人格的定在是直接的、外在的事物，这是抽象法或形式法的领域（所有权—契约—不法）；意志从外部定在出发在自身中反思着，于是被规定为与普遍物对立的主观单一性，进而有了主观意志的法，这是道德的领域（故意和责任—意图和福利—善和良心）；伦理则是前两个抽象环节的统一和真理，作为实体的自由不仅作为主观意志而且也作为现实性和必然性而实存（家庭—市民社会—国家）。④ 因为无论法的东西还是道德的东西都不能自为地实存，而必须以伦理的东西为其承担者和基础，其中法欠缺主观性的环节，而道德则仅仅具有主观性的环节。⑤ 因此，"伦理是自由的理念。它是活的善，这活的善在自我意识中具有它的知识和意志，通过自我意识的行动而达到它的现实性；另一方面自我意识在伦理性的存在中具有它的绝对基础和起推动作用的目的。因此，伦理就是成为现存世界和自我意识本性的那种自由的概念"。⑥ 尽管黑格尔在阐释抽象法—道德—伦理三个环节中有晦涩和牵强之处，但这些并没有将这三者的辩证关系湮没。因为相对于人作为主体而言，法的外在性和强制性是不言而喻的；而道德作为主观意志的法对人的行为具有规约性；伦理则不仅作为主观意志的法规约人的行为，而且作为一种规定的体系，调整着人们之间的伦理关系、伦理实体内部和伦理实体之

---

① 黑格尔：《法哲学原理》，范扬、张启泰译，商务印书馆，1961，第43页。
② 参见贺麟《黑格尔著〈法哲学原理〉一书评价》，载黑格尔《法哲学原理》，第12页。
③ 黑格尔：《法哲学原理》，第111页。
④ 黑格尔：《法哲学原理》，第41页。
⑤ 黑格尔：《法哲学原理》，第162页。
⑥ 黑格尔：《法哲学原理》，第164页。

间的伦理关系以及社会生活的各个环节，同时也是调整个人生活的伦理力量。① 在此基础上，黑格尔还分别阐述了作为伦理性的规定、作为伦理性的实体、作为伦理的义务的本质与作用。其一，作为伦理性的规定构成自由的概念，所以这些伦理性的规定就是个人的实体性或普遍本质，因而伦理性的法律所具有的权威是无限崇高的。其二，作为伦理性的实体（家庭、市民社会、国家），它的法律和权力，对主体说来，不是一种陌生的东西，而是证明其所特有的本质。在这种本质中，主体感觉到自己的价值，并且像在自己的、同自己没有区别的要素中一样地生活着。这是一种甚至比信仰和信任更趋同一的直接关系。② 其三，作为伦理必然性的圆圈系统发展的具有拘束力的义务，只是对没有规定性的主观性或抽象的自由、和对自然意志的冲动或道德意志（它任意规定没有规定性的善）的冲动，才是一种限制。但是在义务中个人毋宁说是获得了解放。一方面，他既摆脱了对赤裸裸的自然冲动的依附状态，在关于应做什么、可做什么这种道德反思中，又摆脱了他作为主观特殊性所陷入的困境；另一方面，他摆脱了没有规定性的主观性。因而在义务中，个人得到解放而达到了实体性的自由。义务仅仅限制主观性的任性，并且仅仅冲击主观性所死抱住的抽象的善。③

在这里，黑格尔从法哲学的维度阐释了伦理作为对个体普遍本质的规定，作为伦理实体的规定，作为对个人义务和行为的规定，使人有所为，有所不为，择其善而为之。正如老子《道德经》第二十三章所说："德者，同于德；失者，同于失。同于道者，道亦乐得之；同于德者，德亦乐得之；同于失者，失亦乐得之。"进而，为个人的解放提供了条件或保障。实际上，伦理的这种保障性亦体现了作为具有普遍本质的规定的个体和伦理实体在现实生活世界中对多重伦理关系及其秩序的觉悟；并在此基础上，对个体依附"自然冲动"和"主观特殊性所陷入的困境"导致的这些伦理关系失序的伦理风险与伦理悖论进行省察和应对。因而，这样的伦理觉悟对于人的生存状

---

① 黑格尔：《法哲学原理》，第165页。
② 黑格尔：《法哲学原理》，第166页。
③ 黑格尔：《法哲学原理》，第167~168页。

况与生存境遇具有反思性、自律性和应然性；对于人的最终命运或前途及其应对相关的伦理风险与伦理悖论具有前瞻性和预警性。

从中西方伦理思想史视角对伦理这一文化形态加以考量，追问伦理的本质，我们可以认识到，面对人工智能的研发与应用引发的多重伦理挑战，有必要进行相应的伦理研究。

三　应对人工智能研发与应用的多重伦理挑战之伦理研究何以可能

面对人工智能的研发与应用引发的多重伦理挑战，国内外学者从多重视域展开了伦理研究，包括反思人工智能时代人的生存境遇、关于人机关系的伦理思考、探索发展人工智能存在的伦理风险、智能机器的道德问题等。这些多重视域的研究成果，体现了相关研究者的伦理觉悟，为应对人工智能研发与应用的多重伦理挑战的伦理研究提供了重要启示。同时，也展现了应对人工智能研发与应用的多重伦理挑战的伦理研究之可能性。

首先，在反思人工智能时代人的生存境遇方面，相关研究者认为，危险主要表现在两个方面：一是指出人工智能的研发与应用可能在不久的将来导致严重但尚不致命的危险；二是在较远的将来可能导致致命危险。[①] 就前者而言，有以下几点值得注意。其一，自动智能驾驶悖论以及类似的相关悖论。此类悖论的通用难点是当人工智能成为人类的行为代理人，我们就需要为之设置一个"周全的"行为程序，而这正是其局限性所在。因为这个"周全的"行为程序，必须符合不伤害（人类）的生命伦理原则，但人工智能（包括机器人）会以什么方式伤害到人？这种伤害有多大？伤害可能以什么形式出现？什么时候可能发生？怎样才能避免？因为这些问题的存在，我们很难保证人工智能对人的身心不伤害。[②] 其二，人工智能应用会导致大

[①] 赵汀阳：《人工智能"革命"的"近忧"和"远虑"》，《哲学动态》2018 年第 4 期，第 5~12 页。
[②] 陈爱华：《论人工智能的生命伦理悖论及其应对方略》，《医学哲学》2020 年第 13 期，第 8~13 页。

量失业。而当人失去劳动时，也就会在很大程度上失去作为人的价值，使生活失去意义，从而导致人的非人化。这就带来一种根本性的忧思：面对人工智能与智能化的发展，人类还剩下哪些不会被机器取代的优势？① 其三，当人工智能成为万能技术系统而为人类提供全方位的服务时，人对人关系将发生异化。因为一切需求皆由技术来满足，每个人就只需要技术系统而不再需要他人，他人对于人将成为冗余物，其结果必然是，他人不再是人的生活意义的分享者，他人对于人失去了存在的意义。其四，一旦智能武器可以代替人进行战争，由于人不再需要亲身涉险，懦夫都会变成勇士而特别敢于发动战争。人工智能武器就很可能成为人类的掘墓人。② 就后者而言，现在将面对人类的最后一次存在升级，即存在的彻底技术化，或者说，技术将对任何存在进行重新规定。目前的准备性产品是互联网、初步的人工智能和基因编辑，将来如果出现超级人工智能（以及能够改变人的本质的基因编辑），那或许将是导致人类终结的最后存在升级。虽然对于宇宙这是一件微不足道的事，但对于人类就是一件大事。人类文明将成为遗迹，未来也不再属于人类，人类文明将被终结，人工智能将开始"创世记"。③ 更具危险的是，一旦人工智能获得自主建立游戏规则的创造能力，一旦人工智能具备了哥德尔反思能力，人就很难控制它了，因此安全的人工智能必须限制在没有反思能力的图灵机水平上。④

其次，在关于人机关系的伦理思考方面，相关的研究者认为有以下几点。其一，人工智能发展最大的问题，不是技术上的瓶颈，而是人工智能与人类的关系问题，这催生了人工智能的伦理学和跨人类主义的伦理学问题。这种伦理学已经与传统的伦理学旨趣发生了较大的偏移，其原因在于，人工智能的伦理学讨论的不再是人与人之间的关系，也不再是与自然界的既定事

---

① 段伟文：《面向人工智能时代的伦理策略》，《当代美国评论》2019年第1期，第24~38页。
② 赵汀阳：《人工智能"革命"的"近忧"和"远虑"》，《哲学动态》2018年第4期，第5~12页。
③ 赵汀阳：《人工智能"革命"的"近忧"和"远虑"》，《哲学动态》2018年第4期，第5~12页。
④ 赵汀阳：《人工智能会是一个要命的问题吗？》，《开放时代》2018年第6期，第49~54页。

实（如动物、生态）之间的关系，而是人类与自己所发明的一种产品构成的关联。① 其二，为了协调人机伦理关系，一种思路是倾向于做减法而非做加法，即优先集中地考虑规范智能机器的手段和限制其能力，而不是考虑如何设定和培养机器对人类友好的价值判断，亦即尽量将智能机器的发展限制在专门化、小型化尤其是尽可能的非暴力的范围之内。也许人们还是能给智能机器建立一套安全可靠的价值观念系统的，但在此之前还是需要谨慎。最好先不要让机器太聪明、太复杂、太自主，要将智能机器的能力限制在单纯计算或算法的领域，限制在工具和手段的领域。② 其三，须对人工智能的发展进行理性的价值评估，特别是对超级智能的设计、研发和应用进行有效的监管和规制；与此同时，利用社会信息化、智能化的契机，自觉加快人自身的自我提升，在更高层次上重建新型的"人机关系"和"人机文明"。③

再次，在探索发展人工智能存在的伦理风险方面，研究者认为有以下几点。其一，人工智能的危险之处不是能力，而是自我意识。只要人工智能拥有对自身系统的反思能力，就有可能改造自身系统，创造新规则。尤其是，如果人工智能发明一种属于自己的万能语言，能力相当于人类的自然语言，那么，所有的程序系统都可以通过它自己的万能语言加以重新理解、重新构造和重新定义，那就非常危险。④ 其二，人工智能作为人工塑造物，具有成为潜在社会主体的能力。一方面，它将突破人性的局限性，将适用一种更为简单粗暴的社会运作方式，使得文明社会重新野蛮化；另一方面，技术发展将塑造出作为绝对强者的人工智能系统，而它也可能造成新的社会失衡。⑤ 其三，人工智能可以通过大数据对社会和人进行最大限度的解析，形成观测、监视、预测、评价、诱导等全新的智能化控制手段。同时还可能会带来一系列困扰人类的疾患，如虚拟现实成瘾、辨别现实障碍、身份认同焦虑、

---

① 蓝江：《人工智能的伦理挑战》，《光明日报》2019年4月1日，第15版。
② 何怀宏：《人物、人际与人机关系》，《探索与争鸣》2018年第7期，第27~34页。
③ 孙伟平：《人工智能与人类命运的哲学思考》，《江海学刊》2019年第4期，第134~140页。
④ 赵汀阳：《人工智能的自我意识何以可能？》，《自然辩证法通讯》2019年第1期，第1~8页。
⑤ 赵汀阳：《人工智能提出了什么哲学问题？》，《文化纵横》2020年第1期，第43~57页。

机械移植排异、超智能精神失常、机器人恐惧症、自我刺激成瘾、寿命延长倦怠等。① 其四，人工智能的快速发展，特别是具有自主意识、超越人类智能的超级智能，不仅令人类的先天优越性、主导地位和尊严面临前所未有的挑战，而且令人类处于巨大的不确定性和风险之中。② 其五，人工智能的迅速发展必然会影响到人类生活的各个方面，尽管它将增加人的闲暇时间，协助人类更加条理化、无危险地去工作，提高社会生产效率，促进社会自我治理，但人工智能的发展必然会挑战既有的人类价值，促使人类去重新思考人类的基本属性与伦常关系。同时，它引起人们对于机器是否可控的担忧。因此，应该及早评估发展人工智能的利弊，确定其社会发展的价值原则，对新技术的发展行使人类应有的表决权。③

最后，在探讨智能机器道德问题方面，相关的研究者认为有以下几点。其一，须探讨机器人权利。④ 从倡导动物权利的思想以及培养人类良好道德修养等角度来看，赋予机器人某些权利是合理的。在赋予机器人某些权利的同时，更应该对机器人的权利进行限制。其二，须探讨"机器伦理"思想。⑤ 主要研究如何在智能机器中嵌入符合伦理原则的程序，使其能在面对道德困境时做出正确的判断和选择。这促进了技术设计伦理由隐性向显性的变化，引导技术产品"负责任"地为人类服务。同时，机器伦理思想亦存在将道德行为数字化、道德行为主体模糊化以及信任机制不明确等局限性。其三，须探讨机器人伦理学与人的伦理学的关系。2011年，美国康涅狄格州哈特福德大学机器伦理学家迈克尔·安德森（Michael Anderson）与美利坚大学哲学系教授苏珊·安德森（Susan Leigh Anderson）夫妇编著的《机器伦理》（Machine Ethics）一书，分析了机器伦理的本质与内涵：机器伦理学认为机器具有自由意志，能够独立承担责任，具有道德主体地位，机器与

---

① 段伟文：《面向人工智能时代的伦理策略》，《当代美国评论》2019年第1期，第24~38页。
② 孙伟平：《人工智能与人类命运的哲学思考》，《江海学刊》2019年第4期，第134~140页。
③ 孙伟平：《关于人工智能的价值反思》，《哲学研究》2017年第10期，第120~126页。
④ 杜严勇：《论机器人权利》，《哲学动态》2015年第8期，第83~89页。
⑤ 于雪、王前：《"机器伦理"思想的价值与局限性》，《伦理学研究》2016年第4期，第109~114页。

人的地位是完全相同的。① 机器人伦理学家阿萨罗则指出，机器人伦理学是关于人类如何设计、处置、对待机器人的伦理学。② 因而，机器伦理学是以机器为责任主体的伦理学，而机器人伦理学是以人为责任主体的伦理学。澄清机器伦理学与机器人伦理学两者的关系，对于机器伦理的研究与机器人伦理的研究都有重要意义。因为只有在分析人对机器人的伦理立场、机器人伦理的研究进路以及机器人伦理的制度保障等基础上，才能真正实现机器人合乎伦理的发展。其四，探讨智能机器嵌入道德准则面临着三重难题③：一是程序员本人的道德取向与品质；二是为智能机器嵌入何种道德准则，例如无人驾驶所面临的道德悖论；三是不同智能体之间如何达成道德妥协。因此，人机融合与责任伦理将是未来时代应对智能机器的有效路径。

四 应对人工智能研发与应用的多重伦理挑战之伦理研究进路与趋势

上述的伦理研究为应对人工智能的研发与应用对人的存在的多样性、人的生活多元性和生命形式多样性的挑战提供了重要的启示与可能性，而面对如何在人工智能时代构建与之相应的人的存在的多样性、人的生活多元性和生命形式多样性，即如何通过人工智能的研发与应用构建与传承人的存在的多样性、人的生活多元性和生命形式多样性的生存伦理境遇和生存伦理样态？其进路与趋势还须进一步探讨。

首先，在人工智能的研发与应用过程中，做好人的存在的多样性、人的生活多元性和生命形式多样性的生存伦理境遇和生存伦理样态的顶层设计与总体规划，强化底线思维。正如爱因斯坦指出的："关心人本身，应当始终

---

① 参见闫坤如《机器人伦理学：机器的伦理学还是人的伦理学？》，《东北大学学报（社会科学版）》2019 年第 4 期，第 331~343 页。
② P. M. Asaro, "What Should We Want from a Robot Ethic?", *International Review of Information Ethics*, 2006 (6), pp.9-16.
③ 潘斌：《人工智能体的道德嵌入》，《华中科技大学学报（社会科学版）》2020 年第 2 期，第 1~6 页。

成为一切技术上奋斗的主要目标；……用以保证我们科学思想的成果会造福于人类，而不成为祸害。"① 加之人工智能是"面对人类的最后一次存在升级，即存在的彻底技术化"，② 因此，我们必须有相应的应对策略。这样才能防止人工智能研发与应用的自发发展现状。因为在人工智能的研发与应用自发发展的过程中，起主导作用的，在其隐性层面往往是资本逻辑，这一看不见的手以营利为目的运作；在其显性层面常常是眼球经济和颜值经济发挥作用，即让消费者跟着感觉走，商家则跟着利益走，其结果必然是追求短期效益、轰动效应和近期利益，而牺牲人的整体利益、长期利益，颠覆人的存在的多样性、人的生活多元性和生命形式多样性的生存伦理境遇和生存伦理样态。

其次，在人工智能的研发与应用过程中，为了做好人的存在的多样性、人的生活多元性和生命形式多样性的生存伦理境遇和生存伦理样态的顶层设计与总体规划，如何研究与构建与之相应的伦理规范体系，以规避可能出现的伦理风险和伦理悖论？③ 就人工智能的研发与应用的相关伦理规范体系的构建而言，如同前面所提及的黑格尔所阐释伦理的作用，其不仅作为主观意志的法规约人的行为，而且作为一种规定的体系调整着人们之间的伦理关系、伦理实体内部和伦理实体之间的伦理关系以及社会生活的各个环节，同时也是调整个人生活的伦理力量。④ 这种伦理规范体系不仅对人工智能的研发与应用的方方面面具有伦理保障作用，而且对于从事人工智能的研发与应

---

① 爱因斯坦：《要使科学造福于人类，而不成为祸害》，载赵中立、许良英编《纪念爱因斯坦译文集》，上海科学技术出版社，1979，第54页。
② 赵汀阳：《人工智能"革命"的"近忧"和"远虑"》，《哲学动态》2018年第4期，第5~12页。
③ 伦理风险包括客观的伦理风险和主观的伦理风险。客观伦理风险是根据现实中正效应（善）与负效应（恶）的客观结果来确定的伦理风险；主观伦理风险是主体对于正效应（善）与负效应（恶）的研判和预测，这与其认知水平等主观因素密切相关（参见陈爱华《高技术的伦理风险及其应对》，《伦理学研究》2006年第4期，第95~99页）。伦理悖论存在于客观对象世界和生活世界之中，是现实的伦理关系的运作中产生的人与人、人与社会、人与自然（环境）矛盾（伦理问题）的伦理概括，即一种行为的目的是好的或者是善的，然而其产生的结果却是利与害并举、善与恶相伴（参见陈爱华《论人工智能的生命伦理悖论及其应对方略》，《医学哲学》2020年第13期，第8~13页）。
④ 黑格尔：《法哲学原理》，第165页。

用的个体和伦理实体的行为具有一定的引领作用，与此同时，对其由于"自然冲动"（个人偏好等）和"主观特殊性所陷入的困境"（赢利冲动等）而产生的伦理关系失序的伦理风险与伦理悖论具有一定的约束力，并且能提高其应对这些伦理关系失序的伦理风险与伦理悖论的伦理自觉性与责任感。

最后，人工智能的研发与应用过程中的顶层设计、底线思维与总体规划以及与之相应的伦理规范体系的构建，为构建与传承人的存在的多样性、人的生活多元性和生命形式多样性的生存伦理境遇和生存伦理样态提供了可能性，如何将其变为一种现实性？还须注重以下三个方面。其一，将人工智能的研发与应用过程中的顶层设计与总体规划以及与之相应的伦理规范体系转化为人工智能的研发与应用主体的伦理觉悟并且付诸行动——在人工智能的研发与应用过程中，关注相关的伦理风险与伦理悖论，积极设想应对这些伦理风险与伦理悖论的科技—伦理方略，进行负责任的人工智能创新与设计。其二，组织协调多学科专家学者的伦理研究主体反思人工智能时代人的生存现状和生存境遇，关注人工智能的研发与应用最新动态，并对其进行具有前瞻性和预警性的伦理研判，与此同时，与人工智能的研发与应用主体协商对话，探讨应对相关的伦理风险与伦理悖论的具有一定可行性的伦理方略。其三，将人工智能研发与应用的顶层设计、底线思维与总体规划转化为一种制度化机制。一方面须制定与完善抵御人工智能的研发与应用伦理风险与伦理悖论的相关的伦理规范与法律法规；另一方面须强化相关管理部门与监督部门的管理机制与监督机制，确保人工智能的研发与应用和构建与传承人的存在的多样性、人的生活多元性和生命形式多样性的生存伦理境遇和生存伦理样态协调发展。

综上所述，人工智能的伦理研究不仅对构建人工智能研发与应用的顶层设计、底线思维与总体规划，而且对构建与之相应的伦理规范体系并将其转变为一种现实性都具有重要的引领作用，这不仅体现了珍爱生命的生命伦理精神，而且体现了注重人的全面发展的理念，进而构建与传承与人工智能时代相适应的人的存在的多样性、人的生活多元性和生命形式多样性的生存伦理境遇和生存伦理样态，让人们的生活更美好，让人们更和谐地在一起。

反向推理：心脑界面语言研究的科学统一策略[*]

赵梦媛[**]

摘　要： 应用脑科学证据探索人类语言的研究趋势在哲学界重新掀起了科学统一问题的争论：如果神经科学研究可以干预语言理论，那么语言研究如何保持独立于自然科学的自主性？解决争论的关键在于考察跨越心-脑层次语言研究的方法论策略。内格尔的理论还原策略不仅面临多重实现论证的责难，而且过于严苛，因而难以实现。反向推理策略描述了从神经证据到语言假说的实现路径，其解释性实质为非还原的统一策略另辟蹊径。将语言作为科学的研究对象是在心脑界面追求统一策略的前提，非还原的统一策略为跨领域的语言研究提供认识论基础。

关键词： 反向推理　语言　科学统一　桥接律　还原

---

[*] 本文系国家社会科学基金青年项目"认知过程的神经实现路径及其反向推理问题研究"（18CZX014）阶段性成果。
[**] 赵梦媛，黑龙江哈尔滨人，哲学博士，上海理工大学外语学院讲师。研究方向：语言逻辑、认知科学。
[***] 本文引用格式：赵梦媛：《反向推理：心脑界面语言研究的科学统一策略》，《逻辑、智能与哲学》（第一辑），第65~77页。

一 导言

探究不同科学领域之间的联系是跨界研究某个认知对象的关键,对语言的研究也不例外。自密尔(J. Mill)和弗雷格(G. Frege)以来,主流语言哲学观点将语言作为人们用来交际的符号系统,着重从语词和外部世界的联系角度研究语言意义。在此传统下,一些学者对语言的神经科学解释持否定或质疑态度。普特南(H. Putnam)认为,当我们在思考某个词语时,即使能够获得与此对应的脑模式,也无益于研究这个词语的意义问题。[1] 实际上,语言哲学传统没能阻止神经科学方法应用于语言研究领域。认知神经科学发展的最新结果表明,神经影像(neuroimaging)技术对语言处理过程的研究产生重要影响。因此,有学者反对传统观点,而从心灵和大脑的内部视角探寻语言的知识。乔姆斯基(N. Chomsky)相信,语言是人类高级认知功能的重要组成部分,因此它属于心理学并最终作为生物学的研究对象。[2] 然而,乔姆斯基的观点没有从实质上回答神经科学证据用于支持语言研究的合理依据是什么,而是将它转化为另一个问题——如何实现属于认知层次的语言理论与属于生理层次的神经科学理论之间的统一。

一种尝试性路径是引入内格尔(E. Nagel)的桥接律(bridge law),为不同层次理论的联系规律构建还原的统一策略。然而,该路径已经受到以福多(J. Fodor)为代表的功能主义者提出的"多重实现论证"(multiple realizability argument)反驳,后者主张建立心理对象与其多重神经实现者之间的联系。同时,多重实现涉及的规律过于严苛,它要求明确每种认知功能的神经实现者,而这在原则上是不能实现的。

另一种进路是构建从神经证据到语言假说的推理,即反向推理的策略。反向推理是从特定的脑激活状态到特定的认知过程参与情况的推理过程,是

---

[1] Hilary Putnam, *Representation and Reality*, Cambridge, MA: MIT Press, 1988, p. 41.
[2] Noam Chomsky, *New Horizons in the Study of Language and Mind*, Cambridge: Cambridge University Press, 2000, p. 6.

现阶段认知神经科学最常采用的实践手段。但是由于反向推理既不具有明确的逻辑学定位，亦不像演绎推理或者归纳推理具有清晰的推理结构。因此，反向推理的可靠性受到质疑。

本文主要探讨跨心脑界面进行语言研究的科学统一进路，重新审视统一的实质及意义。语言研究领域对心脑联系的解释不应受桥接律的限制，还原和功能主义模型不适用于描述其统一策略；反向推理以机制性解释作为科学统一的实质，能够为神经科学理论和语言学理论的统一提供合理路径；心脑界面的解释性统一为语言的跨学科研究奠定认识论基础。

二 还原与桥接律

还原是指两个对象 X 与 Y 之间的一种关系。通俗地说，X 可以还原为 Y 就意味着 X 不过是 Y 的特殊形式（或排列方式等）；其中，X 和 Y 可以表示不同类型的对象。按照范古利克（R. van Gulick）的划分，根据 X 和 Y 的类型可以将还原分为本体论还原（ontological reduction）和表征性还原（representational reduction）：前者描述现实世界中存在的一些对象（如事物、事件或性质）之间的关系，后者则是表征对象（如理论、概念或模型）之间的关系。[1] 理论间的还原关系显然属于表征性还原，它通常意味着两种理论所断定的内容或者它们的解释力之间存在紧密联系。

内格尔理论还原的理念源自逻辑经验主义的思想，他认为两个理论之间的还原关系意味着能够在它们的公理（axioms）或律则（laws）之间建立逻辑推演关系。[2] 这就要求被还原理论（即从属科学）所包含的谓词能够在目标理论（即基本科学）中表示出来，即存在一些桥接律将两个理论的谓词连接起来。具体来说，将理论 M 还原为 N 需要从 N 的某个律则 L_N: $N_1 x \rightarrow N_2 x$ 推演出 M 的任意律则 L_M: $M_1 x \rightarrow M_2 x$，其中 N_1 和 N_2 是 N（而不是 M）

---

[1] Robert van Gulick, "Reduction, Emergence and Other Recent Options on the Mind/Body Problem. A Philosophical Overview", *Journal of Consciousness Studies*, Vol. 8, No. 9-10, 2001, pp. 1-34.
[2] Erngst Nagel, *The Structure of Science*, New York: Harcourt Brace, 1961.

的谓词，M_1 和 M_2 是 M（而不是 N）的谓词。R_1 和 R_2 是实现该还原所必需的桥接律：

$$(R_1) M_1 x \leftrightarrow N_1 x,$$
$$(R_2) M_2 x \leftrightarrow N_2 x。$$

R_1 和 R_2 中的联结词"$\leftrightarrow$"表示"同一"关系。福多对此进行了论证：首先，"$\leftrightarrow$"具有可传递性；其次，由于"$\leftrightarrow$"具有对称性，它不可能表示因果关系；因此，"$\leftrightarrow$"应该表示一种"或然事件同一"（contingent event identities）关系，即 x 满足 M_1 所表示的所有事件都等同于 x 满足 N_1 所表示的某个事件，反之亦然。① 例如，$M_1 x$ 表示某气体处于恒定温度，$N_1 x$ 表示该气体分子具有既定的平均热能，而这两个事件描述同一事实。按照福多的理解，R_1 意味着 M_1 和 N_1 之间满足"类型等同"（type identity）关系。

针对神经科学证据何以支持语言研究的问题，我们借助内格尔还原模型会获得如下回答。假如我们要验证语言理论中的某个假说 $L_M : M_1 x \rightarrow M_2 x$，首先需要找到一组还原桥接律将语言理论 M 中的谓词 M_1 和 M_2 与神经科学理论 N 中的谓词 N_1 和 N_2 连接起来。由于 M_1 和 M_2 分别类型等同于 N_1 和 N_2，随后只需要找出 N 中的规律 $L_N : N_1 x \rightarrow N_2 x$ 即可通过类比方式获得 M 中的规律 L_M。换言之，内格尔模型引导我们将语言规律 L_M 还原为神经科学规律 L_N，进而在两种理论间建立还原的统一。

然而，内格尔桥接律面临严峻的挑战，它受到多重实现论证的反驳。在不同层次的具体科学之间，满足类型等同关系的对象屈指可数，而多数情况是某个高层次的性质（状态或者事件）对应多种低层次性质（状态或者事件）。例如，心理学层次的"疼痛"状态可以由多种物理学层次的状态来实现，包括感到疼痛的人、狗或鸟等呈现出的不同脑状态。福多认为这一事实给桥接律带来的直接问题就是，被还原对象的谓词可能对应目标科学理论中

---

① Jerry Fodor, "Special Sciences（Or：The Disunity of Science as a Working Hypothesis）", *Synthese*, Vol. 28, No. 2, 1974, pp. 97-115.

许多谓词的析取形式。① 按照这种观点，R_1 和 R_2 所表示的桥接律应该替换为 R_3：

$$(R_3) M_1 x \leftrightarrow N_1 x \vee \cdots \vee N_i x \cdots \vee N_n x。$$

福多等人采取功能主义的方法来弥补还原模型的缺陷。他们根据功能或因果作用，而非物理实现者来区分心理状态这类高层次的对象。例如，称某主体处于"疼痛"状态只需要满足以下条件：疼痛是由身体受伤导致的，这促使该主体认为自己身体的某处出现问题并想方设法摆脱这种状态等。至于"疼痛"的物理实现者，既可以是人类的某种神经活动状态，也可以是其他生物甚至外星人的某种物理状态。可见，功能主义者承认高层次状态的多重实现：R_3 意味着某种心理状态 M_1 可以由不同的神经状态 $N_i x$ 来实现，M_1"标记等同"（token-identical）于它的某个神经实现者 N_i。显然，功能主义者也不会否认神经科学发现对语言理论的贡献。根据 R_3，语言层次的对象 M_1 标记等同于它的某个神经实现者 N_i，因此后者可以作为前者的证据。

然而，无论内格尔还原模型还是功能主义方法在解释神经科学对语言研究的贡献方面都显得过于强硬。前者要求找到神经科学与语言研究之间的桥接律，将人类处理语言的认知过程还原为某种神经过程；后者则需要明确语言认知的心理过程所对应的某个神经实现者，并且建立 R_3 这类桥接律。还原主义者与功能主义者面临同样的困难：他们局限于严苛的心脑关联假定，而这种观点不适用于解释语言处理这类高级认知功能。具体地说，他们不仅假定神经科学家们总能找到任意心理功能对应的特定脑区位置，甚至还要求明确任意心理认知过程对应的具体神经机制。然而，神经科学的研究现状说明，要阐明语言处理等人类高级认知功能的神经机制是几乎不可能完成的任务，至少在可预见的未来难以实现。

总之，还原论和功能主义的心脑关联理论受桥接律的限制，不适用于解释神经科学对语言研究的普遍贡献。即使在缺乏 R_1 和 R_2 或 R_3 的情况下，我

---

① Jerry Fodor, "Special Sciences (Or: The Disunity of Science as a Working Hypothesis)", *Synthese*, Vol. 28, No. 2, 1974, pp. 97-115.

们仍然能够证明神经证据用于发展语言理论的合理性，而这就需要重新审视涉及语言认知过程的心脑关联本质。

三 反向推理策略

神经科学家在实践中经常使用神经数据筛选处于竞争地位的几种认知学说。这种做法是从特定脑区位置的神经活动或者特定大脑模式向特定认知过程的推理过程，因此被称为"反向推理"（reverse inference）。通过这种方式，神经科学的结果也能作为不同语言理论的遴选标准。这实际上为语言研究在心脑界面统一提供了一种新策略。

反向推理策略假定心脑之间存在某种连接律，而它不同于还原论主张的桥接律。科学哲学家南森（M. J. Nathan）和德皮纳（G. Del Pinal）称之为"关联桥接律"（associative bridge laws）。他们指出：关联桥接律能够将处于竞争地位的心理学假说 m_1 与 m_2 分别与不同脑区的神经活动（或脑模式）n_1 与 n_2 相连，然后神经科学家可根据实验结果为 n_1 或 n_2 来评估 m_1 和 m_2。[1] 南森和德皮纳分析了两个案例：一是筛选涉及伦理决策的两种假说；二是衡量有关识别记忆方式的两种假说。他们通过关联桥接律将第一个案例中的假说对应到两个不同的脑区，将第二个案例的假说对应到两种不同的脑模式，然后根据神经实验结果评估这两组竞争假说。

既然关联桥接律适用于描述心脑界面的普遍联系，它就可以应用于对语言处理过程的心脑研究。为了更好地分析语言研究的相关案例，我们首先区分三类分析层次。按照著名计算神经科学家马尔（D. Marr）的划分，应从三个层次研究信息处理系统：第 1 层次涉及计算理论的问题，即确定计算的任务目标；第 2 层次考察算法的问题，即指定第 1 层次计算的基本表征和运算方法；第 3 层次与硬件实施问题相关，即明确第 2 层次的算法在大脑中如

---

[1] Marco J. Nathan, Guillermo Del Pinal, "Mapping the Mind: Bridge Laws and the Psycho-Neural Interface", *Synthese*, Vol. 193, No. 2, 2016, pp. 637-657.

何实现。① 我们以"代词消解"（resolution of pronoun reference）的相关理论为例，考察整合策略如何将神经科学证据用于筛选语言理论。

首先，假定存在某个概括性的理论如下。

（G_L）当一位正常的成年人 S 在理解一个包含代词 p 的语句 a 时，如果 p 可能指称 a 中的多个名词，那么 S 能够判断 p 在 a 中的指称。

G_L 描述了人们具有消解代词的语言处理能力。例如，人们会判断句子 a 中"他"的指称：

（a）小男孩送给老爷爷一枝康乃馨，于是他笑了。

G_L 对应马尔划分的第 1 层次，它只涉及代词消解的目标，而没有解释其具体机制。如果我们进一步考察 G_L 背后的认知过程，就进入了马尔划分的第 2 层次。现在我们来考虑以下两种相互竞争的解释假说：

（L）S 在消解不确定指称的代词时，他会根据句法或者语义的信息进行推理。

（L^*）S 在消解不确定指称的代词时，他会结合句法或者语义的信息，评估各种答案的可能性，并做出最优的选择。

L 和 L^* 是对 G_L 的不同解释：前者被称为"心理语言学模型"，它将代词消解解释为句法或语义推理过程；后者被称为"博弈模型"，它诉诸理性个体结合语言信息的策略性选择。

假定 L 和 L^* 分别涉及认知过程 l 和 l^*（$l \neq l^*$），并且 A_1 和 A_2 作为关联桥接律能够将 l 和 l^* 对应到特定脑区的神经活动 n 和 n^*：

$$（A_1）l \otimes n,$$
$$（A_2）l^* \otimes n^*。$$

按照南森和德皮纳的意见，$\otimes$ 代表一种关联关系，它意味着 $\otimes$ 一侧项的出现能够保证另一侧项也出现。② l 代表某种句法或语义推理过程，如听话人根

---

① David Marr, *Vision: A Computational Investigation into the Human Representation and Processing of Visual Information*, New York: Freeman, 1982, p. 25.
② Marco J. Nathan, Guillermo Del Pinal, "Mapping the Mind: Bridge Laws and the Psycho-Neural Interface", *Synthese*, Vol. 193, No. 2, 2016, pp. 637-657.

据句子 a 中 "笑" 这个动词的含义推理出 "他" 应指代 "（得到康乃馨的）老爷爷"。l^* 不仅包含句法或语义推理，还包括决策过程。例如，听话人结合 "笑" 的含义，估测 "他" 指代 "小男孩" 以及 "老爷爷" 的概率，并最终选择高概率的答案。研究表明，人在根据句法或语义理解句子时，他的下额叶皮层（inferior frontal cortex）会处于兴奋状态。[1] 我们用 A_1 表示这种联系。另有研究表明，人在决策中考虑不同策略的概率时，他的背外侧前额叶皮质（dorsolateral prefrontal cortex）会处于兴奋状态。[2] 我们用 A_2 表示，句法语义推理附加决策过程将同时触发下额叶皮层和左侧前额叶皮层的反应。

现在我们可以设计神经科学实验来评估 L 和 L^*。麦克米兰（C. McMillan）等人采用功能磁共振成像（functional magnetic resonance imaging, fMRI）技术研究了人们在消解代词时对应的大脑状态。他们的实验结果表明，当被试在理解类似 a 这类句子中的代词指称时，他们的左下额叶皮层以及背外侧前额叶皮质都处于兴奋状态。[3] 既然 A_1 和 A_2 将两种理论 L 和 L^* 涉及的认知过程分别关联到 n 即下额叶皮层兴奋，和 n^* 即下额叶皮层和背外侧前额叶皮质兴奋；那么，fMRI 证据更支持理论 L^*。

反向推理不具有严格的推理形式，它既不属于演绎推理也不属于归纳推理。作为反向推理核心的关联桥接律在语言认知过程和神经证据之间建立的联系不是确定的等同关系，而是某种概率性的联系，并且这种关系的成立还强烈地依赖于具体情况以及实验目标。在前面的例子中，尽管我们知道背外侧前额叶皮质的兴奋通常与决策相关，但是它也可能涉及其他类型的认知过程。例如，有研究表明它可能与 "工作记忆"（working memory）有关，即

---

[1] Yosef Grodzinsky, Andrea Santi, "The Battle for Broca's Region", *Trends in Cognitive Sciences*, Vol. 12, No. 12, 2008, pp. 474-480.

[2] Scheibe Christina et al., "Effects of Parametrical and Trial-to-trial Variation in Prior Probability Processing Revealed by Simultaneous Electroencephalogram/Functional Magnetic Resonance Imaging", *Journal of Neuroscience*, Vol. 30, No. 49, 2010, pp. 16709-16717.

[3] Corey T. McMillan et al., "fMRI Evidence for Strategic Decision-Making during Resolution of Pronoun Reference", *Neuropsychologia*, Vol. 50, No. 5, 2012, pp. 674-687.

人将信息储存或控制在短期记忆中的认知过程。① 这意味着，背外侧前额叶皮质兴奋本身不一定伴随决策过程的发生。若要排除"工作记忆"或其他可能性的干扰，就需要设计实验进一步验证。针对这个例子，至少可以设计两种方案。其一，测量同一组被试在确定指称的代词消解过程中的脑区活动情况，作为对照组实验。由于 L^* 预设指称的不确定性是决策过程出现的关键，因此，如果对照组实验结果没有显示背外侧前额叶皮质兴奋，可以在一定程度上排除"工作记忆"对代词消解过程的影响。其二，测试其他与"工作记忆"相关的脑区活动情况。如果实验结果证明这些脑区没有兴奋反应，也可以在一定程度上排除"工作记忆"因素对实验的干扰。

可见，与还原模型和功能主义方法相较，反向推理为语言研究的心脑界面提供一种基于弱关联的统一策略。它既不预设任何形式的等同关系，也不要求指明某种认知过程对应的神经机制。它的功效在于启发我们根据特定的实验结果，从某些脑区兴奋（或某种大脑模式）的状态推理出某种认知过程的参与情况，从而建立或者筛选出更恰当的语言理论。

四 统一的限度与意义

探究语言的心脑统一策略不仅是解释神经语言学研究跨学科发展的关键，也是证明其合理性的重要依据。语言可以作为自然科学研究的对象，而神经生理层次的理论与认知层次的理论应具有对等的认识论地位。在此前提下，反向推理方法根据神经数据解读语言功能，为生理和认知两个层次的理论提供统一策略，其关键在于以机制性解释作为科学统一的实质。

统一策略基于两个基本假定。首先，语言属于科学的研究对象，自然科学的方法有助于丰富语言研究。语言既包含一些表征因素（如语素），也包括一些计算因素（如合并）。一些语言哲学家批评语言的神经科学研究不能

---

① Aron K. Barbey, Michael Koenigs, and Jordan Grafman, "Dorsolateral Prefrontal Contributions to Human Working Memory", *Cortex*, Vol. 49, No. 5, 2012, pp. 1195-1205.

帮助我们理解语言的意义问题。普特南曾以"猫"为例,指出人在思考这个词时,他的大脑可能呈现出某种"C构型"(C-configuration),但这与"猫"的意义无关。[1] 假想普特南双子地球上的"猫"其实是火星人操纵的机器人,当地球人彼得想到"猫"这个词的时候,他脑中出现构型C,而当双子地球人彼得二号想到"猫"时,他脑中呈现构型C'。普特南会说,彼得想的"猫"指称地球生物猫,而彼得二号想的"猫"指称机器人,说明"猫"的意义取决于这两个词的使用环境、历史因果条件等外界因素,而与C和C'没有关系。乔姆斯基反对普特南的观点:"假定彼得相信了(猫是机器人),他在指称'猫'时,他的大脑是否形成C……这与("猫"的意义的)讨论应该是相关的。"[2] 乔姆斯基进一步举例,认为可以采用"事件相关电位"(event-related potentials)等技术手段研究人们理解词汇的非常规语义时的脑电反应,从而论证了神经科学研究与语言使用以及语言意义的研究相关。我们不否认语言意义与使用有着重要联系,但我们同时认为,完全否定大脑构型或者神经过程的研究对理解语言意义有贡献的观点过于强硬。回顾fMRI证据筛选代词消解理论的案例,神经科学证据为"博弈模型"提供支持。该模型将语言演化解释为理性主体在语言交际中的反复博弈过程。例如,人们最初使用代词是因为,与相应的名词相比,它们为交际者节省精力和时间成本,是更优的选择。在这个案例中,代词消解的认知过程成为神经科学的研究对象,而研究结果有助于解释代词的使用和意义。

其次,认知层面和神经层面的语言研究应具有同等的认识论地位,前者的理论不能还原为后者。语言研究在心脑界面的统一不局限于理论还原的方式。实际上,不同层次的具体科学之间真正实现理论还原的情况非常罕见,其中一个例子是20世纪中期随着分子生物学的发展,生物学理论在很大程度上被还原为化学理论。奥本海默和普特南代表的逻辑经验主义者提出的基于理论还原的科学统一假说曾经轰动一时,但如今即使是物理主义者也很少

---

[1] Hilary Putnam, *Representation and Reality*, Cambridge, MA: MIT Press, 1988, p. 41.
[2] Noam Chomsky, *New Horizons in the Study of Language and Mind*, Cambridge: Cambridge University Press, 2000, p. 24.

对大规模的理论还原抱有期待。福多指出，物理学内部学科细分的发展符合物理学本身的研究目标，但还不足以达成整个科学的目标，因此具体科学及其细分领域的发展是必不可少的。[1] 奥本海默和普特南划分的不同层次对象（包括基本粒子、原子、分子、细胞、多细胞生物以及社会群体）分别具有不同种类的、复杂的特征，因此需要物理学以外许多其他具体学科为其提供丰富的词汇来描述、表征和解释。在代词消解案例中，"决策"的概念在"博弈模型"内部获得其独立于神经科学理论的定义，它与 fMRI 证据——背外侧前额叶皮质兴奋的大脑状态相对应。这种关联似乎意味着神经生物学应作为语言理论的基础，但实际上，后者的存在才是我们寻求神经证据的缘由。

基于以上两种假定，语言研究在心脑界面的统一策略既应该承认神经科学理论与语言理论之间存在某种紧密的联系，同时又应该认识到这种联系具有非还原的属性。探寻一条合理的路径至少将面临两大困难。

其一，这两种学科理论的"论域"（universe of discourse）不同，它们涉及不同种类的本体（包括对象、性质、事件以及过程等）。艾姆比克（D. Embick）和珀佩尔（D. Poeppel）列举并对比了两种理论研究的初始对象（primitive objects）及基本运算（primitive operations），如表 1 所示。

表 1　语言学与神经科学初始对象及运算示例

	语言学	神经科学
对象	区分性语音特征（distinctive feature）	树突（dendrite）/树突棘（spine）
	时间格（time slot）	神经元（neuron）
	语素（morpheme）	皮质微神经网络（cortical microcircuit）
	词组（phrase）	皮质柱（cortical column）

---

[1] Jerry Fodor, "Special Sciences（Or：The Disunity of Science as a Working Hypothesis）", *Synthese*, Vol. 28, No. 2, 1974, pp. 97-115.

续表

	语言学	神经科学
运算	特征扩展(feature spreading)	长时程增强(long term potentiation)
	合并(merge)	振荡(oscillation)
	串联(concatenation)	适应(adaption)
	语义复合(semantic composition)	同步(synchronisation)

资料来源：David Embick, David Poeppel, "Towards a Computational(ist) Neurobiology of Language: Correlational, Integrated, and Explanatory Neurolinguistics", *Language Cognition and Neuroscience*, Vol. 30, No. 4, 2014, pp. 1-10。

在表1中，"语言学"和"神经科学"两个类别中的项不存在一一对应关系，因此我们不能简单地用连线的方式表示它们之间的联系。例如，我们不能说"词组"对应"树突"或者"神经元"，这种表达是没有意义的。实际上，正因为这两种理论涉及的本体不可通约，才将内格尔还原模型排除在统一策略的正确答案以外。还原模型依靠桥接律来连接两种理论的词项以及谓词，而本体不可通约的问题在原则上否定了建立桥接律的可能性。

其二，两种学科的精细化程度不同。语言学的研究对象被划分为语音、句法及语义等，但这种划分对于神经科学的研究来说太粗糙了。以句法为例，有研究表明位于大脑左前下部的布洛卡氏区（Broca's area）与句法分析相关。然而，神经科学家们又发现布洛卡氏区还参与许多其他类型的语言处理过程，涉及词汇处理和语音处理等。此外，特定脑区不仅参与语言处理，也参与其他类型的认知过程。在第三部分的例子中，不仅语言推理的决策过程能够引发背外侧前额叶皮质的兴奋，短期记忆过程也会伴随该脑区的活跃。

反向推理策略以机制性解释作为科学统一的实质，从而摆脱论域以及精细化程度差距带来的阻碍，继而实现还原以外的统一，这在认识论和方法论层面都具有积极意义。首先，统一策略为神经（或生物）语言学跨学科的发展提供基础。乔姆斯基指出："生物语言学的研究是在它与研究大脑性质其他各种方法之间寻求统一，并且期待有朝一日'心/脑'这个短语中间的

'/'符号能获得更具有实质性的内容。"① 反向推理策略以解释作为理论统一的实质性要素，它允许认知神经科学家依据观察到的脑激活数据从语言认知的生理机制角度提供证据，进而启发语言理论的构建或者筛选处于竞争状态的语言理论。反向推理策略实现的关键是承认存在关联性质的桥接律，它将不同的语言理论假设 L 和 L^* 蕴含的认知过程 l 和 l^* 对应到不同的神经活动 n 和 n^*，然后通过观察到 n（或 n^*）的证据获得支持 L（或 L^*）的筛选结果。可见，反向推理策略承认神经科学数据可作为语言研究的依据，这为跨学科发展的合理性提供了认识论基础。其次，反向推理策略为语言学假说的构建和筛选提供切实可行的方法，具有促进语言研究的积极作用。心脑界面语言研究跨学科的发展意味着新领域的建立，这本身就体现科学的发展进程。语言研究不仅涉及对句法、语义规则的独立考察，也与认知层面的规律相关。语言的表征与计算理论能够指引神经科学的相关研究方向，例如代词消解的博弈模型指导神经科学家测试背外侧前额叶皮质在整个过程中的活跃状态；神经科学数据也能反向筛选语言理论，例如背外侧前额叶皮质的兴奋支持代词消解的博弈模型。在这个过程中，位于认知和神经不同领域的研究相互促进，启发实证研究与理论研究之间不断建立联系，有助于从多种维度增加人们关于语言的知识，推动人类语言的跨学科研究进程。

---

① Noam Chomsky, *New Horizons in the Study of Language and Mind*, Cambridge：Cambridge University Press，2000，p. 2.

从聚合规则视角探析集体决策理论

董英东　陈　妍[**]

摘　要： 当集体成员间存在矛盾时，集体的决策质量怎样保障，如何才能实现其公平公正？集体决策不仅要考虑聚合规则的选择，还需要考虑主体认知的不完整性及局限性，既要尊重集体成员的意见，又要实现利益的基本一致，从而达成一致决策。集体决策的研究对于社会发展具有重要的现实意义。

关键词： 集体决策　偏好聚合　判断聚合　理性

一　研究现状及意义

（一）国外研究现状

Dominik Peters, Grzegorz Pierczyski, Nisarg Shah, Piotr Skowron 等的研

---

[*] 本文系湖南省教育厅重点项目"动态认知逻辑视域下的协议信息研究"（21A0075）阶段性成果。

[**] 董英东，博士，湘潭大学碧泉书院教授，博士生导师，研究方向：经济逻辑、哲学逻辑。陈妍，湘潭大学哲学博士研究生，研究方向：哲学逻辑、归纳逻辑。

[***] 本文引用格式：董英东、陈妍：《从聚合规则视角探析集体决策理论》，《逻辑、智能与哲学》（第一辑），第78~89页。

究基于市场的集体决策理论,[1] 解释了为什么选举委员会是公平的。Vincent Cho, Desmond Chan 探讨了如何使用在线评论网站获取决策信息,[2] 二者基于可能性模型（ELM）和社会影响理论（SIT），构建了一个研究模型，通过在线网站评论影响集体决策。Raymond M. Duch, Albert Falcó-Gimeno 则提出了集体决策和经济投票等经济学方面的理论。[3]

  Alexander Elbittar, Andrei Gomberg, César Martinelli, Thomas R. Palfrey 强调了集体决策中出现的主体无知和偏见行为，指出在委员会成员投票的过程中，主观先验信念的均衡模型可以解释投票中出现的问题，如主体在不知情的情况下投票或者投票前的信息获取不完全；文章在理性无知和偏见方面提供了可以观察到的行为模式。[4] Albin Erlanson, Andreas Kleiner 从代理人委托人的角度出发，提出基本投票规则，代理人可以赞成或者反对新政策，提出具体要求。[5] Florian Brandl, Felix Brandt 在《集体决策的自然适应过程》中证明了由 Peter C. Fishburn 提出的著名的概率投票规则，随着时间的推移，主体可以改变他们的偏好。[6] Alexander J. Stewart 等人在《网络集体决策：信息偏见与投票协调》中指出，社会的进步需要科学地理解网络如何限制信息流以影响群体决策。Zorica A. Dodevska, Ana Kovacevic, Milan Vukicevic, Boris Delibašić 分析了"集体决策的两个方面——群众投票和专家

---

[1] Dominik Peters, Grzegorz Pierczyski, Nisarg Shah, Piotr Skowron, "Market-based explanations of collective decisions", *Proceedings of the 35th AAAI Conference on Artificial Intelligence (AAAI)*, 2021.

[2] Vincent Cho, Desmond Chan, "How social influence through information adoption from online review sites affects collective decision making", *Enterprise Information Systems*, 2019, pp. 1-25.

[3] Raymond M. Duch, Albert Falcó-Gimeno, "Collective decision making and the economic vote", *Comparative Political Studies*, 2021.

[4] Alexander Elbittar, Andrei Gomberg, César Martinelli, Thomas R. Palfrey, "Ignorance and bias in collective decisions", *Journal of Economic Behavior & Organization*, Vol. 174, 2020, pp. 332-359.

[5] Albin Erlanson, Andreas Kleiner, "Costly verification in collective decisions", *Theoretical Economics*, 2020, Vol. 15, No. 3, pp. 923-954.

[6] Florian Brandl, Felix Brandt, "A Natural Adaptive Process for Collective Decision-Making", *arXiv preprint arXiv*, 2021.

知识"等。①

Marwa El Zein, Bahador Bahrami, Ralph Hertwig 在《集体决策中的共同责任》中，着重强调提高集体决策的准确性，并关注到了很少受到关注的驱动个人做出决策的动机。文章建议分担责任，最大限度地减少决策后悔，分享可预测结果所带来的情绪困扰。认识集体决策的动机，有助于提高集体智慧的合理性。② Vicky Chuqiao Yang 提出了一个简约的数学模型，旨在构建一个适用于大量应用的通用框架，每个集体决策系统都可以在几个可测量的参数下进行分类，这些参数将预测系统的行为并协调相互冲突的结果。③

总之，综观近三年文献可知，集体决策研究主要体现在政治上的投票方案、经济上的网络评论和市场方面，也体现在个人决策的认知、偏见以及集体中的责任共享等方面。

（二）国内研究现状

何为理性？经济学家奥曼（Aumann）指出：如果一个参与者将既定信息的效用最大化，他就是理性的。理性应包含两个维度：其一是指个体，个体的判断或偏好排序满足完全性和传递性的要求；其二是指追求某种价值的"最大化"。理性是正确做出行为决策的前提，而决策中必然涉及规则，这就要求规则是公平合理的。那么，怎样的集体决策规则才能真正反映个体的意愿呢？蒋军利澄清了个体理性、集体理性和集体决策规则制度之间的关系。④

---

① Zorica A. Dodevska, Ana Kovacevic, Milan Vukicevic, Boris Delibašić, "Two sides of collective decision making—Votes from crowd and knowledge from experts", *International Conference on Decision Support System Technology*, Springer, Cham, 2020, pp. 3-14.

② Marwa El Zein, Bahador Bahrami, Ralph Hertwig, "Shared responsibility in collective decisions", *Nat Hum Behav* 3, 2019, pp. 554-559.

③ Vicky Chuqiao Yang, "A dynamical model for collective decisions in population with mixed decision-making types", *Collective Intelligence*, 2018.

④ 蒋军利：《集体决策视域下理性与规则的关系分析》，《贵州工程应用技术学院学报》2019年第1期。

我国学者代利、唐晓嘉从逻辑角度分析判断聚合与偏好聚合之间的关系，重点分析了判断聚合的模态逻辑系统 JAL（LK）；① 李莉、唐晓嘉运用判断聚合模型，分析各种方法以化解集体判断不一致问题。② 梁庆寅、李一希提出群体理性可接受性概念，对群体判断聚合困境提供了比较合理的解决途径。③

理性决策的生成不仅仅要考虑聚合规则的选择问题，还要考虑个体间的差异。蒋军利从博弈的角度来讨论群体理性聚合中的策略操纵和防御问题。④ 张楠、陈荣、郭世凯侧重研究了计算社会选择中的投票理论，对投票的方法、投票理论的形式化框架、策略操纵与避免操纵等问题进行梳理，并对未来的发展方向作了相关阐述。⑤

（三）研究意义

集体决策是由众多个体共同研讨得出的相对合适的决策，也可以说是由个体化的行为组成的一致决策。集体决策通常是为了发现特定情况的客观真实状态。目前，学者研究的方向大致为投票理论、判断聚合规则、社会选择理论、现代逻辑视角分析决策等。本文基于以上研究现状，从聚合规则视角进一步分析。

当前，集体决策已渗透于经济学、哲学、政治学以及计算机科学等多个学科，各领域的交叉融合有利于该研究的不断发展。对于这一问题的研究可以促进决策的科学化和民主化，对社会的发展具有重要的理论指导作用和现实意义。

---

① 代利、唐晓嘉：《基于判断聚合逻辑的偏好聚合分析》，《计算机科学》2012 年第 6 期。
② 李莉、唐晓嘉：《基于判断聚合模型对集体判断不一致的化解》，《西南大学学报（社会科学版）》2016 年第 1 期。
③ 梁庆寅、李一希：《判断聚合的可接受性问题研究》，《中山大学学报（社会科学版）》2015 年第 2 期。
④ 蒋军利：《群体理性决策的博弈与逻辑分析》，《贵州工程应用技术学院学报》2018 年第 3 期。
⑤ 张楠、陈荣、郭世凯：《投票理论研究现状及其展望》，《计算机科学》2015 年第 5 期。

二　偏好聚合与判断聚合

当在群体中的个体意见不完整时，我们怎样才能将这些个体的意见聚合起来呢？首先，必须采取构造聚合规则，使该规则在不完整的个体意见中发挥具体作用。构建集体决策模型至关重要，因为某些聚合规则仅在偏好聚合中有意义，在判断聚合中没有意义，而另一些规则却恰恰相反。因此，我们致力于明确框架内容，以避免可能出现的误解。其次，当所有人都持有完全相同的意见时，通过归纳可知具体规则。事实上，我们不仅仅可以对聚合规则下定义，而且扩展的规则也已经被社会选择理论所接受。在聚合过程中，不同个体提供的输入输出信息，通常会在数量上有所不同。例如，关于某一方案，可能有人对所考虑的许多策略持有意见，也可能有人对所考虑的许多策略没有意见。这种情况与判断聚合和偏好聚合具有相关性。

（一）偏好聚合

当需要做出选择时，我们往往采取集体决策的方式来解决现实中存在的问题，以规避个人决策的不足。众所周知，集体的智慧是无穷的。集体决策当然也有局限，由于人们的思维、知识储备、价值观念、社会阅历存在差异，不同的人对同一事物可以持有不同观点，而集体决策要达成一致，势必会忽略少数人的观点。当下需要解决的问题是尽可能地满足每一个成员的需求，将众多个体偏好汇聚为一个集体偏好，为解决问题提供能行的方法。

随着环境不断变化，时代向前发展，集体决策呈现出新特点，集体决策愈加受到重视并获得飞速发展。首先，阿罗的不可能性定理是集体决策序数理论[①]的基础。关于偏好分配比例示意图（见图1）的分析如下：张某、李某、王

[①] Zoi Terzopoulou, *Collective Decisions with Incomplete Individual Opinions*, Amsterdam: Institute for Logic, Language and Computation, 2021.

某决定去旅行，有 c、d、f 三个城市可供选择，箭头指向的方向为主体的偏好选择。根据他们的喜好得出如下结果。首先，从张某的选择中，c 的概率为 1/2+1/2，d 和 f 分别为 0；其次，在李某的选择中 c 的概率为 1/3，d 的概率为 1/3+1/3，f 的概率为 0；最后，在王某的选择中 f 的概率为 1，c 和 d 分别为 0。综上所述，依据张某、李某、王某的选择偏好，各城市被选择的概率如下：选择 c 城市的概率为（1/2+1/2+1/3）/3，选择 f 城市的概率为 1/3，选择 d 城市的概率为（1/3+1/3）/3。因此，从概率结果可知，集体偏好顺序为 c>f>d。

图 1　偏好分配比例示意图

其次，从决策者个人角度出发，问题的复杂性增强，往往超出个人所能掌握的知识储备范围，甚至要求具有跨学科知识储备，而问题的解决需要综合的专业的知识。因此，应该从不同角度认识问题并进行决策。集体决策的目的是实现群体利益的最大化，同时满足个体的需求，使决策更好地服务于群体的每一位成员。

集体决策是主体成员就某一问题达成一致意见或者见解。偏好聚合与判断聚合是两个基本模型，偏好聚合关注的是个体到集体的聚合过程，判断聚合揭示了逻辑与理性聚合的关系，将聚合规则提高到了一个更高的层次。决策主体范围是指由两个以上成员组成的集体。有效的集体决策是正确行动的前提，需要每位成员参与并表达意见。有效的集体决策要求每位参与者都是理性人，并且无幕后操控。例如，当个体偏好与集体决策过程的目标一致时，即达成统一意见时，就不会产生个体非理智的动机。

应充分考虑决策中的支持人数比例，求出一致的集体判断集。用多数聚合规则计算出每一方案下的支持人数，所有个体构成的判断组合为命题集，在此基础之上，找到一个支持人数最多而且是一致的集体判断集，然后对集体判断集的一致性进行分析。如果是一致的,那么这个判断集就可以作为集体判断集。如果不一致,找到导致这个集体判断集不一致的那个否定命题,最终得到的就是不一致集。也就是说,集体判断集的一致性是集体决策中核心的要求。

(二)判断聚合规则

判断聚合规则指的是一个具有 N 个主体集（N≥2）,以每个个体判断为一个逻辑公式,多个判断结果组成一个公式集 Γ,从而形成一个共同的判断 T。判断到决策应遵循两大原则:一致性原则和完全性原则。判断聚合理论主要探讨个人基于自己信念或判断聚合为集体的信念或判断。

1. 一致性:如果对任一公式集 S⊆L（L）,如果不存在一个议题 φ 使得 S⊢L$\varphi \wedge \neg \varphi$,则称 S 是 L 一致的。

2. 完全性:对于任一公式集 S⊆L（L）,任一集合 S⊆A,如果对于 A 中的议题 $\varphi \in A$,$\varphi \in S$ 或者 $\neg \varphi \in S$,则称 S 是完全的。[1]

假设集体决策是命题逻辑的所有公式（可数无限）的集合。在判断聚合的具体场景中,人们从有限且非空子集中的命题中判断问题。关于判断聚合规则,最简单的规则可能是配额规则,当且仅当多主体将某个给定的命题包含在其判断集中时,该命题所采用的配额规则才被集体所接受。然而,配额规则常导致逻辑上的不一致。例如,一个求职网站要求你根据自己的喜好对不同的岗位进行排名,可供选择的岗位分别是导游、教师、销售。你喜欢导游胜过教师,喜欢教师胜过销售,你会在闲暇的时候旅游,只会在周六周日时去做销售,所以与教师相比,导游和销售对于你而言不是最佳的选择。在给出不完全意见时,不同的主体在聚合过程中不断变换。关于一些话题,

---

[1] 李莉、唐晓嘉:《基于判断聚合模型对集体判断不一致的化解》,《西南大学学报（社会科学版）》2016 年第 1 期。

有人持有意见，有人则没有任何见解，这种情况下就与判断聚合和偏好聚合相关，构建规则的目的是权衡人们的意见。

（三）集体决策一致性

集体成员一致同意是决策的最理想状态，但这定会耗费大量人力物力。集体决策的两大要素：一是供选方案，二是参与决策的成员。首先，个体对供选方案发表见解，提供偏好，然后依据规则建成集体偏好，对供选方案进行优选，遵从少数服从多数的聚合规则是其中最为普遍的方法，用合适的聚合方法化解悖论难题。其次，集体是由个体组成的，集体决策的过程是个体成员间进行信息交互的过程。信息交互是集体决策成功的关键，而决策过程中提供的信息一般为公开宣告的知识或者半公开宣告的知识，但由于个人知识的有限性，难免会因个人对信息分析不到位，掌握能力欠缺，从而影响决策的公平公正。

如表1所示，决策人员有多个，行为结果选择众多，当然也可能出现多人选择同一方案，但部分人选择其他方案的情况，进而出现矛盾，因而只能遵循既定规则。这就忽略了集体成员中部分成员的见解。如果将个人偏好视为一种选择，当两个选项 C_1 和 C_2 很难取舍时，那么群体成员只能被迫在这两个选项中做出抉择，偏好 C_1 则排除 C_2，因此 C_1 为集体决策的结果。

表1 行为决策示意过程

决策人员	P_1	P_2	P_3	……	P_n
行为结果	C_1	C_2	C_3	……	C_n
形成决策	C					

有时，个体偏好很难趋近于集体偏好，甚至与之相悖。事实上，因多主体认知思维不断扩散，决策结果种类繁多，偏好聚合方法已然不能解决当下问题，因此，化解问题的路径则转化为判断聚合。

三　配额规则之化解

公理化特征：

1. 匿名性：要求聚合的结果不应取决于主体的姓名，而是取决于他们的偏好，或者说要对应所选方案。

2. 连续性：表示多主体能够根据他们的喜好改变结果。

3. 逻辑一致性：在遵循多数主义原则时，既要满足多数人的意见，又要保持逻辑上一致。

假设当多主体的所有个体都意识到他们各自的观点相互兼容，这些单个意见可融合成新意见。多主体内成员意见不一可能更胜于所有主体拥有相同意见，因为通过讨论协商等方式更符合决策的合理性。如果把无意见的主体标记出来，更利于效率的提高。在一个决策团队中，最高效的方法不是一个个体同时处理多个问题。尽管我们会根据主体的需要收集相关信息，但是单个个体处理多问题和多任务会降低决策的准确性和效率。首先，将任务进行分割，分配给决策中的个体，有利于问题的快速解决，从而有利于制定合理的决策。其次，集体决策往往也是不完整的，意见源于群体中个体不同侧面的分析，必须在诸多选项之间进行结果一致性的选择。最后，集体意见需要区别于个体建议，通过集体决策探索一个可行的方法，解决个体尚未解决的问题。一般来说，允许人们表达其不完整的意见（例如，不发表见解或者持中立态度），有利于进一步澄清不同结果之间的差异。那么如何快速筛选出需要的决策呢？这时就要采用系统分析的方法解决上述问题。

当所有人都提交完整的意见时，配额规则会以一种简单的方式定义。但在某些情况下，人们可能也会对某些问题和报告出现判断不完全的情况，有几种方法可以确定相关的临界值，具体取决于弃权的数量、两者之间的差额、同意或不同意某一观点的人数比例等情况。在这里，我们需要系统地设计不完全输入的配额规则。

由表 2 可知，P_1、P_2、P_3、P_4……Pn 代表不同的主体，且他们的判定选择各不相同。A、B 分别代表主体决策情况，A∨B 为最终的决策结果。随着主体人员的增加，决策过程会逐渐复杂。例如，篮球为 A（喜欢 T／不喜欢 F），排球为 B（喜欢 T／不喜欢 F），依据各主体判定的结果得出 T、F、T/F。但是，通过表 2 可以明显看出，喜欢篮球或者喜欢排球在行为决策的过程中是不成立的，这的确与我们现实世界的情况相违背，因为我们既可以喜欢篮球，也可以喜欢排球。然而，集体决策中我们只能选择其中一个相对合理的情况。简单来说，决策结果 T、F 是相对立而存在，而 T/F 则表示决策结果未定。

表 2 行为决策示意过程

	A	B	A∨B
P_1	T	F	T
P_2	F	T	T
P_3	T	T	F
P_4	F	F	F
Pn			T/F

假设我们有一个系统 S，可通过社会选择理论确定系统成员的偏好，使用判断规则分析出各决策所产生的结果。根据主体意见的不同，可见分配权重比例不一，通过权重比清晰可知主体赞成、反对还是弃权，从而实现了相对比较完美的决策。因此，笔者建议，以聚合规则为基础，将主体的决策认知与人工智能科学紧密结合，提供丰富的决策机制，所有这些机制有明显的数据可供主体参考，从而自然匹配出决策意见。当然，有些问题需要提前规避。在了解主体成员偏好后，主体往往选择为自己的决策辩护，这可以理解，但主体可能只考虑了个人的偏好，而忽略了集体的利益。更直白地说，这违反了集体决定的原则。集体决策离不开规则，好的聚合规则可以视为一种工具，当个人意见不足以做出集体决策时，聚合规则具有重要作用。但一个群体的成员可能会对与这些规则所建议的不同的结果感兴趣，这就使得主

体可能会改变自己的偏好。其他因素的加入会增加其复杂性，因此，集体决策一定要考虑到主体认知存在差异这一因素，尽可能地排除不相关因子。随着网络的不断发展，集体决策应与网络结合，以提高决策效率。我们深知集体决策往往与主体成员之间的妥协相关。那么如何真正反映主体认知的决策？由于意见的不完整性，要基于聚合规则，将主体成员的信息进行分模块组合，以完成分配的各任务，将集体决策中出现的问题以分小组、分模块的方式解决。因此，配额规则可完美化解其中的难题。

主体建议：主体提出建设性意见，有利于决策顺利进行，从而针对问题解决问题。一方面，群体成员的互补和发散型思维有利于问题的解决。在解决问题时，不同成员、不同部门、不同背景、不同知识、不同经验的人往往想法存在差异。有了成员的广泛参与，进而得出令人满意的行为方案，有助于提高决策的科学性、全面性。另一方面，集体决策也有其不足之处：需要大量的时间，不能快速做出反应；成员中存在从众心理，会出现少数人控制局面的情况；如果是低水平人员，将会影响决策结果，产生不利结果；如果处理不当，也可能受私人意图的驱使。

任务分配：在一个具有 n 个成员的小组中，根据事件的不同情况，将主体的选择进行分配，从而对事件的陈述产生不同概率。在这种情况下，我们应该给主体分配适量的问题，以获得准确的判断信息，提高决策的效率。为提高聚合规则分析集体决策的准确性，利用主体任务分配的方式，在主体偏好与选择中增添了概率计算。值得关注的是，集体决策往往是不足够全面的，因为当出现两个持平的决策时，集体中的成员很难快速做出决策。本文基于聚合规则的基础，结合概率计算，在一定程度上解决了集体中个人意见不一致的情况。在未来的发展方向中，集体决策在遵循规则的前提下，应该与人工智能融会贯通，通过智能化的算法准确、高效做出一致性决策。

主体在集体决策方面还存在不完整性，我们对不完整意见进行了系统的研究。当然，可以把不完整的个人意见强加在聚合规则上，以使集体决策合理化。因此，在遵循聚合规则以及尊重个人意见的前提下，要提出一种能行的方法，根据集体决策过程中成员意见的不同程度，将意见分配为不同比例，这样容易得出事件的概率。基于以下考虑，我们对不完整判断进行概括：第一，弃权者的数量是否会影响集体决策；第二，赞成这一决策的人数和反对人数之间的差距。所以，要确保具有一致意见的主体不是单独地主张他们的意见来改变结果，而是出于集体利益，而且必然假设每一个主体成员都是理性人，以达到更加合理的集体结果。

我们一直关注主观问题的集体决策，而集体决策是为了解决某一客观存在的问题。例如，老师集体研讨是为了制定有效的学习目标，公司的集体决策是为了具有良好的运营机制。本文运用判断聚合方法解决集体判断不一致问题。运用图表、举例子等分析方式寻找最优方案，明确提出规避无决策行为、个体认知不完整等问题，以社会选择理论的多数聚合规则为化解路径，解决集体不一致难题。当下，计算机科学和人工智能的发展为集体决策的研究与探索开辟了道路，必须进一步解决的两个问题浮出水面：第一，考虑到除了人类以外，还有人工智能决策；第二，为决策过程提供足够的灵活性，但这发生在虚拟网络世界而非现实世界。结合计算机科学逐渐发展，对集体决策的经典问题也会有新的认识。

四　结论

本文试图通过聚合规则，结合概率的方法获得一个集体决策。不难发现，概率计算结果越高，越趋近于集体决策。假设主体成员需要对一个问题给出答案，这个问题的答案直接取决于主体的偏好或者判断。从结果来看，答案可能有"是""否"两种情况。然而，主体可以对可能的答案进行反思，并得到一个具有一定概率存在的判断。但是，最重要的是主体可能对问题的不同角度进行分析。那么，作为一个集体，主体如何尽早发现他们所面临复杂问题的正确答案呢？答案在很大程度上不是依赖于主体成员的数量，而是取决于每个主体成员的正确判断。基于聚合规则添加概率的方法，主体通过偏好和判断，最终达成集体决策的一致性。

·逻辑与智能·

因果推理的形式论辩解释模型[*]

应　腾[**]

摘　要： 因果性在人类生活中具有重要地位，因果推理能力是人们洞察事物之间关联的基础。在人工智能领域，机器学习的解释性分析和反事实推理的归因问题，都有赖于因果推理。目前，主流的因果统计模型侧重于复杂非完全条件下的概率推理，对推理机制的解释不足。由于经典逻辑与传统非单调逻辑对因果推理中的非单调性刻画不佳，依托论辩理论，将因果推理过程表达为论证的冲突和选择，可以为因果推理描述提供更具人类认知特点和灵活特征的解释模型。

关键词： 因果推理　形式论辩系统　非单调性

---

[*] 本文系教育部人文社会科学研究青年基金项目（20YJC72040003）、国家社会科学基金青年项目（20CZX051）、国家社会科学基金重大项目（18ZDA290）、杭州市社科重点研究基地"数字化转型与社会责任管理研究中心"年度项目的阶段性成果。

[**] 应腾，浙江仙居人，逻辑学博士，浙大城市学院马克思主义学院讲师，城市大脑研究院青年领航学者。研究方向：论辩逻辑。

[***] 本文引用格式：应腾：《因果推理的形式论辩解释模型》，《逻辑、智能与哲学》（第一辑），第90~108页。

一 背景与动机

因果关系是人类理解和把握世界的重要工具，不仅在解释过去、预测未来的认知进程中发挥关键作用，而且也是人类介入世界并对事物变化产生影响的依托，是"联结人类意识与物理世界的通道桥梁……也是人类作为认知、道德等方面的能动的行为者（agent）的不可或缺的基础"。[①] 在现实生活中，我们非常关注因果关系。例如：吸烟会否引起肺癌？孩子长时间使用iPad会否导致视力下降？新的税收政策能否带来良性的经济影响？这些问题与我们的日常生活休戚相关，也正因此，因果推理作为确定因果关系的过程，成为学术研究的重要对象。

关于因果关系的研究由来已久。早在古希腊时期，德谟克利特就在其原子论中提出原子的分合聚散是万物生灭变化的根本原因。而当柏拉图将现象世界视为理念世界的模拟时，也同样在探寻两个世界间的因果关系。亚里士多德更是通过因果关系概念建立了著名的"四因说"，通过质料因、形式因、动力因、目的因来解释为什么事物会产生和变化。近代以来，由伽利略、牛顿等科学家开启的近代科学革命正是奠基于因果观念之上，在机械自然观的影响下，考虑物理世界的因果封闭性。当笛卡尔提出身心二元论后，自然而然地就引发了有关身心相互因果作用（causally interacting）的讨论。然而，随着休谟对因果关系的批判，其认识论合法性受到了严重的挑战。尽管康德通过建立先验预设的主体认识框架，将因果观嵌入其中来解决这一问题，但确定因果关系的机制并未得到明晰。而随着20世纪现代科学的发展，因果关系的本体论合法性逐渐受到质疑，以至于许多科学家都认为"因果

---

① 黄益民：《因果理论：上向因果性与下向因果性》，《哲学研究》2019年第4期，第113~125页。

原则已被二十世纪原子物理学所抛弃了"。①

因果在科学研究中缺席的原因固然多元，但其中一个重要的方面在于缺乏合适的模型来表达因果关系，使得无论是在认识论意义还是在本体论意义上都难以有效展现因果推理的解释力，使主体的因果推理能力与世界割裂开来。譬如现代统计学从诞生之初，就以"相关"取代"因果"，以防止陷入因果概念所带来的争议。近些年来，"以数据为中心"的观点大行其道，更是塑造了一个相信大数据能够解决一切问题的时代。但与此同时，计算机科学、经济学、政治学、公共管理学、社会学、心理学、医学、统计学等学科的学者也逐渐意识到仅凭数据解决问题的局限性，开始共同关注因果推理问题，并取得了一系列理论上的进展。这种研究趋势在哲学领域体现为一种非实在论的认知转向，即将因果推理作为描述世界范畴的方式。而在人工智能领域，如何推进因果推理与机器学习的结合，从而开发可解释人工智能（XAI）算法，被认为是迈向人工智能2.0的关键步骤之一。②

在数据驱动的研究趋势下，目前较为主流的模型是统计学模型，其本质是一种概率论的研究路径，侧重于复杂非完全条件下的因果推理。统计学模型有利于深度学习及因果效应评估等研究推进，但在推理机制的解释性上存在不足，因为事件之间的概率依赖关系与因果关系并不必然具备充分条件和必要条件关系，且其预设的实在论立场缺乏可靠的辩护。③ 克服这种缺点的一般思路是描述补充变量之间的逻辑关系。然而，由于因果推理通常呈现出明显的非单调性，经典逻辑与传统非单调逻辑对此均缺乏有效的刻画能力。从论辩视角进行因果推理研究，将因果推理过程表达为论证的冲突和选择，为描述和解释因果关系提供了一种更具认知特点的方式，有助于为因果推理建立灵活的推理解释模型。

---

① Philipp Frank, *Philosophy of Science: The Link between Science and Philosophy*, Westport: Greenwood Press, 1974, p. 342.
② Kun Kuang et al., "Causal Inference", *Engineering*, Vol. 6, No. 3, 2020, pp. 253-263.
③ 顿新国：《因果理论的概率论进路及其问题》，《哲学研究》2012年第7期，第58~63页。

二　因果推理的形式论辩建模路径

因果推理作为提供解释性分析的工具，能够使当前的机器学习变得可解释。人工智能领域现有的探求因果关系的方法，其实质是在数据训练基础上的不断试错，更接近于拉卡托斯所说的"助探论"的因果联系（speculative causal relation），[①] 即"猜想先于证明"。[②] 这一方面意味着计算机在其因果推理中并不区分因果性和相关性，另一方面意味着计算机所认为的因果性带有明显的可废止性和非单调性特点，并不等同于朴素的因果定义。对于前者，我们可以构造一个典型反例：用 A 表示"冰激凌销量增加"，用 B 表示"溺水死亡者数量增加"，A 与 B 之间虽然是正相关的，但我们不会认为 A 与 B 之间存在因果关系，因为它们是由共同原因"天气炎热"导致的两个相关结果，这意味着因果性不同于相关性。而对于后者，其恰恰表明智能系统区分因果与相关的重点在于"强度"。

因果推理的典型规则模式可以写作"p 引起 q"，其中 q 是结果，p 是可能的原因。显然可以发现，p 与 q 之间的因果联结词不必然是实质蕴涵的。正如按下汽车点火开关是发动机启动的原因，但并不意味着按下点火开关就一定会让发动机启动。因为发动机启动还和其他因素相关，例如电瓶中的电池是否有电。[③] 这就意味着，"发动机启动"只是"按下开关"的可废止结果，其中包含着的可能性会影响信念强度，使得因果推理具有明显的非单调性。这意味着我们暂时推得的因果关系，很可能随着更多的信息而推翻，即 p 引起 q，但 p 和新信息 r（电瓶电池没电）却导致了 ¬q。人类在因果推理中常常会从前提"跳跃"至结论，并根据实际观察结果进行修正，这是一

[①]　任晓明：《休谟因果性问题与因果推断的逻辑与认知问题》，Seminar on Logics for New-Generation Artificial Intelligence, October 20, 2021。

[②]　〔英〕伊姆雷·拉卡托斯：《证明与反驳》，康宏逵译，上海译文出版社，1987，第 5 页。

[③]　Yoav Shoham, "Nonmonotonic Reasoning and Causation", *Cognitive Science*, Vol. 14, 1990, pp. 213-252.

种溯因能力的体现。但对于人工智能而言却带来了条件问题（qualification problem），即由潜在相关因素不确定而导致确定性推理的无效。因此，为确保因果推理在高效计算的同时尽可能地贴近人类自然推理，需要兼顾模型的计算性和表达力。

在已有的论辩-因果理论中，沃尔顿的溯因因果推理（abductive causal reasoning）研究通过拓展皮尔斯的溯因理论来解释因果推理，从非形式论辩的角度提出了因果论证图式，[1] 并借鉴黑斯廷提出的三个与此论证图式相对应的批判性问题：(C1) 原因的普遍化有多强？(C2) 被引证据是否足够强来保证原因？(C3) 是否有其他因素可以干涉或抵消原因的结果？[2] 但这显然并不足以构建可计算模型。相比之下，邓恩的论辩框架（argumentation framework）作为建模非单调推理的形式化基础模型，为解释因果推理提供了新思路：将具体推理分成多个模块化的论证，以论证间的攻击关系表达推理中可能出现的不一致性，以击败与否的语义判定方式决定某陈述是否成立。在这一框架下，基于逻辑语言构建的结构化论辩模型（structured argumentation model）成为解释因果推理的新选择。对于一个潜在的因果关系的论证，通常由其主张及支持该主张的前提组成，前提可以是观察信息、猜想或其他论证的结论。由于主张、前提以及它们之间的推理关系都有可能受到攻击，因此通过构造、比较和评估论证。一个论证能否抵御所遭遇的所有攻击，可用于判断其所表达的因果推理是否（暂时）成立，这为解释因果推理提供了一种自然的方式，也可作为机器学习的补充，用于其学习和推理因果关系。

在结构化论辩模型中，通常通过构造形式语言来表达知识，并要重点说明论证和反驳论证是如何从知识开始构建的。一个结构化论证的含义即是指该论证的前提、结论及其关系被形式定义刻画。这使得论证和攻击可以在结

---

[1] Douglas Walton et al., *Argumentation Schemes*, Cambridge: Cambridge University Press, 2008, pp. 164-169.

[2] Arthur C. Hastings, *A Reformulation of the Modes of Reasoning in Argumentation*, Evanston: Nonhwestem University, 1963, pp. 65-70.

构化论辩模型中以如下方式被描述：(1) 论证是一个元组，包括了对论证前提和论证结论的描述，当然也包括结论是如何从前提中得出；(2) 攻击是论证间的二元关系，表示一个论证与另一个论证冲突，其是否成立有一个形式判断的定义。当前的主流模型包括贝斯纳德和亨特所构建的演绎逻辑论辩模型（DLA）[1]、邓恩构建的基于预设的论辩模型（ABA）[2]、加西亚和希玛里构建的可废止逻辑编程模型（DeLP）[3]，以及帕拉肯等构造的集成式论辩服务平台（ASPIC$^+$）[4]。其中 DLA 和 ABA 将非单调性归根于前提中的信息不可靠，将所有对论证的攻击都转化为对前提的攻击；DeLP 将非单调性完全建立在可废止规则的不保真性上，将攻击范围缩小至可废止规则的论证间；ASPIC$^+$ 则以语言假设代替具体逻辑语言，将论辩对不一致性的解决与某种给定的"基础逻辑"剥离。然而，这些已有的模型并不完全令人满意。因为推理的非单调性并非都可用前提似真性表示，并且结论的可废止性来自前提不确定性的情况也不能排除。此外，语言假设的处理并不足以涵盖论证构造与冲突表达的所有情形[5]，这使得其在因果推理刻画方面仍存在不足。因此，通过修正纽特[6]和波洛克[7]的可废止逻辑语言，在 ASPIC$^+$ 的结构化框架下突破其限制所构造的可废止逻辑论辩模型（defeasible logic argumentation，DeLA），在因果推理的解释上具有更良好的可解释性。

---

[1] Philippe Besnard, Anthony Hunter, "Constructing Argument Graphs with Deductive Arguments: A Tutorial", *Argument & Computation*, Vol 5, No. 1, 2014, pp. 5-30.

[2] Francesca Toni, "A Tutorial on Assumption-based Argumentation", *Argument & Computation*, Vol 5, No. 1, 2014, pp. 89-117.

[3] Alejandro J. García, Guillermo R. Simari, "Defeasible logic Programming: DeLP-servers, Contextual Queries, and Explanations for Answers", *Argument & Computation*, Vol 5, No. 1, 2014, pp. 63-88.

[4] Sanjay Modgil, Henry Prakken, "The ASPIC + Framework for Structured Argumentation: A Tutorial", *Argument & Computation*, Vol 5, No. 1, 2014, pp. 31-62.

[5] 黄华新、应腾、廖备水：《结构化论辩系统分析》，《自然辩证法研究》2015 年第 9 期，第 3~9 页。

[6] Donald Nute, "Defeasible Reasoning", in James H. Fetzer ed., *Aspect of Artificial Intelligence*, Massachusetts: Kluwer Academic Publishers, 1988, pp. 251-288.

[7] John L. Pollock, "Defeasible Reasoning", *Cognitive Science*, Vol. 11, 1987, pp. 481-518.

三 可废止逻辑论辩模型的构造

DeLA 模型的构造分为逻辑语言、论证结构、冲突表达和系统性质,[①] 其简单表述如下。

1. 逻辑语言 $\mathcal{L}_A$

$\mathcal{L}_A$ 的语言设定主要分为基本语法、知识库和推导关系。

定义 1（符号库） $\mathcal{L}_A$ 的初始符号为 $\mathcal{L}_A$-符号，其中有五种符号：(1) 命题符：p_0, p_1, p_2, …；(2) 箭头符：→，⇒，⤳；(3) 否定符：¬；(4) 集合符：{ , }；(5) 二元关系符：>'。

定义 2（$\mathcal{L}_A$-文字） (1) $\mathcal{L}_A$ 的所有命题符都是 $\mathcal{L}_A$-文字；(2) 对于 $\mathcal{L}_A$ 的任意命题符 p_i（$i \geq 0$），¬p_i 是 $\mathcal{L}_A$-文字；(3) 只有以上这些是 $\mathcal{L}_A$-文字。

为了表示方便，我们将带否定符的 $\mathcal{L}_A$-文字称为负文字，其余为正文字，并且引入~表示文字的互补，即对于正文字 $L = p$，则 $\sim L = \neg p$，对于负文字 $L = \neg p$，则有 $\sim L = p$。同时，$\mathcal{L}$ 表示包含所有 $\mathcal{L}_A$-文字的集合。

定义 3（$\mathcal{L}_A$-规则） (1) 若 L_0, L_1, …, L_n 都是 $\mathcal{L}_A$-文字（$n \geq 1$），那么 $\{L_1, …, L_n\} \to L_0$ 是 $\mathcal{L}_A$-规则；(2) 若 L_0, L_1, …, L_n 都是 $\mathcal{L}_A$-文字（$n \geq 0$），那么 $\{L_1, …, L_n\} \Rightarrow L_0$ 是 $\mathcal{L}_A$-规则；(3) 若 L_0, L_1, …, L_n 都是 $\mathcal{L}_A$-文字（$n \geq 1$），那么 $\{L_1, …, L_n\} \leadsto L_0$ 是 $\mathcal{L}_A$-规则；(4) 只有以上这些是 $\mathcal{L}_A$-规则。$\mathfrak{R}$ 表示包含所有 $\mathcal{L}_A$-规则的集合。

[①] 应腾、黄华新：《可废止逻辑结构化论辩系统的研究》，《逻辑学研究》2018 年第 4 期，第 21~36 页。

知识库$\mathcal{K}$中可分为三个部分：初始信息集$\mathcal{K}_i$，规则信息集 R 和优先关系（superiority）信息集$\mathcal{K}_s$。

初始信息是推理的起点，其性质和限制包括：（1）初始信息是不可更改的信息。"不可更改"指的是在以其为初始信息的情境中无法对其提出质疑。（2）$\mathcal{K}_i$必须保持一致，否则就会违背初始信息的不可更改。（3）由于假设或者猜测是可错的，因此不在$\mathcal{K}_i$中，此类信息可用$\Rightarrow p_i$（$i \geqslant 0$）表示。此外，为讨论方便，本文中约定 DeLA 的初始信息在一开始是确定的，搁置初始信息动态更新等议题，即$\mathcal{K}_i$中的元素不会增减。

规则信息表达的是前提和结论之间的关系，简称为规则，所有规则的集合记为 R。

定义 4（规则信息） 用$\hookrightarrow$表示$\mathcal{L}_A$中的任意箭头，则任意一条$\mathcal{L}_A$-规则r为$\{L_1, ..., L_n\} \hookrightarrow L_0$，其中$\hookrightarrow$左边为规则的前提集，记作 $P(r)$，$\hookrightarrow$的右边为规则的结论，记作 $C(r)$。对于不同的箭头符"$\rightarrow$"、"$\Rightarrow$"和"$\rightsquigarrow$"，我们称$\{L_1, ..., L_n\} \rightarrow L_0$形式的$\mathcal{L}_A$-规则为硬性规则 r_s，$\{L_1, ..., L_n\} \Rightarrow L_0$形式的$\mathcal{L}_A$-规则为可废止规则 r_d，$\{L_1, ..., L_n\} \rightsquigarrow L_0$形式的$\mathcal{L}_A$-规则为废止者规则 r_{df}，其所对应的集合分别为 R_s，R_d和R_{df}。

需要进一步解释的是，第一，在 DeLA 中，硬性规则的前提集不可为空；第二，可废止规则表达的是前提和结论间不必然但有可能成立的关系，当其前提集为空时即代表了假设或猜测等信息；第三，废止者规则的语义被约定为$\{L_1, ..., L_n\} \rightsquigarrow L_0$所得到的结论 L_0必须是关于可废止规则的命题，即"r_d不可被使用"，这一含义可通过引入函数 $F: R_d \rightarrow \mathcal{L}$表示。

优先关系信息表示结论文字互补的规则间的偏序关系，由符号 $>'$ 表示，所有的优先关系信息集合写作$\mathcal{K}_s$。

定义 5（优先关系） （1）若 $C(r_{s1}) = \sim C(r_{d1})$，则 $r_{s1} >' r_{d1}$；（2）若 $r_{d1} >' r_{d2}$，则 $C(r_{d1}) = \sim C(r_{d2})$。

除了规则信息集 R 中的三类规则，对硬性规则 r_s 进行逆否运算，可得新的规则。

定义6（逆否规则） 令逆否运算函数 $G: R_s \to \mathfrak{R}$ 为从知识库的硬性规则集到 $\mathscr{L}_A$-规则集的映射，对于 R_s 中的任意规则 $r = \{L_1, ..., L_n\} \to L_0$，有（1）$G(r)_1 = \{\neg L_0, L_2, ..., L_n\} \to \neg L_1$ 和（2）$G(r)_i = \{\neg L_0, L_1, ..., L_{i-1}, L_{i+1}, ..., L_n\} \to \neg L_i$（1<i<n）和（3）$G(r)_n = \{\neg L_0, L_1, ..., L_{n-1}\} \to \neg L_n$。令 $\mathfrak{G}(r) = \{G(r)_1, ..., G(r)_n\}$（$n \geq 1$）。对 R_s 中所有规则经逆否运算后得到的 $\mathscr{L}_A$-规则，用 R_{sc} 表示其集合。

结合以上规则，可定义推导关系如下：

定义7（推导） 在 $\mathscr{L}_A$ 中，从 Δ 到 L 的推导记作 $\Delta \cup R_{sc} \mathrel{|\!\sim} L$（其中 $R_{sc} = \cup \mathfrak{G}(r)$，$r \in R_s$），其定义为：$\Delta \cup R_{sc} \mathrel{|\!\sim} L$，当且仅当存在一个有穷文字序列 $L_1, ..., L_n$，不仅满足 $L_n = L$，而且对于任意的 $L_i \in \{L_1, ..., L_n\}$ 满足：

或者（i）$L_i \in \mathcal{K}_i$；

或者（ii）对于 $1 \leq i < n$，存在规则 $\{J_1, ..., J_m\} \hookrightarrow L_i \in R_s \cup R_d \cup R_{sc}$，且 $\{J_1, ..., J_m\} \subseteq \{L_1, ..., L_{i-1}\}$；

或者（iii）存在规则 $\{J_1, ..., J_m\} \hookrightarrow L_n \in R \cup R_{sc}$，且 $\{J_1, ..., J_m\} \subseteq \{L_1, ..., L_{n-1}\}$。

若 $\Delta = \Pi$，则我们称该推导为硬性推导，记作 $\Delta \cup R_{sc} \vdash L$，所有硬性推导得到的文字所组成的集合可记为 $\mathcal{C}_s$。

为避免 $\mathcal{K}_i \cup R_s$ 不一致导致结论反直觉不一致，还需要定义初始信息的强一致性。

定义 8（强一致性）$\mathcal{K}_i$ 是强一致的，当且仅当 $\mathcal{K}_i \cup \mathcal{C}_s$ 一致。

由以上可得知识库定义

定义 9（知识库）DeLA 中的知识库 $\mathcal{K} = (\mathcal{K}_i, R, \mathcal{K}_s)$，其中

（1）$\forall L_1, L_2 \in \mathcal{K}_i \cup \mathcal{C}_s, L_1 \neq \sim L_2$；

（2）$R = R_s \cup R_d \cup R_{df}$，并且满足 $R_s \cap R_d = \varnothing, R_d \cap R_{df} = \varnothing, R_{df} \cap R_s = \varnothing$；

（3）对任意硬性规则 r_{s1}、任意逆否规则 r_{sc1}、任意可废止规则 r_{d1} 和 r_{d2}

（3.1）若 $C(r_{s1}) = \sim C(r_{d1})$，则 $r_{s1} >' r_{d1} \in \mathcal{K}_s$；

（3.2）若 $C(r_{sc1}) = \sim C(r_{d1})$，则 $r_{sc1} >' r_{d1} \in \mathcal{K}_s$；

（3.3）若 $r_{d1} >' r_{d2} \in \mathcal{K}_s$，则 $C(r_{d1}) = \sim C(r_{d2})$。

2. 论证结构

定义 10（论证）令 L 为 $\mathcal{L}_A$-文字，知识库 $\mathcal{K} = (\mathcal{K}_i, R, \mathcal{K}_s)$，$\Delta = \mathcal{K}_i \cup R$，对于 $\Phi \subseteq \Delta$，称 $\langle \Phi, L \rangle$ 是一个关于 L 的论证，当且仅当 Φ 满足（1）$\Phi \cup \mathcal{R}_{sc} \mid\!\sim L$；（2）不存在 $\Phi' \subset \Phi$ 且 $\Phi' \cup \mathcal{R}_{sc} \mid\!\sim L$。

根据 $\mathcal{K}_i$ 的一致性要求，DeLA 中的论证构造是单调的。

定义 11（子论证）论证 $\langle \Phi', L' \rangle$ 是论证 $\langle \Phi, L \rangle$ 的子论证，当且仅当满足：（1）$\Phi' \subseteq \Phi$ 并且（2）对于 $\Phi \cup \mathcal{R}_{sc} \mid\!\sim L$ 的文字序列 $L_1, L_2, \cdots, L_n = L, L' = L_i$（$1 \leq i < n$）。

定义 11 排除了论证是其自身子论证的情况，论证和子论证之间在结构上的关系如下：

定义 12（直接子论证）令 Sub（A）为论证 A = $\langle \Phi, L \rangle$ 的所有子论证的集合，令 $LastRule$（A）为论证 A 中以 L 为结论的规则，即 $LastRule$（A）= $\{J_1, J_2, ..., J_n\} \hookrightarrow L$。令 $A' \in Sub$（A）为 A 的直接子论证，当且仅当满足：（1）或者 $J_i \in \mathcal{K}_i$（$1 \leq i \leq n$），（2）或者存在 $LastRule$（A′）= $\{M_1, M_2, ..., M_k\} \hookrightarrow J_i$（$1 \leq i \leq n$），其中 $\{M_1, M_2, ..., M_k\} \subseteq \{J_1, J_2, ..., J_{i-1}\}$。直接子论证之外的子论证被称为间接子论证。

为表示方便，可用函数 $Conc$ 表示论证的结论，$Evid$ 表示论证中证据的集合，$Evid$（A）$\subseteq \mathcal{K}_i$；$Supp$ 表示支持论证的规则集合，$Supp$（A）$\subseteq R_s \cup R_d \cup R_{sc}$。显然，一个论证 A 的理由集合包括了证据、支持规则和 $LastRule$（A），写作 $Prem$（A）= $Evid$（A）$\cup Supp$（A）$\cup LastRule$（A）。

3. 冲突表达

论证的冲突即通过一个论证对另一个论证提出质疑，可进一步区分为攻击和击败。

定义 13（攻击关系）论证 $\langle \Phi_1, L_1 \rangle$ 攻击论证 $\langle \Phi_2, L_2 \rangle$，当且仅当或者 $\langle \Phi_1, L_1 \rangle$ 反驳攻击 $\langle \Phi_2, L_2 \rangle$，或者 $\langle \Phi_1, L_1 \rangle$ 底切攻击 $\langle \Phi_2, L_2 \rangle$，或者 $\langle \Phi_1, L_1 \rangle$ 削损攻击 $\langle \Phi_2, L_2 \rangle$，其中：

（1）论证 $\langle \Phi_1, L_1 \rangle$ 反驳攻击论证 $\langle \Phi_2, L_2 \rangle$，当且仅当 $L_2 \notin \mathcal{K}_i \cup \mathcal{C}_s$，且 $L_1 = \sim L_2$；

（2）论证 $\langle \Phi_1, L_1 \rangle$ 底切攻击论证 $\langle \Phi_2, L_2 \rangle$，当且仅当存在 $r_d \in \Phi_2$，且 $L_1 = F(r_d)$；

（3）论证 $\langle \Phi_1, L_1 \rangle$ 削损攻击论证 $\langle \Phi_2, L_2 \rangle$，当且仅当存在 $\langle \Phi_2, L_2 \rangle$ 的子论证 $\langle \Phi', L' \rangle$，$L' \notin \mathcal{K}_i \cup \mathcal{C}_s$，且 $L_1 = \sim L'$。

对于存在攻击关系的一组论证，可以考察其间的优先关系序列，若论证 A 攻击论证 B 且 A 的优先性不低于 B（记作 A ≳ B），则认为该攻击是成功的攻击，可将其定义为击败：

定义 14（击败关系） 论证 A 击败论证 B，当且仅当或者 A 反驳击败 B，或者 A 削损击败 B，或者 A 底切击败 B，其中：

（1）A 反驳击败 B，当且仅当 A 反驳攻击 B，并且 A ≳ B；

（2）A 削损击败 B，当且仅当 A 削损攻击 B 于 B′，并且 A ≳ B′；

（3）A 底切击败 B，当且仅当 A 底切攻击 B。

关于论证间的优先关系，可从多个层面加以考虑：（1）元规则层面，根据特定语境或社会领域，存在公开的优先原则，比如法律领域中的上位法，或人权议题中的生命权优先；（2）在论证层面，根据具体明确性原则，当论证 A 比论证 B 使用更多的初始信息或更少的硬性规则和逆否规则时，A 在优先级上高于 B；（3）在规则层面，论证间的优先级取决于规则间优先关系，主要采取最后链接原则，包括硬性规则之间、硬性规则与可废止规则之间以及可废止规则之间的冲突。

定义 15（具体明确性） 根据论证的具体明确性，令 A ≳ B 当且仅当（1）$Evid(A) \supseteq Evid(B)$ 或（2）$Supp(A) \cap (\mathcal{R}_s \cup \mathcal{R}_{sc}) \subseteq Supp(B) \cap (\mathcal{R}_s \cup \mathcal{R}_{sc})$。若 A ≳ B 且 A ≲ B，则在论证的具体明确性上，A 和 B 无法比较优先级。

定义 16（论证优先性） 对于结论冲突的任意论证 A 和 B：

（1）若 $LastRule(A) \in R_s$ 而 $LastRule(B) \in R_d$，那么 A > B；

（2）若 $LastRule(A) \in R_s$ 且 $LastRule(B) \in R_s$，那么 A ≈ B；

（3）若 $LastRule(A) \in R_d$ 且 $LastRule(B) \in R_d$，那么

A > B，当且仅当 $LastRule(A) >' LastRule(B)$，或 $LastRule(A)$ 与 $LastRule(B)$ 没有优先关系，但满足 $Evid(A) \supseteq Evid(B)$ 或 $Supp(A) \cap (\mathcal{R}_s \cup \mathcal{R}_{sc}) \subseteq Supp(B) \cap (\mathcal{R}_s \cup \mathcal{R}_{sc})$，或存在元规则 $R = r_i >' r_j$，其中 $r_i \in Supp(A)$ 和 $r_j \in Supp(B)$。

A ≈ B 当且仅当 $LastRule(A)$ 与 $LastRule(B)$ 没有优先关系，且 A 与 B 无法在具体明确性上做出比较。

4. 系统性质

结构化论辩系统的性质主要指理性公设，其中包括两个性质：演绎闭合性和一致性。演绎闭合性指在论辩系统中，由得到辩护的命题结合经典演绎或硬性规则而得到的新命题也应被视为得到辩护。一致性则又可分为直接一致性和间接一致性，直接一致性是指在给定语义下，论辩系统的任一外延中得到辩护的命题互不冲突；间接一致性则指在给定语义下，论辩系统的任一外延中的得到辩护的命题集的演绎闭包是一致的。违反直接一致性会得出矛盾，而违反间接一致性则很可能无法使用 MP 规则或硬性规则。

定义外延中得出的结论的集合 $Cons(E) = \{Conc(A) | A \in E\}$。Cl 表示集合闭包，即对于任意集合 $\mathcal{P}$，其闭包为 $Cl(\mathcal{P})$。据此可定义理性公设中的性质：

定义 17（理性公设） 一个论辩系统在某语义下满足理性公设，当且仅当其在该语义下的外延满足以下三个性质：

（1）演绎闭合性：对于任意的 $1 \leq i \leq n$，$Cons(E_i) = Cls(Cons(E_i))$

（2）直接一致性：对于任意的 $1 \leq i \leq n$，$Cons(E_i)$ 是一致的；

（3）间接一致性：对于任意的 $1 \leq i \leq n$，$Cls(Cons(E_i))$ 是一致的。

其中 Cls 表示在硬性规则下的闭包。

DeLA 中的集合一致性，可通过文字互补进行反向定义：

定义 18（不一致性） 集合 $\mathcal{P}$ 是不一致的，当且仅当存在 $L, L' \in \mathcal{P}$ 使得 $L = \sim L'$。否则称 $\mathcal{P}$ 是一致的。

理性公设的三个性质并非互相独立，若一个系统满足演绎闭合性和直接一致性，则其必然满足间接一致性。由此，我们可以得出 DeLA 在经典语义外延下的性质：

（1）DeLA 中得出的 $Cons(E)$ 必然满足演绎闭合性。若其不满足，则存在硬性规则 r_{si}：$P(r_{si}) \rightarrow C(r_{si})$，其中 $P(r_{si}) \subseteq Cons(E)$ 且 $C(r_{si}) \notin Cons(E)$。这意味着以 r_{si} 为 Last Rule 的论证至少在该语义下被击败，由此可得存在文字 $L_j \in P(r_{si})$ 且 $L_j \notin Cons(E)$，即 $P(r_{si}) \nsubseteq Cons(E)$，与假设矛盾。

（2）DeLA 得出的 $Cons(E)$ 必然满足直接一致性。若其不一致，则 $Cons(E)$ 中至少存在互补的结论文字 L_i 和 $\sim L_i$。因此，E 中存在分别以 L_i 和 $\sim L_i$ 为结论的论证。根据 DeLA 设定，这些论证互相攻击，不可共存于 E 中，故假设不成立。

（3）由于 $Cls(Cons(E)) = Cons(E)$，并且 $Cons(E)$ 满足一致性，显然 $Cls(Cons(E))$ 也满足一致性。

四　DeLA 中因果推理的论辩解释

在确定因果关系的过程中，所涉及的工作往往是从相关性中筛选出因果性，用于解释某一现象或决策，这即是因果推理的可解释性。由于解释的目的是为了让人们能够更好地理解，传统的非单调形式系统在解释方面就显得不够理想，因为其中的证明往往不以人类可理解的方式表达。从认知角度而言，通过交换论证、比较和对比论证，以对话和辩护式的方式进行表达，更为符合人类认知习惯。

以欧洲天花疫苗的公开辩论为例，[1] 假设 100 万儿童中有 99% 接种了某疫苗，1% 没有接种，并且对于接种了疫苗的儿童来说，只要接种完成就不可能感染该疫苗针对的疾病，但是有 1% 的可能性出现不良反应，这种不良反应有 1% 的可能性导致死亡。同时，我们假设对于一个未接种疫苗的儿童

---

[1] 〔美〕朱迪亚·珀尔、达纳·麦肯齐：《为什么》，江生等译，中信出版集团，2019，第 22 页。

来说，其有2%的概率感染该疾病，而感染后的致死率是20%。根据这一假设，在99万的接种者中，9900人会出现不良反应，其中有99人因此死亡，相比之下，1万个未接种的儿童中有200人会感染疾病，同时有40人因疾病丧生。仅从数字上来看，显然死于疫苗接种的人数大于死于疾病的人数，从而给疫苗接种工作带来了负面的影响。

根据这一案例，围绕"造成更多儿童死亡的原因"，我们可以给出如下信息：

p_1，p_2，q_1为$\mathcal{L}_A$-文字，其中$\mathcal{K}_i = \{q_1, p_1\}$；$R = R_d = \{r_{d1}, r_{d2}\}$，且满足

p_1：接种疫苗　　　$\neg p_1$：不接种疫苗　　q_1：儿童死亡

r_{d1}：$\{q_1\} \Rightarrow p_1$（如果儿童死亡，是由接种疫苗导致的）

r_{d2}：$\{q_1\} \Rightarrow \neg p_1$（如果儿童死亡，是由不接种疫苗导致的）

元规则$R_1 = r_{di} >' r_{dj}$，即在导致死亡的数量上r_{di}高于r_{dj}

根据已有信息我们可以建立如下论证：

A_1：$\langle \{q_1\}, q_1 \rangle$

A_2：$\langle \{q_1, \{q_1\} \Rightarrow p_1\}, p_1 \rangle$　　　　A_3：$\langle \{q_1, \{q_1\} \Rightarrow \neg p_1\}, \neg p_1 \rangle$

同时有 $A_2 > A_3$

根据攻击关系和子论证关系分析，我们可得下图：

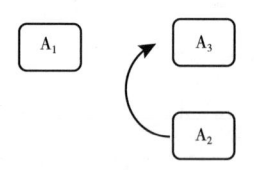

显然，在这一分析下，造成更多儿童死亡的原因会被认为是接种疫苗。

然而，关于儿童死亡原因的判断还应与儿童存活率相关，例如应注意到接种人数为0时的可能死亡数和全体接种时的可能死亡数。根据已知信息，我们可知在这两种反事实条件下，可能出现的死亡数量分别为4000人和100人，这意味着不接种疫苗的死亡率为0.4%，而接种疫苗的死亡率仅为

0.01%。由此我们可以增加如下信息：

q_2：反事实条件下的儿童存活

r_{d3}：$q_2 \Rightarrow p_1$（如果儿童存活，是由接种疫苗导致的）

r_{d4}：$q_2 \Rightarrow \neg p_1$（如果儿童存活，是由不接种疫苗导致的）

元规则 $R'_1 = r_{di} >' r_{dj}$，即在存活的数量上 r_{di} 高于 r_{dj}

在此基础上改写上述论证：

A_4：$\langle \{q_2\}, q_2 \rangle$ A_5：$\langle \{q_2, \{q_2\} \Rightarrow p_1\}, p_1 \rangle$ A_6：$\langle \{q_2, \{q_2\} \Rightarrow \neg p_1\}, \neg p_1 \rangle$

同时有 $A_5 > A_6$

根据攻击关系和子论证关系分析，我们可得下图：

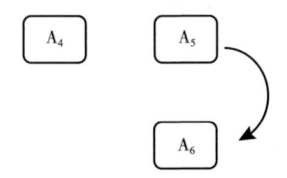

此时，不接种疫苗会被认为是带来更多儿童死亡的原因。显然，随着新的信息被挖掘，因果推理的结果出现了改变。

而在辛普森杀妻案中，① 以案件中最重要的血手套证据为例，我们也可以看到关于凶手的因果推理存在非单调性。血手套证据是指警察在辛普森住宅后院发现的一只沾满血迹的手套，手套不仅和案发现场的手套成对，并且血迹中也包含了被害人和被告人的 DNA。因此，辛普森在案发当天是否佩戴了血手套，将成为重要的定罪因素。除了血手套，警方为此还提供了证据，表明辛普森在警局传唤时左手中指有伤口并且不能提供伤口成因。然而辩方随即指出在案发现场和辛普森家中发现的两只手套上都没有发现破损或刀痕，手套内部也没有血迹。

令 p_1 表示"辛普森左手中指有伤口"；p_2 表示"辛普森不能提供伤口说

---

① Vincent Bugliosi, *Outrage: The Five Reasons Why O. J. Simpson Got Away with Murder*, New York: Dell Publishing, 1997, pp. 208-228.

明"；p_3 表示"血手套上有辛普森的血迹"；p_4 表示"血手套有破损"；p_5 表示"血手套内部有血迹"；p_6 表示"血手套上有受害者血迹"；q_1 表示"辛普森的手指伤口是行凶中形成"；q_2 表示"血手套的血迹来自辛普森手指伤口"；s_1 表示"辛普森案发当天佩戴了血手套"。由此我们可以得到如下信息：

$\mathcal{K}_i = \{p_1, p_2, p_3, \neg p_4, \neg p_5, p_6\}$；

$R = R_s \cup R_d = \{r_{s1}, r_{s2}, r_{s3}\} \cup \{r_{d1}, r_{d2}\}$，其中

$r_{s1}: \{s_1, q_1\} \to p_4$（辛普森案发当天佩戴了手套并且伤口在行凶中形成，则手套有破损）；

$r_{s2}: \{s_1, p_1\} \to p_5$（辛普森案发当天佩戴了手套并且左手中指有伤口，则手套内部有血迹）；

$r_{s3}: \{q_2, p_6\} \to s_1$（血手套的辛普森血迹来自伤口且血手套上有受害者血迹，则辛普森案发当天佩戴了手套）；

$r_{d1}: \{p_1, p_2\} \Rightarrow q_1$（手指有伤口且不能合理解释，则伤口可能是在作案中形成）；

$r_{d2}: \{q_1, p_3\} \Rightarrow q_2$（伤口是作案形成且手套有血迹，血迹可能来自伤口）。

另外，由硬性规则可得 $\{r_{sc1}, r_{sc2}\} \subset \mathcal{R}_{sc}$，其中

$r_{sc1}: \{\neg p_4, q_1\} \to \neg s_1$；

$r_{sc2}: \{\neg p_5, p_1\} \to \neg s_1$。

根据信息，我们可以建立如下论证：

$C_1 = \langle \Phi_1, q_1 \rangle$，$\Phi_1 = \{p_1, p_2, r_{d1}\}$

$C_2 = \langle \Phi_2, q_2 \rangle$，$\Phi_2 = \{p_1, p_2, p_3, r_{d1}, r_{d2}\}$

$C_3 = \langle \Phi_3, s_1 \rangle$，$\Phi_3 = \{p_1, p_2, r_{d1}, r_{d2}, r_{s3}\}$

$C_4 = \langle \Phi_4, \neg s_1 \rangle$，$\Phi_4 = \{p_1, p_2, \neg p_4, r_{d1}\}$，$\Phi_4 \cup \{r_{sc1}, r_{sc2}\} \mathrel{\mid\!\sim} \neg s_1$

$C_5 = \langle \Phi_5, \neg s_1 \rangle$，$\Phi_5 = \{p_1, \neg p_5\}$，$\Phi_5 \cup \{r_{sc1}, r_{sc2}\} \vdash \neg s_1$

其中论证 C_3 分别与 C_4 以及 C_5 结论文字互补。由于 $LastRule$（C_3）、

LastRule（C_4）都是硬性规则，所以 C_3 与 C_4 相互反驳击败；由于 C_5 中前提到结论的推导是硬性推导，而 C_3 的推导是可废止推导，所以 C_5 反驳击败 C_3。由此可得论辩图：

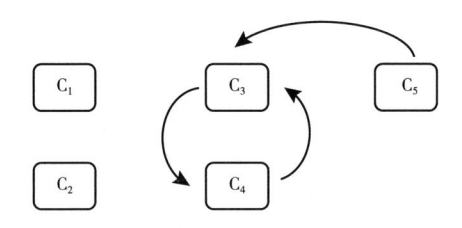

在这一论辩网络中，$E_C = E_G = E_{P1} = \{C_1, C_2, C_4, C_5\}$。由此可知，辩方在这一点上占据优势，$\neg s_1$ 是被证成的结论，即辛普森在案发当天未佩戴此血手套更令人信服。根据论证间的攻击关系，我们可以发现 C_5 发挥了重要的作用，而 C_5 之所以能够构建，是因为检方将辛普森受伤的手指列入证据，却又未注意到血手套内没有血迹。如果删去这一证据，则将增加论证 $C_6 = \langle \{p_3, p_5, r_{d3}\}, s_1 \rangle$，其中 $r_{d3}: \{p_3, p_5\} \Rightarrow s_1$，同时删去规则 r_{s1}、r_{s2}、r_{sc1}、r_{sc2}，这就使得 C_6 处于未被击败的状态，由此增加辛普森作为凶手的可能性。

在这个案例中可以发现，在确定因果关系的过程中，看似能够巩固结论的信息，也存在反转结论的风险，从而导致因果关系判定失败。

五　结论与展望

因果关系与相关关系的不同如今已成为学界常识，这是当代因果研究"复兴"的最佳标志。然而，关于如何探求因果关系，我们仍然面临许多挑战。譬如鲁滨的潜在结果模型（potential outcomes model）通过比较同一单位同时接受不同干预得出一个干预相对于另一个干预的因果关系，但其从自变量之"因"到因变量之"果"的结构缺乏清晰的可解释性。相比之下，珀尔的结构因果模型（structural causal model）通过变元来描述模型所要刻画的基本事实,并通过结构方程刻画变元之间影响的方式,[①] 似乎能为因果律、多变元之间的因果关系提供更详细的解释,但也仍然面临因果马尔科夫条件的解释难题。当然,更令人遗憾的是,现有的因果推理研究中逻辑的地位是较为边缘化的,就如珀尔在重构萨维奇的"确凿性原则"时所言,正确的解释基于因果逻辑而非经典逻辑。

本文选择因果推理的解释作为切入口,在某种程度上来自对维特根斯坦思想的"曲解",同时也是对图灵测试的"延伸幻想"。当维氏谈到"世界是事实的总和,而非事物的总和"时,总会令人觉得"构成知识的不是枯燥数据(事实)的堆砌,而是数据(事实)之间的因果解释"。而当我们去谈论人工智能体时,拥有因果观念的智能体,相较于没有因果观念的智能体,究竟能够得出什么后者得不到的东西?至少在可解释的问题上,我们期待其通过机器学习摄取信息之余,能够以一种人类可理解的方式进行推理。就如我们期待机器能够有"这可能是一个愤怒而非痛苦的表情,但我还可以通过进一步互动来确认",而非"根据我的算法比对,你是在愤怒而非痛苦"。相比于机器学习所采取的数据关联分析,人类的因果推理往往是在常识知识下形成的,这也意味着人工智能的探索仍期待着新的模型和方法。

在已有研究的基础上,本文借助结构化论辩模型 DeLA,尝试为因果推理给出论辩式的解释,初步呈现了论辩逻辑为何以及如何用于因果推理的认知说明。但是可以看到,这种解释仍然随附于其他因果关系分析模型之上,并不能替代现有的因果模型,更多地体现为一种结合性研究。此外,针对人类活动的非完全信息条件,考虑开放、动态、复杂环境下的群体协作,在论辩模型中增加概率语言和模态语言,把对抗学习、强化学习与动态博弈论进行融合,实现非完全信息环境下任务导向的通用智能基础模型构建和动态博弈决策理论发展,乃至发展人对复杂问题分析与响应的高级认知机制,进而与机器智能系统紧密耦合,将是一个值得不断深入的新进路。

[①] 谢凯博:《因果影响与函数式依赖:从逻辑的视角分析》,《逻辑学研究》2021 年第 2 期,第 35~48 页。

结构因果模型启示下刘易斯因果理论的重构

谭 浩[**]

摘 要： 结构因果模型是一种利用数学表征因果的工具，刘易斯因果理论是一种利用逻辑表征因果的工具。本文将两者置于因果的反事实观点框架下，通过结构因果模型的启示，对刘易斯因果理论进行了重构，获得了一个新的方法。将该方法初步运用于密尔五法，试图解决归纳因果变量问题。最终得出结论，结构因果模型和刘易斯因果理论在一定程度上是相对应的，而这种运用将类似密尔五法这样的因果问题重新化归为条件问题。

关键词： 因果理论 刘易斯 反事实 结构方程模型

因果理论研究主要回答以下问题：什么实体定性为原因和结果，原因和结果如何关联。现代因果理论的哲学观点主要发端于休谟。一方面，他将事

---

[*] 本文系 2020 年湖南省研究生科研创新项目"基于权变理论的因果学习研究"（CX20200568）的阶段性成果。

[**] 谭浩，湖南省邵东人，湘潭大学碧泉书院·哲学与历史文化学院博士研究生。研究方向：哲学逻辑。

[***] 本文引用格式：谭浩：《结构因果模型启示下刘易斯因果理论的重构》，《逻辑、智能与哲学》（第一辑），第 109~129 页。

件定性为因果的实体,以及将因果间的恒常序列连接(constant sequential conjunction)作为因果之间重复性的出现。另一方面,休谟也说"或者,换句话说,如果第一个对象不存在,那么第二个对象就不存在"。[1] 也就是说,因果的规律性观点和反事实观点是确定因果关系的两个基础。在这两个基础上产生了许多对因果关系的表征形式,而其中结构因果模型[2]和刘易斯因果理论作为在实践意义上非常重要的两个理论,在一定程度上是相对应的。这种对应性本身是本文的一个结论,也是本文写作的一个主线;这种对应性具有三条支线,每条支线都首先从结构因果模型获得启发而获得一个构想,通过探讨该构想是否符合刘易斯因果理论而重构了刘易斯因果理论。本文的最后一部分试图将该新的方法运用于当今因果领域的一个难解问题,即归纳因果变量问题。当然这只是一个初步的运用,只是对密尔五法进行表示,从而探讨该方法的可行性以及相关问题。

一 观察层级和律则性因果具有对应性
——背景项到自然律特定命题的转换

结构方程模型(SEM)用函数f_i表示贝叶斯网络(DAG)[3] 中父代pa_i和子代X_i的函数关系:

$$X_i = f_i(pa_i, u_i) \qquad (1-1)$$

其中,加入条件:干扰项(误差项,背景项)u_i和pa_i是相互无条件独立的,即$(u_i \perp\!\!\!\perp pa_i \mid \varnothing)$,这样的SEM就意味着可以用它表示因果关系作为结构因果模型的基础,如图1所示:

---

[1] David Hume, Tom L. Beauchamp, *An Enquiry Concerning Human Understanding*, Oxford University Press, 1999, p. 146.
[2] Judea Pearl, *Causality: Models, Reasoning, and Inference* (second edition), Cambridge University Press, 2009。
[3] 贝叶斯网络(Bayesian network)又称DAG(directed acyclic graph),有向无环图,即变量满足后文公式(2-1)、(2-2)的图模型结构。

图 1 SEM 简单图

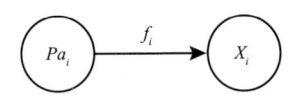

但实际上在分析中,往往也会在图 1 中加入背景项,背景项对其影响一般用虚线表示(见图 2):

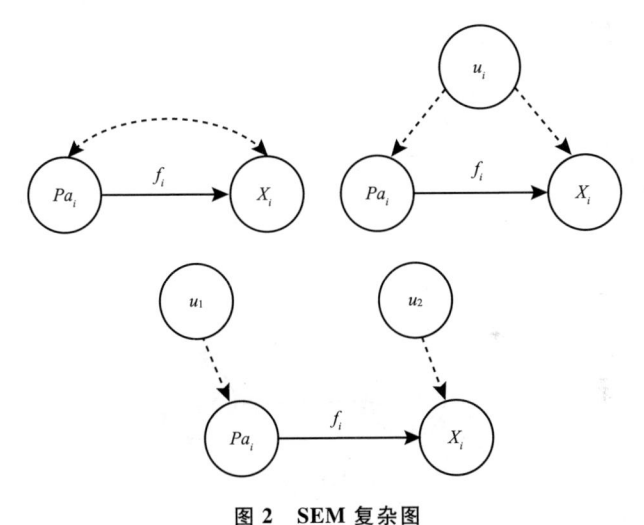

图 2 SEM 复杂图

作为背景项,一定会对原因和结果有影响,这种影响是未观测的或者说不在研究系统内的,也就是说背景和原因是独立的。图 2 分别表示对不同背景项是否命名的情况。这种影响用利于理解的方式解释就是,这是一种数据生成机制,即在背景下原因和结果的出现具有了 f_i 关系,而这种关系在因果模型层级中被称为观察层级,在刘易斯因果理论中被称为律则性原因。

刘易斯在定义律则性原因时,认为若命题 C 表示事件 c 存在,命题 E 表示事件 e 存在,c 是 e 的原因,要满足条件 1:C 和 E 都为真;条件 2:真的自然律命题的非空集 L 和特定事实的真命题集合 F 联合蕴涵 $(C) \rightarrow_c (E)$。[1]

---

[1] David Lewis, "Causation", *The Journal of Philosophy*, Vol. 70, No. 17, 1974, p. 556.

以结构因果模型的视角来看，其中条件 2 是至关重要的。本文认为，条件 2 正是表明了因果模型中背景项所包含的内容 $L \cup F$，以及它们与原因、结果的关系。理由在于，将背景项视为数据生成机制，观测到因果事件 C 与 E 的发生产生于其他具体事件 F，而因果关系 f 只是因果律 L 的一个特例。事件在因果律的支配下不断以某种规律性恒常出现，就像一个数据泵一样不断生成成对因果数据，而 C 与 E 的发生只是观测到的那一对。事件 F 之间并没有因果关系，因为这只是表明 C 与 E 无不存在于事件发生的影响链条之中。这用 SEM 写出来就是

$$E = f(C, L \cup F) \qquad (1-2)$$

表示为图 3。

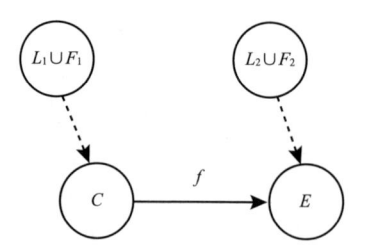

图 3 律则性因果简单图

如果将虚线箭头理解为类似于实线箭头的从发生项指向跟随发生项，一种影响链，那么按照上述理解也可以将图 3 修改为图 4。

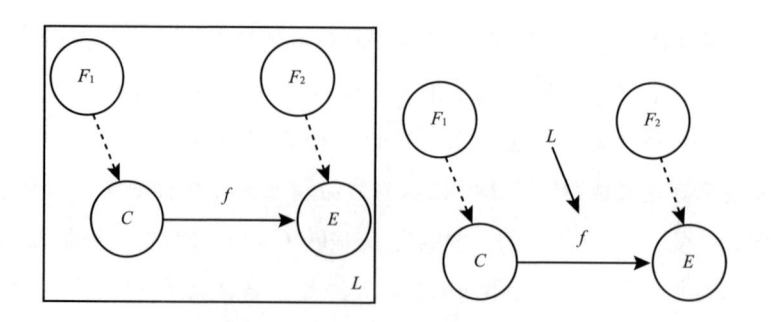

图 4 律则性因果复杂图

图 4 中，左图将 L 作为事件发生的背景板置于方框内，而右图将 L 与 f 用实线连接以表示特例化，也就是说，如果只有自然律的存在而没有特定事实的发生，并不能观察到原因和结果发生，或者说自然律保证的是律则因果 f 的可能，F_i 保证从可能成为现实。根据刘易斯条件 2 中的蕴涵，这种背景与因果的关系用逻辑的形式，可以写作 $L\cup F\vDash C\rightarrow_c E$，[①] 如果用 $\rightarrow_c$ 表示律则因果的话。语义后承作为逻辑推出之意，就图 4 右图而言，实际上包含两个部分，一是 L 对 f 的特化 $L\triangleright f$，二是 F_i 对 C 和 E 的影响链，而这种影响链应该是一种 F_i 弱蕴涵 $C\wedge E$。这两者的结合实际上弱化了刘易斯 $L\cup F$ 对 $C\rightarrow_c E$ 的蕴涵关系。另外，刘易斯因果理论认为律则性原因 $\rightarrow_c$（不是实质蕴涵 $\rightarrow$）是具有可逆性的，而在 SEM 中，$E=f(C, L\cup F)$ 用等号和函数表示因果，从表现上看，C 也可以表示为 E 的反函数，说明了一定的可逆性。因此，在形式化律则性原因的时候用双蕴含 $\leftrightarrow$ 表示，这也符合 SEM 中等号的含义，而 $L\cup F\vDash C\leftrightarrow E$ 再加上 $L\cup F\perp\!\!\!\perp C$ 的话，就可以判定因果方向了，就可以得出 $L\cup F\vDash C\rightarrow_c E$。当然，这种因果发现问题是下文最后一节要讨论的问题，这里不做讨论。

总的来说，因果模型的观察层级和刘易斯因果的律则性因果具有对应性，方法就是通过将因果模型的背景项概念转换到律则性因果的自然律和特定事实的概念，重构刘易斯的律则因果理论，从而形成一种新方法。当然，这种方法实际上弱化了刘易斯的律则理论，其合理性仍需探讨。

二 干预层级和最接近世界语义具有对应性
——do 算子到反事实蕴涵的转换

在因果贝叶斯网络中，变量满足公式

$$P(x_j\mid x_1,\ldots,x_{j-1})=P(x_j\mid pa_j) \quad (2-1)$$

并且，每个分布都可以分解为乘积公式

[①] 该语义后承形式引自吴小安《因果的反事实理论再思考》，《外国哲学》2019 年第 3 期，第 210 页。

$$P(x_1,\ldots,x_n) = \prod_i P(x_i \mid pa_i) \qquad (2-2)$$

其中 (2-1) 的意思是对 x_j 有影响变量 $x_1,\ldots,x_{j-1}$ 只与 x_j 的直接父代 pa_j 有关，或者说图中的每个变量的值只取决于其直接父代的值；(2-2) 的意思是图中所有变量 $x_1,\ldots,x_n$ 共同出现的概率为所有变量与其直接父代为条件概率的乘积。对于观察层级的统计预测推断而言，简单来说的目标就是计算 $P(y \mid x)$，也就是计算一个变量对于另一个变量的条件概率，或者说一个变量对于另一个变量在多大概率上具有直接影响。这种直接影响只是属于贝叶斯网络计算中的范畴，而在 SEM 中对应来看，就是要从概率中寻找两个变量之间可能存在的函数关系。

总的来说，在函数已经定义了的情况下，结构因果模型理论分为相互对应的两个（三个）层面：图（概率）和函数。在此基础上可以定义 do 算子来解释操纵与干预，因果理论 T 的动作 $do(X = x)$ 由 T 的子理论 T_x 给定：在图的层面上，T_x 是从 T 的图中删除指向变量 X 的所有箭头，包括直接父节点和背景项，而将变量 X 的值固定为 x；在概率的层面上，T_x 的概率分布由截断的因式分解给出；[①] 在函数的层面上，由于 T 中本来包含 $X = f(pa, u)$（直接父代的影响）或者 $X = u$（背景项的影响），在删除指向它的箭头后，那么 T_x 就要在 $X_i = f_i(pa_i, u_i)$ 中删除这两个函数（SEM），用 $X = x$ 替代。这样，在概率层面，X 对 Y 的因果效应表示为 $P_T[y \mid do(x)]$，给出了由动作 $do(X = x)$ 诱导的 Y 的概率分布[②]

$$P_T[y \mid do(x)] = P_{T_x}(y) \qquad (2-3)$$

do 算子计算的是单个世界中数据生成的概率分布，用一般的写法[③] 即

[①] 可参见 Judea Pearl, *Causality: Models, Reasoning, and Inference* (second edition), Cambridge University Press, 2009, p. 24 中的 (1.37)。

[②] 该公式参见 Judea Pearl, "An introduction to causal inference", *The International Journal of Biostatistics*, Vol. 6, No. 2, 2010, p. 11。

[③] Elias Bareinboim, Juan D. Correa, et al., "On Pearl's hierarchy and the foundations of causal inference", *ACM Special Volume in Honor of Judea Pearl* (provisional title), Vol. 2, No. 3, 4, 2020.

$$P(y_x) = \sum_{\{u|Y_x(u)=y\}} P(u) \qquad (2-4)$$

其中，记 $P[y|do(x)]$ 为 $P(Y_x=y)$ 即 $P(y_x)$。上述两式的计算从 (2-4) 可以看出，都是基于背景项的不变性导致的，而对 $P[y|do(x)]$ 正常计算流程在不考虑背景项不变的情况下，需要处理混杂项，使用后门与前门准则来计算。

本文认为，干预层级中的 do 算子和最接近世界语义①类似，都只是作为演算反事实因果的工具，或者说演算单一世界下反事实语句的工具。在最接近世界语义的意义上，子理论 T_x 就是那个最接近世界，而这个世界只是不同可能世界中的某一个。刘易斯认为，在一种世界的总体相似性关系基础上，考虑三元关系：世界 w_1 比世界 w_2 离世界 w 更接近，即 $w_2 \leqslant w_1 \leqslant w$。其中 w 代表现实世界，而 w_1，w_2 为反事实世界，从而我们利用事件在世界中的关系确定反事实语句的真值。图 5 为因果模型（需要注意其中小写的 x，y，z 为变量名，而非变量值）。

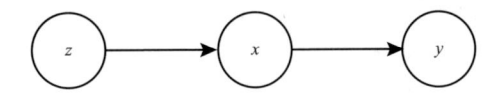

图 5　现实世界因果模型

已知因果理论包括图 5 这个层面，图 5 这个整体本身就可以看作因果理论 T，也可以看作一个可能世界 w，现在我们将之视为现实世界，其中包括了三个变量与两种因果关系。在该世界中，x 对 y 具有律则性因果 $x \leftrightarrow y$，其值 $V_T(x \leftrightarrow y)$ 当然是符合命题演算语义的解释，但是它们是否有反事实因果，如下讨论。用干预因果的术语，在 T 下对 x 干预下 x 对 y 效应的值，也即

$$V_T(do(x) \to y) = V_{Tx}(y) \qquad (2-5)$$

其中 $do(x)$ 的意思只是将 x 固定在某个未知的变量，至于是哪个变量需要

---

① 最接近世界语义（the closest world semantics）是刘易斯用于解释反事实条件句的可能世界语义学，需要首先确定最接近世界的含义，然后确定语句的真值，下详。

更具体的语义学来支持。该式的直接启发来源于（2-3），将概率理解为真值 V，将条件概率的条件化理解为实质蕴涵→，就可得出。其中 T_x 所对应的因果模型如图 6 所示

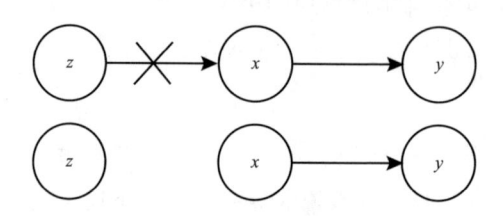

图 6　干预的因果模型

即删除指向 x 的箭头。如果说 T_x 表示的是离 T 最接近世界 w_1，利用可能世界和反事实语句的术语，（2-5）等于是在说

$$V_w(x\square\to y) = V_{w_1}(y) \qquad (2-6)$$

也就是说将 do 算子直接转换为反事实蕴涵算子 □→，[①] 这也是从因果模型启发获得构想的最终结果。[②] 将上述过程用图 7 可以更清晰地表示。

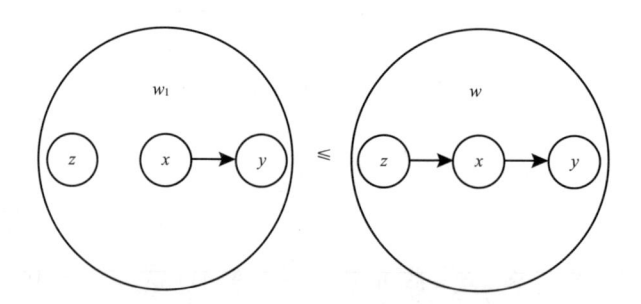

图 7　反事实条件句估值的因果模型

[①] 反事实蕴涵算子是刘易斯因果理论中构成反事实条件句的一个模态算子。
[②] 这种转换想法也可从 Judea Pearl, *Causality: Models, Reasoning, and Inference* (second edition), Cambridge University Press, 2009, p. 241; Duligur Ibeling, Thomas Icard, "Probabilistic Reasoning Across the Causal Hierarchy", *Proceedings of the AAAI Conference on Artificial Intelligence*, 2020, Vol. 34, No. 6, pp. 10170-10177 等处得到。

那么该结果是否符合刘易斯对于反事实的定义呢？刘易斯对于反事实语句 $x\square\rightarrow y$ 的真值规则如下：$x\square\rightarrow y$ 在世界 w 中为真 iff 要么没有可能的 x-世界存在（在这个情形中，$x\square\rightarrow y$ 空洞地真），要么存在某个 y 成立的 x-世界比任何 y 不成立的 x-世界离世界 w 更近。[1] 就定义中 x-世界的意思，在一般意义上是 x 成立的世界，或 x 值为 1 的世界。[2] 本文则将之视为 $do(x) = 1$ 的世界，那么在上面的例子中很容易看出如果在 w_1 下 $V(y) = 1$ 成立，这个 w_1 是一个 y 成立的 x-世界。这样的一种修改显然相对于刘易斯的原义更加严格了，也缩小了定义的范围。

现在讨论该最接近关系定义的合理性。首先应该承认的是，在例子中，$do(x) = 1$ 的意思是直接从 w 中获取最接近的 w_1，无论 w_1 是否等于 w（当 $w_1 = w$ 就意味着 x 没有直接父代），也就是说最接近关系只能从与原世界的对比中得出。最接近世界的第一种定义就是这样从原模型中删掉箭头获得的世界。但是在考虑 x-世界的时候，$do(x) = 1$ 的第二种意思可能就变为了没有指向 x 箭头的世界，即最接近世界的第二种定义。这里考虑了如图 8 所示的 12 种可能。它们都是在相同数量节点下，符合第二种定义的 x-世界，需要注意图中 w_1 和图 6 相同，是符合第一个定义的最接近世界。现在按照第二种定义就会出现一个问题，那就是 y 成立的 x-世界为什么比其他 y 不成立的 x-世界离世界 w 更近呢？其中，因为箭头表示的是双蕴涵↔关系，只要 x 与 y 之间有箭头的世界都为 y 成立的 x-世界而其他为 y 可能不成立的 x-世界，如果说在例子中只有 w_1 最接近 w，那么在因果模型的意义上，相同节点数量下最接近关系可能需要考量以下几个要素：箭头的数量，箭头的方向。也就是说，对于这几个要素的考量影响了对最接近关系的理解。而对于最接近关系的定义应该是怎样的，还是一个需要探讨的问题。值得注意的是，以 Kratzer 前提语义学为基础的因果反事实理论认为，由因果背景所得的前提集类似于估值世界的相似性，这是需要关注的。[3]

---

[1] David Lewis, "Causation", *The Journal of Philosophy*, Vol. 70, No. 17, 1974, p. 560.
[2] Robert C. Stalnaker, "A Theory of Conditionals", *Ifs*, Springer, Dordrecht, 1968, pp. 41-55.
[3] Stefan Kaufmann, "Causal Premise Semantics", *Cognitive Science*, Vol. 37, No. 6, 2013, p. 1158.

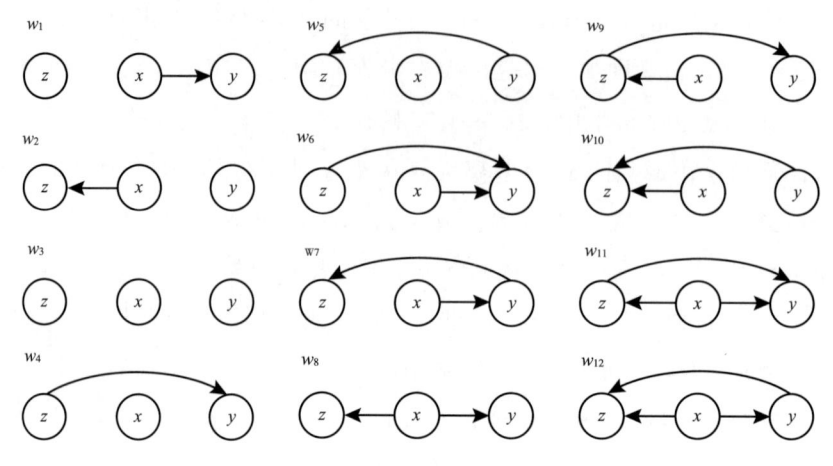

图 8　x-世界第二种定义的可能模型

现在默认 w_1 为最接近世界的情形下，再回到刘易斯的定义分析该例子，便可知道

$x\square\to y$ 在世界 w 为真

$\Leftrightarrow V_w(x\square\to y)=1$

$\Leftrightarrow$ 存在某个 y 成立的 x-世界比任何 y 不成立的 x-世界离世界 w 更近

$\Leftrightarrow$ 存在某个 y 成立的 x-世界 w_1

$\Leftrightarrow y$ 在 x-世界 w_1 是成立的

$\Leftrightarrow V_{w_1}(y)=1$。

由此便可知道它符合因果模型中的定义。

总的来说，因果模型干预层级和刘易斯因果最接近世界语义的对应性，是通过以下过程得到的。首先从概率关系向真值关系进行了转换，然后将 do 算子转换为反事实蕴涵算子，最后将子理论向最接近世界进行转换。这个过程将刘易斯的最接近世界语义理论进行了重构，而且是一种更严格化的重构，缩小了其适用范围，其合理性是需要讨论的。

三 反事实层级和反事实依赖具有对应性
——原因概率到反事实依赖的转换

在因果模型中，干预层级的问题只是反事实层级问题的一个特例；在刘易斯因果理论中，反事实问题只是因果问题的一个特例。因果模型中的反事实语句和表示干预的因果效应语句是有明确区分的，分别对应了刘易斯的反事实依赖（因果依赖）以及单一反事实"条件"句。例如，这样的单一语句 $x\square\to y$ 准确来说称为虚拟条件句（或者反事实"条件"句的特例）。现在，记 $P[y|do(x)]$ 为 $P(Y_x=y)$，则一个标准的反事实"条件"语句"观察到 $X=x$，$Y=y$，现在假如 $X=x'$，那么 $Y=y'$ 的概率"可记为

$$P[Y_{x'}=y'|X=x, Y=y] \qquad (3-1)$$

在之前的约定中已知记 $P[y|do(x)]$ 为 $P(Y_x=y)$，那么该式的意思就是，在 $X=x$，$Y=y$ 的条件下，在 $do(x)=x'$ 的条件下，y 的概率。给定模型 $<M, P(u)>$，其中 M 和之前的 T 类似，反事实的计算需要用到三个步骤，对于上述反事实语句简而言之在已知证据 e 的情形下"如果 A，那么 B"的条件概率 $P(B_A|e)$，可以使用以下三个步骤来估计：

（1）反演。用证据 e 更新 $P(u)$ 以获得 $P(u|e)$。

（2）行动。通过动作 $do(A)$ 修改 M，以获取子模型 M_A，其中 A 是反事实句的前件。

（3）预测。使用修改后的模型 $<M_A, P(u|e)>$ 来计算 B 的概率，即反事实句的后件。

用更一般的形式表示，反事实计算其实是在计算[1]

---

[1] Elias Bareinboim, Juan D. Correa et al., "On Pearl's hierarchy and the foundations of causal inference", *ACM Special Volume in Honor of Judea Pearl* (provisional title), Vol. 2, No. 3, 4, 2020.

$$P(y_x,\ldots,z_w) = \sum_{\{u|Yx(u)=y,\ldots,Zw(u)=z\}} P(u) \qquad (3-2)$$

这与之前干预演算类似,也就是说它并不把现实世界看得更特殊,只是众多可能世界中生成数据的一个,而且是我们可观测的那一个,而反事实推测就是推测众多可能世界生成数据的联合概率分布。

用图9[①] 来表示因果问题的三个层次如下,需要注意结构方程模型用方框圈起来是表示并非一个结构方程,而是表示因果图的结构方程组:

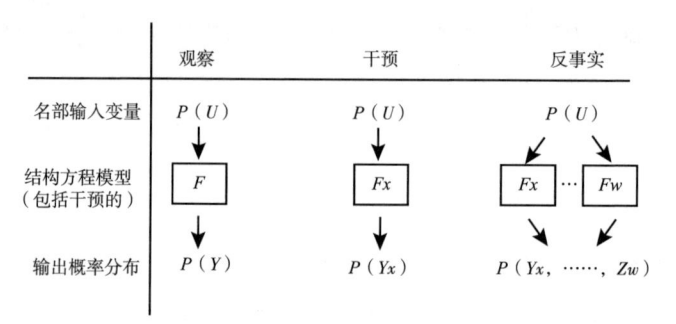

	观察	干预	反事实
名部输入变量	$P(U)$	$P(U)$	$P(U)$
结构方程模型(包括干预的)	F	Fx	$Fx \cdots Fw$
输出概率分布	$P(Y)$	$P(Yx)$	$P(Yx,\ldots,Zw)$

图9 因果层级图示

类似地,本文认为,将概率表示转换为真值表示,因果模型意义上的反事实语句"观察到 $X=x$, $Y=y$,现在假如 $X=x'$,那么 $Y=y'$"的值表示为

$$V((x \wedge y) \to (x' \;\square\!\!\!\to y')) \qquad (3-3)$$

除了反事实蕴涵算子,其他可以用一般的逻辑演算来计算,而且该计算过程和上述三个步骤是类似的。考虑如下例子,[②]

在该世界中,$w = \{U \leftrightarrow C,\ C \leftrightarrow A,\ C \leftrightarrow B,\ A \vee B \leftrightarrow D\}$,其中 U 为背景变量。考虑两个语句

$$\begin{aligned}(1)&\neg C \to (A \;\square\!\!\!\to D) \wedge (A \;\square\!\!\!\to \neg B) \\ (2)&D \to (\neg A \;\square\!\!\!\to D)\end{aligned} \qquad (3-4)$$

[①] Elias Bareinboim, Juan D. Correa et al., "On Pearl's hierarchy and the foundations of causal inference", *ACM Special Volume in Honor of Judea Pearl* (provisional title), Vol.2, No.3, 4, 2020.

[②] 例子参见 Judea Pearl, *Causality: Models, Reasoning, and Inference* (second edition), Cambridge University Press, 2009, p.207。

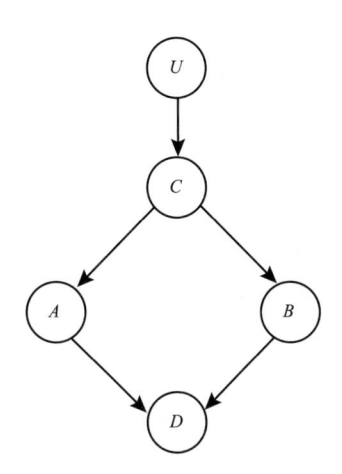

图 10 计算反事实的例子

珀尔①认为（1）公式是关于干预和行动的，而（2）公式是反事实的，因为（1）中，给定的事实（¬C）不受干预条件（A）的影响，而在（2）中，给定的事实（D）可能受干预条件（¬A）的影响。在计算（1）的值时，我们预先知道 C 不会受到模型修改 do（A）的影响。但是 Icard 认为，上述两个公式都属于反事实公式，可将它们纳入一个精致的逻辑语言框架中。② 无论如何，现在我们计算被视为反事实公式（2）的值

$$V_w(D \to (\neg A \square \to D)) \tag{3-5}$$

步骤一（反演）：假设 $V_w(D) = 1$，那么根据 w，可得

$$V_w(U) = V_w(C) = V_w(A) = V_w(B) = V_w(D) = 1; \tag{3-6}$$

步骤二（行动）：也即删掉指向 A 的箭头替换为 ¬A，得到

$$w_1 = \{U \leftrightarrow C, \neg A, C \leftrightarrow B, A \lor B \leftrightarrow D\}, \tag{3-7}$$

---

① Judea Pearl, *Causality: Models, Reasoning, and Inference* (second edition), Cambridge University Press, 2009, p. 211.
② Duligur Ibeling, Thomas Icard, "Probabilistic reasoning across the causal hierarchy", *Proceedings of the AAAI Conference on Artificial Intelligence*, Vol. 34, No. 6, 2020, pp. 10170-10177.

由于该问题是在探究 Icard 意义上的反事实问题（包括干预问题），而根据刘易斯的理论，反事实语句需要满足反事实蕴涵或者说因果的方向性，那么该模型一定要满足独立性条件，或者说 U 作为背景变量，一定要满足背景相互独立与背景不变性假设。因此在 w 中，D 的值计算出来的 U，作为一种不同可能世界的共同法则，其值也传递到了 w_1。这样可得

$$V_{w_1}(U) = V_{w_1}(C) = V_{w_1}(B) = V_{w_1}(D) = 1, V_{w_1}(A) = 0; \quad (3-8)$$

步骤三（预测）：现在，根据之前得到的结果

$$V_w(\neg A \square \to D) = V_{w_1}(D) = 1 \quad (3-9)$$

这样可得出最终结果

$$V_w(D \to (\neg A \square \to D)) = 1 \quad (3-10)$$

那么，这个过程是否符合刘易斯的定义呢？刘易斯对于事件间因果依赖的定义基于命题的反事实依赖概念：令 C_1, C_2, ... 是一个命题族，E_1, E_2, ... 是另一个命题族，如果在两个族中对应命题之间的所有反事实：$C_1 \square \to E_1$, $C_2 \square \to E_2$, ... 为真，那么我们就可以说 E's 反事实依赖于 C's。而因果依赖定义基于此便可提出，令 c_1, c_2, ... 是一个事件族，e_1, e_2, ... 是另一个事件族，增加事件发生的谓词 $O(e)$ 表示事件发生的命题，事件族 e_1, e_2, ... 因果依赖于事件族 c_1, c_2, ... iff 命题族 $O(e_1)$, $O(e_2)$, ... 反事实依赖于命题族 $O(c_1)$, $O(c_2)$, ...；e 因果依赖于 c iff 族 $O(e)$, $\neg O(e)$ 反事实依赖于族 $O(c)$, $\neg O(c)$。[①] 在因果依赖的基础上，刘易斯定义因果还通过了因果依赖链，但在这里并不是我们的研究对象。

首先应该明确的是，虽然在刘易斯这里明确地区分了事件和事件发生的命题，而在因果模型中使用的是随机变量，但实际上，在因果模型中写出一个随机变量组成的公式的时候，往往就意味着默认其发生了。也就是说，

---

① David Lewis, "Causation", *The Journal of Philosophy*, Vol. 70, No. 17, 1974, p. 562.

w_1 的实际意义是

$$\begin{aligned} w_1 &= \{O(U\leftrightarrow C), O(\neg A), O(C\leftrightarrow B), O(A \vee B \leftrightarrow D)\} \\ &= \{O(U)\leftrightarrow O(C), O(\neg A), O(C)\leftrightarrow O(B), O(A \vee B)\leftrightarrow O(D)\} \end{aligned} \quad (3-11)$$

由于有 $O(\neg A)$，所以 $V_{w_1}(O(\neg A)) = 1$，$V_{w_1}(O(A)) = 0$，由于有 $O(U\leftrightarrow C)$，所以 $V_{w_1}(O(U\leftrightarrow C)) = 1 = V_{w_1}(O(U)\leftrightarrow O(C))$，$V_{w_1}(O(U)) = V_{w_1}(O(C))$。同理，$V_{w_1}(O(U)) = V_{w_1}(O(C)) = V_{w_1}(O(B)) = V_{w_1}(O(D))$，再根据传递的 $V_{w_1}(O(U)) = 1$，可得其值为 1。由于加上 O 这种写法非常麻烦，所以就省略了，另外需要注意的是，在这里 O 并没有出现在反事实蕴涵这样的公式中。

现在回到刘易斯的定义，明确 e 因果依赖于 c 的实际意义，一般情况下认为它对应于 $c\square\rightarrow e$ 且 $\neg c\square\rightarrow \neg e$，这也最符合刘易斯用反事实依赖定义因果依赖的原义。但是本文提出一种不同的形式化，虽然这种方法缩小了刘易斯对于因果依赖的定义，但在下面可以看到，这种方法可以运用于密尔五法的构建当中。这种方法即用因果模型中的反事实定义刘易斯中的因果依赖，e 因果依赖于 c 即

$$\begin{aligned} (c' \wedge e') &\rightarrow (c\square\rightarrow e) \\ (c \wedge e) &\rightarrow (c'\square\rightarrow e') \end{aligned} \quad (3-12)$$

由于这里讨论的是二值变量，所以 $V(c') = V(\neg c)$，$V(e') = V(\neg e)$，那么如果事件族只有单个事件，或者说事件在一次测量中，

e 因果依赖于 c

$\Leftrightarrow V_w((\neg c \wedge \neg e) \rightarrow (c\square\rightarrow e)) = 1$ 且 $V_w((c \wedge e) \rightarrow (\neg c\square\rightarrow \neg e)) = 1$。

考虑前一种情形

$$V_w((\neg c \wedge \neg e) \rightarrow (c\square\rightarrow e)) = 1$$

⇔假如 $V_w (\neg c \wedge \neg e) = 1$ 那么 $V_w (c\square\!\rightarrow e) = 1$

⇔在 $V_w (c) = 0$, $V_w (e) = 0$ 的条件下 $V_w (c\square\!\rightarrow e) = 1$

⇔在 $V_w (c) = 0$, $V_w (e) = 0$ 的条件下 $V_{w_1} (e) = 1$

⇔在 $V_w (c) = 0$, $V_w (e) = 0$ 的条件下 e 反事实依赖 c

⇔在 w_c ($= w_1$) 中 e 的发生反事实依赖 c 的发生

⇔$O (e)$ 反事实依赖 $O (c)$;

同理，$V_w ((c \wedge e) \rightarrow (\neg c\square\!\rightarrow \neg e)) = 1$⇔$\neg O (e)$ 反事实依赖 $\neg O (c)$。

综上，e 因果依赖于 c⇔族 $O (e)$, $\neg O (e)$ 反事实依赖于族 $O (c)$, $\neg O (c)$。这符合刘易斯的定义。

总的来说，因果模型反事实层级和刘易斯因果反事实依赖是对应的，方法还是先从概率关系向真值关系进行了转换，以获得启示，再将该形式直接适用于刘易斯反事实依赖的构建。该重构的刘易斯反事实依赖理论，是一种缩小了其适用范围的重构，其合理性是需要讨论的。

四　新方法在归纳因果变量上的应用
——对密尔五法的初步表示

除了以上对应性，本文认为还存在一种对应性，即刘易斯从律则性依赖走向反事实依赖的方法和因果发现的对应性：命题 B 反事实独立于替代族 A_1, A_2, … 当且仅当不管 A's 中哪一个为真，B 都成立。在前提 $L \cup F$ 下，C's 律则性依赖于 A's。现在令 $L \cup F$ 反事实独立于 A's，那么可以得到 C's 反事实依赖于 A's。[1] 该定义符合因果模型中的定义，这里的 B 或者说 $L \cup F$ 在一定程度上就是扮演了背景变量 U 的角色，它用于在反事实分析中生成不同可能世界的数据，无论 A's 的值如何变，它是背景不变量；另外它也构成

---

[1] David Lewis, "Causation", *The Journal of Philosophy*, Vol. 70, No. 17, 1974, p. 563.

了判断因果方向的基础，这一领域活跃在因果发现当中。

在因果模型中，$L \cup F \models C \leftrightarrow E$ 再加上独立性 $L \cup F \perp\!\!\!\perp C$，在递归贝叶斯网络中，就称之为马尔可夫假设或马尔可夫条件。该假设是因果发现方法的重要基础，而因果发现的过程即从稳定分布的概率独立性关系寻找图结构，但是从独立性获得的仅是具有马尔可夫等价的结构集。根据奥卡姆剃刀法则，因果发现就是一种在结构中的定向方法，如果从 C 到 E 的有向路径存在于与数据一致的每个最小结构中，那么变量 C 就会对变量 E 产生因果影响。此外，Spirtes P 与 Zhang K 还给出了如下三种性质的等价性：[①]

1. 因果马尔可夫条件成立，X_i 中的误差项独立于 X_i 的父代。
2. 误差项 N_i 是相互独立的。
3. 具有熵最小的 $H(X_1, \ldots, X_n)$ 的情况下，误差项的总熵，即 $\sum_i H(\varepsilon_i)$ 最小。

由此扩展了因果发现方法的建立基础。这些基础应用在因果发现的实践中派生出两类因果发现方法，一是基于图约束的方法，二是基于 SEM 的方法。

但是，因果发现方法的先决条件往往是预先知道选取哪些变量作为研究对象，这一点和婴儿从混元一体到区分世界的学习过程还是有很大区别的，因此需要一种新的归纳因果变量的方法来解决这个问题，这也是因果发现中的难解问题。一方面，Schölkopf 等[②]提出了因果表示学习，致力于从数据中学习由因果图连接的随机变量，就像机器学习超越了符号人工智能，不要求算法操作的符号具有先验性。它将观测的变量 X 和未知的因果变量 ($S_1, \ldots, S_n$) 用因果图 G 联系起来，

$$X = G(S_1, \ldots, S_n) \qquad (4-1)$$

---

① Peter Spirtes, Kun Zhang, "Causal discovery and inference: concepts and recent methodological advances", *Applied Informatics*, SpringerOpen, Vol. 3, No. 1, 2016, p. 19.
② Bernhard Schölkopf, Francesco Locatello, et al., "Toward causal representation learning", *Proceedings of the IEEE*, 2021.

也就是说观察的结果是基于某种因果图得到的，而对于因果变量的学习是利用机器学习的方法。另一方面，do 算子在一定程度上模拟了物理实验中的控制变量法，在密尔五法的归纳逻辑中就提供了这种信息。这种寻找差异与契合的方法，换句话说，也是一种控制变量法，也是寻找 do 算子变量的工具。它是在无知的情况下增加信息以获得可能的确定因果信息的归纳方法，这种归纳方法是值得探讨的。

这里就使用之前得到的新方法对密尔五法进行分析。在直接契合法中，假设有 5 个变量与 3 次测量，其中一个变量为可能的结果。测量不同于可能世界，可能世界在这里一般指代形成因果的固有结构。运用该方法形成表 1，可以使分析既符合归纳的特点又符合因果的特点。

表 1　直接契合法

	可能原因变量				结果变量
	A	B	C	D	E
测量 1	1	1	1	0	1
测量 2	1	0	1	1	1
测量 3	0	1	1	0	1

资料来源：何向东等：《现代归纳逻辑理论及其应用研究》，经济科学出版社，2019，第 230 页。

现在，已知在一次测量中 e 因果依赖于 $c \Leftrightarrow V_w$（（¬c ∧ ¬e）→（$c\square\!\!\!\to e$））= 1 且 V_w（（c ∧ e）→（¬$c\square\!\!\!\to$¬e））= 1，本例涉及的是多次测量，那么就必须修改该定义，即 e 因果依赖于 $c \Leftrightarrow$ 在多次测量中 V_w（（¬c ∧ ¬e）→（$c\square\!\!\!\to e$））= 1 且 V_w（（c ∧ e）→（¬$c\square\!\!\!\to$¬e））= 1。另外，已知 e 反事实依赖于 $c \Leftrightarrow V_w$（（¬c ∧ ¬e）→（$c\square\!\!\!\to e$））= 1。

现在回到该例子，在一次测量中我们获得的结果是实质蕴涵的前件的合取内容，由此猜测后件的反事实内容。在测量 1（用上标表示）中，可得

$$V_w^1(A) = V_w^1(B) = V_w^1(C) = V_w^1(E) = 1, V_w^1(D) = 0$$

$\Leftarrow V_w^1 (A \wedge E) = V_w^1 (B \wedge E) = V_w^1 (C \wedge E) = V_w^1 (\neg D \wedge E) = 1$

$\Leftarrow V_w^1 (A \wedge E) = V_w^1 (B \wedge E) = V_w^1 (C \wedge E) = V_w^1 (\neg D \wedge E) = 1$ 且

$V_w^1 (\neg A \square \rightarrow \neg E) = V_w^1 (\neg B \square \rightarrow \neg E) = V_w^1 (\neg C \square \rightarrow \neg E) = V_w^1 (D \square \rightarrow \neg E) = 1$

$\Leftarrow V_w^1 ((A \wedge E) \rightarrow (\neg A \square \rightarrow \neg E)) = V_w^1 ((B \wedge E) \rightarrow (\neg B \square \rightarrow \neg E)) = V_w^1 ((C \wedge E) \rightarrow (\neg C \square \rightarrow \neg E)) = V_w^1 ((\neg D \wedge E) \rightarrow (D \square \rightarrow \neg E)) = 1$

$\Leftarrow \neg E^1$ 反事实依赖于 $\neg A^1$，$\neg E^1$ 反事实依赖于 $\neg B^1$，$\neg E^1$ 反事实依赖于 $\neg C^1$，$\neg E^1$ 反事实依赖于 D^1

$\Leftarrow \neg E^1$ 反事实依赖于 $\neg A^1$，$\neg E^1$ 反事实依赖于 $\neg B^1$，$\neg E^1$ 反事实依赖于 $\neg C^1$，$\neg E^1$ 不反事实依赖于 $\neg D^1$；

同理在测量 2 中，可得 $\neg E^2$ 反事实依赖于 $\neg A^2$，$\neg E^2$ 不反事实依赖于 $\neg B^2$，$\neg E^2$ 反事实依赖于 $\neg C^2$，$\neg E^2$ 反事实依赖于 $\neg D^2$；在测量 3 中，可得 $\neg E^3$ 不反事实依赖于 $\neg A^3$，$\neg E^3$ 反事实依赖于 $\neg B^3$，$\neg E^3$ 反事实依赖于 $\neg C^3$，$\neg E^3$ 不反事实依赖于 $\neg D^3$。

综上所述，由于这里给出了四个候选因果模型，根据奥卡姆剃刀原则或者利用归纳学习算法可得

$\neg E^1$ 反事实依赖于 $\neg C^1$，$\neg E^2$ 反事实依赖于 $\neg C^2$，$\neg E^3$ 反事实依赖于 $\neg C^3$

$\Leftarrow \neg E^1$ 反事实依赖于 $\neg C^1$，$\neg E^2$ 反事实依赖于 $\neg C^2$，$\neg E^3$ 反事实依赖于 $\neg C^3$ 且

E^1 反事实依赖于 C^1，E^2 反事实依赖于 C^2，E^3 反事实依赖于 C^3

$\Leftarrow$ 族 $O(E)$，$\neg O(E)$ 反事实依赖于族 $O(C)$，$\neg O(C)$

$\Leftarrow E$ 因果依赖于 C

从以上分析可以看出，这个分析的一个问题是，它还是提前给出了关于可选原因和结果变量的区分，或者说它还是预设了因果方向，真正的归纳因果变量方法要获得因果变量可能还是需要从背景独立性来寻找，这是需要进一步研究的。另外，对于密尔五法中直接契合法是寻找充分条件还是必要条件的探讨，上述分析都给出了一定程度上直观的支持。如果在预先确定了原因和结构的先后关系，认为从合取支的出现有一定次序即认为 C 在 E 之前出现的过程是一种充分条件的推出过程，当然认为该方法是寻找充分条件的过程；如果认为反事实蕴涵本身就表示一种推出过程，那么从数据中直接得到的结果 $\neg C \square\!\!\rightarrow \neg E$，就意味着 C 是 E 的必要条件。虽然后一种想法在珀尔的理论中也有支持，他定义了必要概率 PN $= P(y'_x \mid x, y)$、充分概率 PS $= P(y_x \mid x', y')$ 和必要充分概率 PNS $= P(y_x, y'_{x'})$，[1] 实际上承认反事实句作为必要或充分条件的关键，但是这还是需要考虑的。不过这样一种观点是有益的，即认为条件关系是因果关系的表现，例如 INUS 因果理论就是阐明这样一种表现的理论，它与反事实因果理论是互补的，[2] 反事实理论表明的是因果关系的机制，通过这种机制来构造这种表现。对于因果模型本身而言，任何因果连接实际上都表现为等值关系，即充分必要条件，密尔五法作为因果关系机制获得的方法，关键是看它寻找的是哪个表现或者说哪个条件。又或者说，密尔五法实际上是在寻找 INUS 条件，这还需要进一步探讨。

总的来说，本文得出的新方法的关键是在于区分事件的发生与不发生，以及对于反事实本身的翻译不是简单化归为反事实句。该方法类似于 Santorio 基于前提语义学的过滤语义学方法。[3] 后者也利用了事件的分隔这样类似区分发生与否的方法，但是由于还是使用前提语义学那样集合论的传

---

[1] Judea Pearl, *Causality*: *Models*, *Reasoning*, *and Inference* (second edition), Cambridge University Press, 2009, p. 286.
[2] 冉奎、万小龙：《因果关系：INUS 理论与反事实条件句分析的关系探究》，《世界哲学》2021 年第 4 期，第 152~159 页。
[3] Paolo Santorio, "Interventions in Premise Semantics", *Philosophers' Imprint*, Vol. 19, No. 1, 2019, pp. 1-27.

统，和本方法相比，看上去并不那么明晰但是更加精细，需要继续探究。当然，本方法也有一些重要的问题，那就是对于反事实句前提的限制，在传统上只是限定于原子事件和合取事件，这在 Icard 等文献中都可以看到；而对于概率中的条件概率关系和 do 演算对于逻辑中实质蕴涵和反事实条件句的转化，只是一种直觉，它仍然需要公理化以说明，这些也都需要继续讨论。

不过利用以上方法，可以得出结论，结构因果模型与刘易斯因果理论在一定程度上是相对应的，这种对应性可以从通过利用结构因果模型方法对刘易斯因果理论的重构来获得。这种重构获得的新方法，可以对密尔五法进行一定程度的表示，从而将类似密尔五法这样的因果问题重新化归为条件问题。而对于因果关系仍然有其他问题有待解决，尤其是归纳因果变量问题。归纳寻找因果问题的一个重要问题是它要寻找什么因果关系，除了寻找干预因果之外它能否以及如何寻找其他类型的因果关系，而这种方法可能也要基于那种类型的因果理论才比较容易得出。最后，因果问题的解决可能还是要回到形而上学上，以及回到人类的心智结构当中。

反事实语义中 MP 规则与等值置换的有效性问题[*]

魏　涛[**]

摘　要： 在哲学上，对于反事实研究有两种不同方式，一种是以斯坦纳克和刘易斯为代表，基于可能世界相似性理论刻画了反事实与因果之间的关系，构建反事实逻辑，形成了可能世界反事实语义。另一种以珀尔、伍德沃德和希区柯克等为代表的现代哲学家借用结构方程表征因果关系和反事实，构建因果结构模型框架，开创了因果模型反事实语义。布里格斯扩展因果模型反事实语义，且论证了后件嵌套反事实条件句导致了 MP 规则和等值置换规则失效。本文认为干预变元取值可决定特定的语境，MP 规则和等价置换规则依然有效。

关键词： 反事实语义　MP 规则　等值置换　干预

---

[*] 本文系中国社会科学院创新工程项目"人工智能重大哲学问题研究"（2021ZXSCXB04）的阶段性成果。
[**] 魏涛，山西长治人，中国社会科学院大学博士研究生。研究方向：哲学逻辑。
[***] 本文引用格式：魏涛：《反事实语义中 MP 规则与等值置换的有效性问题》，《逻辑、智能与哲学》（第一辑），第 130~145 页。

自莱布尼茨以来，人类怀揣一种梦想：用数学语言表达全部知识，建立通用语言的演算系统，希望所有争论都可通过计算而获得解决。这种梦想实质上孕育了"思维是可计算的"的思想。"图灵机"的问世，不仅数学式地刻画了计算概念，而且开启了机器模拟人类智能的道路，引发了学者对"什么是人类智能"、"机器可以模拟什么"以及"如何模拟"等问题的探讨。依据图灵的观点，机器智能体现在"机器能够思维"，将智能收敛在思维方面，机器可以具备一种思维能力——反事实思维能力。因此，反事实思维模式是人工智能领域广泛研究的课题。在哲学史上，对于反事实研究有两种不同方式，一种是以斯坦纳克（Robert Stalnaker）和刘易斯（David Lewis）为代表，基于可能世界相似性理论刻画了反事实与因果之间的关系，构建反事实逻辑，形成了可能世界反事实语义；另一种是以珀尔（Judea Pearl）、伍德沃德（James Woodward）和希区柯克（Christopher Hitchcock）等为代表的现代哲学家借用数学式的表征方法——结构方程表征因果关系和反事实，构建因果结构模型框架，开创了因果模型反事实语义。

一　可能世界反事实语义

休谟将反事实与因果关系捆绑在一起，形成了因果关系依赖于反事实的传统认知方式。追随休谟的经验主义者认为，反事实作为一种未能实现的可能性，本身是模糊的，解释因果关系缺乏说服力。刘易斯将可能世界看作可与现实世界相提并论的真实实体，陈述反事实条件句的真值条件，为反事实提供了可能世界语义学解释。人类通常借助虚拟条件句而非直陈句来反思已发生事件，例如，如果殖民列强没有入侵美洲，美洲将会大不同；如果尼克松按下红色按钮，将会发生核爆炸，等等。刘易斯将"会"（would）和"如果……，那么……"组合成新模态联结词□→，即"若情况是……"，将这一类型虚拟条件句形式化为 $p\square\rightarrow q$。① 依据球形系统 $\$_i$② 给出了反事实条件句的真值条件：在世界 i 中，反事实条件句 $p\square\rightarrow q$ 为真，当且仅当要么（1）没有 p-世界（p 为真的世界）属于 $\$_i$ 的任何球形 S，要么（2）$\$_i$ 的一些球形 S 中至少包含一个 p-世界，且 $p\rightarrow q$ 在 S 的每个世界中成立。③ 换言之，在世界 i 中，反事实条件句 $p\square\rightarrow q$ 为真，要么（1）不存在 p-世界，要么（2）存在以一定程度相似于实际世界的 p-世界，且并非 $p\&\sim q$-世界。不存在 p-世界，也就是说，在以 i 为中心的球形系统 $\$$ 中，没有世界使得 p 为真，或者存在 p 为真的世界在系统 $\$$ 之外。于是，p 是一个不受欢迎或者"款待"（entertainable）的反事实假设，$p\square\rightarrow q$ 空洞地为真。为避免空洞地讨论真，刘易斯倾向于假设（1）存在最近 p-世界，而不是假设只存在一个或者多个最近 p-世界；（2）假设 p 是真的而非假的或者不可能的。真前提逻辑蕴涵结论的反事实条件句应该总是为真的，而假前提和不可能的前提则可以逻辑蕴涵任何结论，也就是既可蕴涵真结论也可蕴涵假结论。因此，要求前件为真可以确保在世界 i 中，无论何时前提为真，结论也为真，进而可以保证两种推理模式是有效的：（1）反事实条件句可推出实质蕴涵和（2）MP 规则：从 p 和 $p\rightarrow q$ 可推出 q，即

$$\frac{p\square\rightarrow q}{\therefore p\rightarrow q} \qquad \frac{p\square\rightarrow q \quad p}{q}$$

正是因为如此的设定，在刘易斯建立的公理系统中，从反事实到实质蕴涵的推理是公理之一，MP 规则是基本规则之一。

---

① David Lewis, "Causation", *The Journal of Philosophy*, 70 (17), 1973, pp. 556-567.
② 球形系统 $\$_i$ 是相似于中心世界 i 的所有世界集合，满足以下条件：（1）$\$_i$ 是以 i 为中心的，即在集合 $\{i\}$ 中，唯一元素 i 属于 $\$_i$；（2）$\$_i$ 是嵌套的，即如果 S 和 T 属于 $\$_i$，那么要么 S 包含 T，要么 T 包含 S；（3）在并集中，$\$_i$ 是闭合的，即如果 S 是 $\$_i$ 的子集，且 $\cup S$ 是所有世界 j 的集合，那么 j 属于 S 的某些元素，$\cup S$ 属于 $\$_i$；（4）在交集中，$\$_i$ 是闭合的，即如果 S 是 $\$_i$ 的非空子集，$\cap S$ 是所有世界 j 的集合，那么 j 属于 S 的每个元素，$\cap S$ 属于 $\$_i$。
③ David Lewis, *Counterfactuals*, Oxford: Blackwell, 1986, p. 16.

以世界 i 为中心的球形系统通过可能世界整体可比相似性解释反事实。球形系统实质上是一种可比相似性系统，系统中的世界至少以一定程度相似于或者可达于中心世界 i，不同世界的相似程度存在差异，因此，以世界 i 为中心，不同世界间存在一种顺序关系。刘易斯引入符号 $\leqslant_i$、$<_i$ 表达不同世界与 i 的相似性，比如 $j\leqslant_i k$ 表示世界 j 至少如同世界 k 一样相似于世界 i；$j<_i k$ 表示世界 k 比世界 j 更相似于世界 i。同时，可比相似性是一种整体相似性。可能世界包含无数个可比方面的相似性和差异性，依据相对重要性可抵消相似性、差异性，平衡彼此而达到整体上的相似性。所依据的重要性因人而异、随语境和兴趣的变化而变化，造就了相似性是"一个极其不稳定的问题"（a highly volatile matter），只能在某个范围内、某种程度上粗略可比。对此，刘易斯既没有采用任何量化方式测量相似性，也没有采用量化方式表示相似性，因而，相似性的可比只是一种概念上的可比。但是，正是这种概念上的构造形式，使我们可以在遵守规则的前提下，构造任意相似性系统，以解释特定的反事实条件句。刘易斯自豪地说："以球形系统为基础，存在某种解释可满足任何条件句的组合。最简单的是，以'球形不足道系统'（trivial systems of spheres）为基础的解释，可同时满足所有条件句。"[1] 换言之，刘易斯允许指派真值到任意形式的反事实条件句，没有约束反事实条件句中前件、后件的形式。前后件的形式可以是原子语句，比如 p，也可以是原子语句的任意布尔组合，比如 $p_1 \wedge p_2$、$\sim p$ 等，甚至可以嵌套反事实条件句，比如 $p\square\rightarrow(((q\square\rightarrow r)\diamondsuit\rightarrow s)\diamondsuit\rightarrow r)$[2] 等。这意味着我们可以给出任意复杂结构的反事实条件句的真值条件，例如，反事实条件句 $(p_1 \wedge p_2)\square\rightarrow\sim q$ 在 i 中为真，当且仅当在系统 $\$_i$ 的一些球形 S 中，至少包含一个 $(p_1 \wedge p_2)$-世界，且 $\sim q$ 在 S 的每个世界中为真，即当且仅当 $\sim q$ 在每个可达 i 的 $(p_1 \wedge p_2)$-世界中为真。正如刘易斯所说的："没有限制反事实条件句嵌入到其他反事实条件句中。虽然我们会质疑这样一个混乱的语句，也从来

---

[1] David Lewis, *Counterfactuals*, Oxford: Blackwell, 1986, p.124.
[2] 刘易斯设定的反事实语言中包含两个反事实条件句算子：$\square\rightarrow$ 和 $\diamondsuit\rightarrow$，二者可相互定义。文章中对 $\square\rightarrow$ 做了简要说明，而 $\diamondsuit\rightarrow$ 表示：若情况是……，则可能是……。

不会说出这样的句子，但反事实条件句（（p□→（（q□→r）◇→p））◇→q）□→（p□→q◇→（（r□→p）◇→（p□→q）））是符合语法的，且可以指派真值。"①

刘易斯以□→为初始算子，在 V 逻辑基础上，构建了反事实公理化 VC-系统②：

规则：

（1）MP 规则；

（2）条件句的推导：对于任何 $n \geq 1$，

$$((x_1 \wedge \ldots \wedge x_n) \to q) \Rightarrow (((p\square\to x_1) \wedge \ldots \wedge (p\square\to x_n)) \to (p\square\to q))$$

（3）逻辑等值置换（Interchange of Logical Equivalents）。

公理：

（1）真值函项重言式；

（2）非初始算子的定义③；

（3）p□→q；

（4）（~p□→p）→（q□→p）；

（5）（p□→~q）∨（（（p∧q）□→r）≡（p□→（q→r）））；

（6）（p□→q）→（p→q）；

（7）（p∧q）→（p□→q）。

在基于球形中心系统理论的任何解释之下，VC-公理化系统是可靠的，MP 规则、条件句演绎规则和逻辑等值置换都保留其有效性。

二 因果模型反事实语义

因果模型支持因果关系的反事实解释。结构方程作为生成假设性世界的

---

① David Lewis, *Counterfactuals*, Oxford: Blackwell, 1986, p. 2.
② David Lewis, *Counterfactuals*, Oxford: Blackwell, 1986, p. 132.
③ 刘易斯将□→作为初始算子定义◇→，$p \diamond\to q =_{df} \sim (p\square\to \sim q)$。

实际装置，具有稳定性和自主性，可以回答"如果随机变元 X 设置为 x，随机变元 Y 的值会是什么"的问题，故因果模型可以为反事实提供语义。珀尔等采用赋值方式将反事实定义为前提条件的潜在反应（potential response）："令 V（内生变元集）中变元的两个子集 X 和 Y，反事实语句'（在语境 u 中）若 X 取值 x，则 Y 将取值 y'可形式化为等式 $Y_x(u) = y$，其中 $Y_x(u)$ 表示当 $X=x$ 时，Y 的潜在反应。"① $X=x$ 作为一种假设性前提，与事实相冲突，导致的结果只是一种潜在反应。赋予变元 X 一个不同于实际的取值，也就是干预初始模型使之发生最小变化。比如，模型中只有三个变元 $\{U, X, Y\}$，三者之间的依赖关系可表示为：$X=U$，$Y=X$。实际情形为：$U=1$，$X=1$，$Y=1$。在语境 $U=1$ 中，计算 $Y_0(1)$ 的取值，首先用方程 $X=0$ 替换 $X=U$，计算可得 $Y_0(1)=0$。在计算过程中，U 的取值未变，语境未变，设定模型中变元 X 的取值是模型内的干预。同样，可干预 U 的取值，即模型外的干预，使得语境或者背景条件发生变化，从而获得假设条件 $X=x$，计算反事实的结果。比如若 U 取值为 $\{0, 1\}$，实际情形依然为：$U=1$，$X=1$，$Y=1$。当设定 $U=0$ 时，同样可得到 $X=0$，计算结果为 $Y_0(0)=0$。模型外的干预超出了珀尔等设定的干预范围。无论是模型内的干预还是模型外的干预都可以获得反事实的前提条件，都可以计算这种条件的潜在反应，虽然计算的结果可能不同。但是，在递归模型确定变元取值的情况中，求得结果的取值是唯一的，也即模型的取值是唯一的。因此，反事实计算遵循了一致性：若 $X=x$，则 $Y_x=y$。虽然反事实是假设性的，但是每一个结构方程都可以指派一个明确的取值到可能的反事实条件句上。

基于模型的基本装置——结构方程，珀尔刻画了反事实的三大基本特征——组合性（composition）、有效性（effectiveness）、可逆性（reversibility）。② 这三大特征不仅在所有因果模型中成立，而且是构建反事

---

① Judea Pearl, *Causality: Models, Reasoning, and Inference* (second edition), Cambridge: Cambridge University Press, 2009, p. 204.
② David Galles, Judea Pearl, "An Axiomatic Characterization of Causal Counterfactuals", *Foundations of Science*, 3 (1), 1998, pp. 151–182.

实公理系统的基础公理。

特征 1（组合性）：在因果模型中，对于任何两个单独变元 X 和 Y、变元 X 的任意集合来说，$W_x(u) = w \Rightarrow Y_{xw}(u) = Y_x(u)$。

直观上，组合性所表达的意思是：若 $X=x$，则 $W=w$，若已知 $X=x$ 且 $W=w$，则 $Y=y$。进而可获知"若 $X=x$，则 $Y=y$"。特征 1 描述的是不干预变元的取值，系统所描述的反事实情形。若干预变元 W 取实际值，并不会影响系统中其他变元的取值，也即若已知 $X=x$ 且 $W=w$，可推知 $Y=y$。同样，若已知 $X=x$，也可推知 $Y=y$，且将 W 设定为空集可消去 $Y_{xw}(u)$ 中的下标 w，表示为 $Y_x(u)$，即 $Y_{xw}(u) = Y_x(u)$。

特征 2（有效性）：对于变元 X 和 W 的所有集合来说，$X_{xw}(u) = x$。

有效性所要陈述的意思是：若 $X=x$，且 $W=w$，则 $X=x$。该特性规定了干预变元自身的结果，干预变元 X 取实际值，既不会影响变元自身的取值，也不会影响系统中其他变元的取值及其变元间的依赖关系。依据这种不变性依然可消去下标 w，$X_{xw}(u) = X_x(u)$，即 $X_x(u) = x$。

特征 3（可逆性）：对于任意两个变元 Y、W 和变元 X 的任意集合来说，$(Y_{xw}(u) = y) \wedge (W_{xy}(u) = w) \Rightarrow Y_x(u) = y$。

可逆性直观上表达的意思是：若 $X=x$ 且 $W=w$，则 $Y=y$；若 $X=x$ 且 $Y=y$，则 $W=w$，可蕴涵若 $X=x$，则 $Y=y$。为清晰地呈现可逆性，将 X 固定取值 x，$Y=y$ 可导致 $W=w$，同样 $W=w$ 可导致 $Y=y$。依据特征 2，进行等值置换可以强化可逆性：

(1) $Y_{xw}(u) = Y_x(u)$　　　　（依据特征 2）

(2) $W_{xy}(u) = W_y(u)$　　　　（依据特征 2）

(3) $(Y_w(u) = y) \wedge (W_y(u) = w) \Rightarrow Y_w(u) = y$

　　　　　　　　（在 $(Y_{xw}(u) = y) \wedge (W_{xy}(u) = w)$

　　　　　　　　$\Rightarrow Y_x(u) = y$ 中，$Y_w(u)$，$W_y(u)$

　　　　　　　　分别置换 $Y_{xw}(u)$ 和 $W_{xy}(u)$ ）

不难理解组合性和有效性，二者要表达的意思是在无干预之下模型变元的取值是不变的。让人费解的是可逆性。结构方程表征变元间的因果关系是非对称的，结果反事实依赖于原因，但原因并不反事实依赖于结果。可逆性特征似乎与变元间的因果关系的不可逆性相矛盾。事实上，可逆性公理反映变元间取值的反推算法。结构方程比如 $Y=U$ 中的等号虽表达决定性的关系，但包含有双蕴涵之意。在无干预的情形中，已知变元 U 的取值决定变元 Y 的取值，同样已知变元 Y 的取值可反推变元 U 的取值。这种反推算法，源于珀尔对模型设定的条件：在模型中变元取值确定的情况下，模型有解且有唯一解。因此，在具有决定性关系的变元间，已知方程右边变元的取值状态能够反追踪到左边变元的取值状态，或者已知依赖变元的取值状态能够反追踪到独立变元的取值状态。

珀尔持有的一种基本观点是：原因和结果之间的决定性关系是不对称的。若变元 X 是变元 Y 的直接原因，变元 X 的取值唯一决定变元 Y 的取值，但变元 Y 的取值无法决定变元 X 的取值，即 $f_x(...y,..., u) = f_x(...y',..., u)$。据此，模型中变元具有固定的因果顺序（causal ordering，简称为 CO）："依赖变元集 $V= \{X_1,..., X_n\}$，若变元 $X=X_i$ 且 $Y=X_k$，$i<k$，则 $X_{yw}(u) = X_w(u)$，其中，W 是不包含 X 和 Y 的任意变元集。"[1] 变元间的因果顺序实质上规定了模型本身拥有的特征。从变元角度来看，当设定模型中其他变元的取值时，因果序列中最后一个变元的取值是确定的且唯一的，即推导的结果是唯一的且确定的。模型中变元的取值是唯一的且确定的，也即模型有解且有唯一解，由此，递归模型本身的特征可归结为：唯一性和确定性。这种因果顺序是将因果关系和反事实限定在递归模型上。由此，基于递归因果模型，将反事实的三大特征和递归模型的基本特征组合起来，可以给出简单反事实公理系统 A_C，如下：

C0. 命题重言式的所有例示

C1. $(X_y(u) = x \land X_y(u) = x') \to x=x'$ （唯一性）

C2. $\exists x \in X \ X_y(u) = x$ （确定性）

---

[1] David Galles, Judea Pearl, "An Axiomatic Characterization of Causal Counterfactuals", *Foundations of Science*, 3 (1), 1998, p. 165.

C3. $W_x(u) = w \Rightarrow Y_{xw}(u) = Y_x(u)$　　　　　　　　　　（组合性）

C4. $X_{xw}(u) = x$　　　　　　　　　　　　　　　　　　　　　（有效性）

C5. $(Y_{xw}(u) = y) \wedge (W_{xy}(u) = w) \Rightarrow Y_x(u) = y$　　　（可逆性）

三　因果模型反事实语义中 MP 规则的有效性问题

布里格斯（Rachael Briggs）扩展了珀尔的反事实语言系统，反事实算子□→不仅可联结原子命题的任意布尔组合，而且后件可嵌套反事实条件句。希区柯克称布里格斯的这种语言是最丰富的反事实语言，但是布里格斯却认为这种扩展使得 MP 规则和等值置换规则面临失效问题。① 布里格斯将反事实条件句 $p\square\rightarrow q$ 解释为"若干预 p 使其为真，则 q 将是真的"，且采用选择函数 f 方式给出了后件嵌套反事实的反事实条件句的真值条件：若 $q\square\rightarrow r$ 在每个模型 $M' \in f(p, M)$ 中为真，则反事实条件句 $p\square\rightarrow(q\square\rightarrow r)$ 在模型 M 中为真，其中，模型对应于可能世界。这种选择方式使 MP 规则失效，即当 p 和 $p\square\rightarrow(q\square\rightarrow r)$ 同时为真时，却推出了 $p\square\rightarrow r$ 为假。以珀尔的行刑队为例来说明 MP 规则的失效问题。法院命令执行、队长下达命令、士兵 X 和士兵 Y 射击、罪犯死亡，按此构建因果模型。其中模型 M 包含变元集：$\{U, C, X, Y, D\}$，结构方程集：$\{C=U, X=C, Y=C, D=X \vee Y\}$。如果士兵 X 射击（X），并且如果队长没有下达命令（$\neg C$），则罪犯将会死亡（D），可形式化为 $X\square\rightarrow(\neg C\square\rightarrow D)$。在模型 M 中，反事实条件句 $X\square\rightarrow(\neg C\square\rightarrow D)$ 为真，当且仅当后件 $\neg C\square\rightarrow D$ 在 $M'=f(X, M)$ 中为真；在 M' 中，$\neg C\square\rightarrow D$ 为真，当且仅当 D 在 $M''=f(\neg C, M')$ 中为真。对此，干预反事实条件句中的变元可获得子模型 M' 和 M''。首先，设定 $X=1$，形成模型 M'，其中包含的方程集：$\{C=U, X=1, Y=C\}$，此模型的唯一解是：$D=1$。然后，设定 $C=0$，获得子模型 M''，包含结构方程：$\{C=$

---

① Rachael Briggs, "Interventionist Counterfactuals", *Philosophical Studies*, 160（1）, 2012, pp. 139-166.

$0, X=1, Y=C\}$，模型的解为：$D=1$。在模型 M'' 中，D 为真，则在 M' 中，后件 $\neg C\square \rightarrow D$ 为真，进而反事实条件句 $X\square \rightarrow (\neg C\square \rightarrow D)$ 在 M 中为真。但是，当设定 $C=0$ 时，$X=C$，$Y=C$，也可推出 $D=0$，这时 $\neg C\square \rightarrow D$ 在 M 中为假。因此，在 M 中，$X\square \rightarrow (\neg C\square \rightarrow D)$ 和 X 同时为真，但 $\neg C\square \rightarrow D$ 也可为假，即 MP 规则失效。布里格斯认为 MP 规则之所以失效，是由于因果模型语义违反了（刘易斯的）弱中心假设：若 p 在 M 中为真，则 $w \in f(p, w)$。即使最初 p 为真，但干预设定 p 也可改变模型。由于干预只能设定相应变元的实际值，但不会改变任何其他变元的取值，且不会体现在前件为真、后件为布尔组合的反事实条件句中，但会体现在前件为真、后件为反事实的反事实条件句中，进而导致 MP 规则失效。

反事实条件句中 MP 规则失效问题是嵌套条件句 $p\square \rightarrow (q\square \rightarrow r)$ 遭遇的同类问题。麦肯（Vann McGee）认为 MP 规则作为推理规则，运用于实质蕴涵是毋庸置疑的，但面对后件嵌套条件句形式 $p\square \rightarrow (q\square \rightarrow r)$ 时，有理由相信前件 p 和 $p\square \rightarrow (q\square \rightarrow r)$ 同时成立，但是没有充分理由相信后件 $q\square \rightarrow r$ 也成立。对此，麦肯列举多个反例，比如，1980 年美国大选前进行的民意调查显示，共和党人里根以绝对优势领先于民主党人卡特，另一位共和党人安德森排在第三位。依据调查结果，人们断言"如果共和党赢得选举，那么如果不是里根，则会是安德森"，且相信"共和党人会赢得选举"，但是却不相信"如果不是里根，那么将会是安德森"，进而判定后件并不成立。从 $p\square \rightarrow (q\square \rightarrow r)$ 为真和 p 为真，无法推出 $q\square \rightarrow r$ 为真。因此，麦肯认为："MP 规则并不是完全可靠的推理规则。有时，运用 MP 规则所得的结论是我们不相信也不应该相信的事情，即使前件是我们完全相信的命题。"[①] 若坚持相信 MP 规则是有效的，将会抹掉相信命题和相信命题为真之间的差异。

---

① Vann McGee, "A Counterexample to Modus Ponens", *The Journal of Philosophy*, 82 (9), 1985, pp. 462-471.

MP 规则存在反例并不是一种奇闻,也不是一种"基本难题的症状"。[1] 麦肯将 MP 规则的失效性问题提升到一般意义上,而非特殊情形中的偶然现象。当我们接受条件句 $p→(q→r)$ 也必然接受 $p∧(q→r)$,因为 $p∧(q→r)$ 蕴涵 $p→(q→r)$,即规则 $(p∧(q→r))→(p→(q→r))$ 成立。但是,在斯坦纳克反事实理论中,形式化系统并不满足这条规则,由此可质疑斯坦纳克对反事实条件句分析的准确性。同样,基于斯坦纳克反事实语义,可发现麦肯反例中隐藏的混乱语境。斯坦纳克的反事实真值条件是以拉姆塞(Ramsey)的思想实验为基础,[2] 我们是否确定相信"如果 p,那么 q",在保持我们的知识库或者信念库一致性的前提下,添加假设性的前件到知识库或者信念库中,依据新的知识库或者信念库判断其后件是否为真。对于麦肯的预测性条件句"如果共和党会赢得选举,那么即使不是里根,也会是安德森"来说,人们持有"共和党会赢得选举"的信念,则会将这一假设性前件纳入知识库中。这一信念源于"里根排名第一位"的民意调查。相信"里根会赢得选举",才会相信"共和党会赢得选举"。如果同时相信后件"如果不是里根,则会是安德森"和前件"里根不会获胜",并添加到知识库或者信念库中,将会导致知识库的不一致,从而导致 MP 规则失效。这种知识库的不一致也是语境的不一致,导致了错误的直觉判断。整个条件句断言的语境是"里根会赢得选举",而后件断言的语境是"里根不会赢得选举",即整个预测性条件句和后件断言了不同的语境,且是相互矛盾的语境。当人们断言"共和党会赢得选举"时,会断言"里根会赢得选举",不会断言后件陈述的内容。同样,当断言"里根不会赢得选举"时,人们不会相信这个预测性条件句为真,也不会依据 MP 规则进行推理。

---

[1] Vann McGee, "A Counterexample to Modus Ponens", *The Journal of Philosophy*, 82 (9), 1985, pp. 462-471.

[2] F. P. Ramsey, "General Propositions and Causality", in *Foundations of Mathematics and Other Logical Essays*, New York, Rouledge, 1950, pp. 237-257.

斯坦纳克定义的三元模态结构 $M = (K, R, λ)$[①] 包含一个特殊的元素 $λ$，表示荒谬世界。荒谬世界是矛盾式可为真的世界。依据选择函数 f，反事实条件句的真值条件为：反事实条件句"若 p，则 q"为真，当且仅当 q 在 $f(p, w)$ 中为真。假设麦肯的反例在可能世界语义中成立，则接受规则 $(p \land (q \to r)) \to (p \to (q \to r))$。条件句 $p \land (q \to r)$ 在世界 w 中为真，当且仅当 r 在 $f(p \land q, w)$ 中为真。函数 f 选出 p 为真且 q 为真的可能世界。但是在上述"1980 年选举"案例中，p 和 q 二者是矛盾的，若断言二者同时成立，函数 f 选出荒谬世界、不可能的世界，即 $f(p \land q, w) = λ$。若我们相信麦肯的反例为真，则我们相信一个 $λ$ 世界，但依然会遵循不矛盾律，不会判定 p 和 q 同时为真。相信一个命题并不等同于相信一个命题为真，人们可以设想一个荒谬世界以容纳矛盾式，但不能判定矛盾的两个命题同时为真。因此，选择函数语义有助于澄清相信命题和相信命题为真之间的差异，MP 规则并不是在相信命题基础上进行推理，而是在判定命题为真的基础上运用规则，即从 $p \to q$ 为真且 p 为真，推出 q 为真。

若从斯坦纳克的可能世界语义学角度来看，反事实条件句中 MP 规则的反例犯有同样的错误。不一致的语境导致了 MP 规则的失效，或者说函数选出的世界是一个荒谬世界或者不可能的世界。因果模型语义中的干预类似于选择函数，同样可决定某种特定语境。在模型 M 中，由于 $X = C$，当干预设定 $C = 0$ 时，$X = 0$，加之模型变元的取值是确定的且唯一的。干预 $X = 1$ 和干预 $C = 0$ 分别设定两种矛盾的语境，判断后件 $\neg C \square \to D$ 为假的语境并非反事实条件句 $X \square \to (\neg C \square \to D)$ 为真所设定的语境。这里语境等同于模型，$X = 1$ 和 $C = 0$ 设定了两种不同模型。模型所包含的结构方程间的差异是语境的差异、模型的差异。在模型 M 中，设定 $X = 1$，且 $C = 0$，形成模型 M_1，结构方程为：$\{C = 0, X = 1, Y = 0, D = 1\}$，反事实条件句 $X \square \to (\neg C \square \to D)$ 为真；设定 $C = 0$ 形成模型 M_2，方程集为：$\{C = 0, X = 0, Y = 0, D = 0\}$，反

[①] F. P. Ramsey, "General Propositions and Causality", in *Foundations of Mathematics and Other Logical Essays*, New York, Rouledge, 1950, pp. 237-257.

事实条件句¬$X\square\rightarrow$（¬$C\square\rightarrow$¬D）为真，而$X\square\rightarrow$（¬$C\square\rightarrow D$）为假。当再次干预X的取值为1时，才可判定反事实条件句$X\square\rightarrow$（¬$C\square\rightarrow D$）为真。在模型M_2中，$X\square\rightarrow$（¬$C\square\rightarrow D$）为真，且X为真，则¬$C\square\rightarrow D$为真，MP 规则有效。

事实上，在因果模型语义中，因果模型的特征决定了可运用 MP 规则进行推理。在"唯一解"模型中，结构方程具有稳定性，模型的解是唯一的且确定的，即变元的取值是唯一的且确定的，一旦设定某个变元的取值，其他变元的取值也是确定的，进而可判定原子命题和反事实条件句的真值，且真值是确定的。反事实条件句$p\square\rightarrow$（$q\square\rightarrow r$）为真，当且仅当前件p为真，且后件$q\square\rightarrow r$为真，也即反事实条件句$p\square\rightarrow$（$q\square\rightarrow r$）的真源于前件p和后件$q\square\rightarrow r$同时为真。同样，当$p\square\rightarrow$（$q\square\rightarrow r$）为真，则前件p为真，后件$q\square\rightarrow r$也为真。因此，当反事实条件句$p\square\rightarrow$（$q\square\rightarrow r$）为真且前件p为真时，可推出后件$q\square\rightarrow r$必然为真。如果模型中的变元取值是未知的，即只知道变元间的决定性关系，这时原子命题和反事实条件句的真值都是未知的，自然无法运用 MP 规则进行推理。

四 因果模型反事实语义中等值置换的有效性问题

在行刑队案例中，罪犯的死亡并不反事实依赖于士兵X的射击或者士兵Y的射击。如果士兵X射击或者士兵Y射击，则罪犯将会死亡；若士兵X和Y同时不射击，则罪犯将不会死亡。据此，布里格斯构造了前提为析取式的反事实语句（¬$X\vee$¬Y）$\square\rightarrow$¬D，表示若士兵X不射击或者士兵Y不射击，则罪犯将不会死亡。依据析取式的真值条件，¬$X\vee$¬Y为真，有三种情形：¬$X=1$且¬$Y=0$；¬$X=0$且¬$Y=1$；¬$X=1$且¬$Y=1$。即$X=0$且$Y=1$；$X=1$且$Y=0$；$X=0$且$Y=0$。这三种情形对应于三种干预，即分别设定$X=0$、$Y=0$、$X=0$且$Y=0$。在分别设定$X=0$且$Y=1$和$X=1$且$Y=0$形成的子模型中，$D=1$，即¬$D=0$，反事实语句（¬$X\vee$¬Y）$\square\rightarrow$¬D为真。在同时设定$X=0$且$Y=0$形成的子模型中，$D=0$，（¬$X\vee$¬Y）$\square\rightarrow$¬D为假。由此，布里格斯认为，¬X、¬Y 和¬X∧¬Y 取值相同，即 X=0，Y=0，X=0∧Y=0，但是等值置换导致了不同的结果。当 X=0 或者 Y=0 置换 X=0∧Y=0 时，D 的取值却由真变为假，使得反事实语句（¬X∨¬Y）□→¬D 的取值由真变为假，等值置换失效。

布里格斯借助范恩（Kit Fine）的状态空间概念[①]来解释等值置换失效的原因。可能世界由可能状态组成，可能状态取代可能世界成为命题的真值制造者（truth-making），命题的真或假由可能状态证实（verified）或者证伪（falsified）。在可能世界中，不仅存在单独可能状态，比如，"我坐着""你站着"等，而且存在由多种相容的单独状态组合而成的融合状态（the fusion of states），比如，"我坐着且你站着"状态，可形式化为 $s_1 \cap s_2$。可能状态是可例示的，可成为命题的真值制造者。若状态是可例示的，则这种状态就可以作为一种存在，证实或者证伪表征状态的命题。范恩赋予可能状态以微逻辑结构（mereological structure），对应于命题的逻辑结构。其中，若状态 s 可证实命题 A，则 s 可证伪¬A；s 可证明 A∧B，当且仅当 s 是证明 A 的状态 s_1 和证明 B 的状态 s_2 的融合状态 $s_1 \cap s_2$；s 可证明 A∨B，当且仅当 s 可证明 A，或者 s 可证明 B，或者 s 可证明 A∧B。

布里格斯将因果模型看作由变元取值构成的状态组合而成的空间状态集。[②] 每个变元取值构成一种简单状态，是原子命题的真值制造者。简单状态可融合成一种复杂状态，对应于原子命题的布尔组合。存在的可能状态不仅能证实对应的肯定命题，而且能证伪肯定命题的矛盾命题。例如，若士兵 X 射击，则 X 的射击状态可证实命题 X 或者 X=1，也可证伪命题¬X 或者 X=0；若士兵 X 没有射击，则 X 的不射击状态可证实命题¬X 或者 X=0，也可证伪命题 X 或者 X=1。合取式¬X∧¬Y 对应于 X 不射击且 Y 不射击的融合状态，即¬X 所对应的状态和¬Y 所对应的状态的重叠部分。可以发现，

[①] Kit Fine, "Counterfactuals without Possible Worlds", *The Journal of Philosophy*, 109 (3), 2012, pp. 221-246.

[②] Rachael Briggs, "Interventionist Counterfactuals", *Philosophical Studies*, 160 (1), 2012, pp. 139-166.

¬X 所对应的状态、¬Y 所对应的状态以及¬X∧¬Y 所对应的状态并不是完全重叠的。一般说来，¬X∧¬Y 所对应的空间状态小于¬X、¬Y 单独所对应的状态，由此说明了命题¬X、¬Y 和¬X∧¬Y 并非等值。同理，¬X∨¬Y 所对应的空间状态大于¬X、¬Y 单独所对应的状态。从对应的空间状态来看，当且仅当二者具有完全相同的空间状态，两个命题才是等值的。两个命题在空间状态上的等值称之为精确等值（exact equivalence）。据此，布里格斯得出了命题¬X、¬Y 和¬X∧¬Y 不是精确等值，导致等值置换的失效。

我们需要对等值置换做解读。从形式上来看，表示等值的联结词为"当且仅当（↔）"。如果任何两个命题被这个联结词所联结起来构成复合命题，这个复合命题就是一个等值式。从真值形式来看，等值式左右两边的命题同真或者同假，这个等值式才为真。若其中一边为真，另一边为假，则不构成等值式。从推出关系看，等值式左右两边的命题具有相互推出的关系，其中一个是另一个的充分必要条件。比如，x 是一个正数，当且仅当，$\sim x$ 是一个负数，其中，从 x 是一个正数可推出$\sim x$ 是一个负数，反之亦然。换言之，左右两边相互调换得到的新命题依然为真。因此，"如果在某一叙述范围内，一个具有等值式的公式（例如 $x=y$）已经被假定或证明为真，那么在这个叙述范围内，任何公式或语句中如果含有这个等值式左边的表达式，我们都可以用这个等值式右边的表达式去代换它，反之亦然，例如，用'x'去代换'y'，或者相反地，用'y'去代换'x'"。[①] 当¬X=0 且¬Y=1 时，¬X∨¬Y=1，¬X 和¬X∨¬Y 并不等值。¬X 可推出¬X∨¬Y，但¬X∨¬Y 无法推出¬X，二者不能互相推出。也就是，当试图用蕴涵关系联结二者时，¬X→（¬X∨¬Y）成立，但（¬X∨¬Y）→¬X 却不成立。¬X 和¬X∨¬Y 之间并非等值，不可用"当且仅当"联结来构成等值式。¬X、¬Y 以及¬X∨¬Y 这三者间并不具有等值关系。在任何包

[①] 〔波兰〕塔尔斯基：《逻辑与演绎科学方法论导论》，周礼全等译，商务出版社，2009，第 58 页。

含¬$X \vee$¬Y的命题中，无法用¬X或者¬Y自由替换¬$X \vee$¬Y。布里格斯关于等值的分析，事实上给出了三个命题在何种情形中恰好取值相同，而并非逻辑上等值的论证，以至于造成等值置换的一种误用。

五　小结

事实上，在布里格斯构建的反事实语言系统中，虽然干预的本质并未超出珀尔定义的范畴，但是有着不同的程序和操作方式。依据珀尔的干预方式，变元间具有因果顺序 $X_{k-1} \leadsto X_k \leadsto X_{k+1}$，一旦先干预中间变元 X_k 可遮断 X_{k-1} 和 X_{k+1} 间的联系，X_{k-1} 的取值不会影响 X_{k+1} 的取值，其中 k≥1。但是依据布里格斯的干预方式，变元通过干预可获得取值，变元的顺序并不会限制干预的顺序。具体而言，先干预中间 X_k 的取值，后干预 X_{k-1} 的取值，同样干预 X_{k-1} 的取值可决定 X_{k+1} 的取值。正如希区柯克对其扩展语言特征的总结：(1) 即使在前件总是为真的已知世界中，反事实的前件也总是需要通过干预才能实现；(2) 反事实的真值由世界的因果结构以及前件中规定的干预所决定。这种特征导致一些不寻常的结论：(1) 对于结构性条件句来说，MP 规则失效；(2) 用一个逻辑等值的命题置换反事实前件，并不总是保留真值。[①] 但也正是干预澄清了 MP 规则的失效问题，进而保证在反事实公理系统中 MP 规则的有效性。干预如同选择函数，干预某个变元或者变元集合，也是选定了某种语境或者模型，同一种语境或者同一模型确保了 MP 规则的有效性。

[①] Christopher Hitchcock, "Causal Models", *The Stanford Encyclopedia of Philosophy*, Aug, 7, 2018, https://plato.stanford.edu/archives/sum2020/entries/causal-models.

·逻辑与哲学·

CnK 的哲学特征初探

周龙生[*]

摘 要： 通过对弗协调认知逻辑 CnK 的介绍，本文使用构造语义模型的方法分析在 Cn 的弗协调立场下，出现的两类不协调认知的特点及其成因。CnK 不是辩证法的形式化，但它容纳了不导致系统平凡的矛盾，体现了辩证法的一些性质，体现了认识论关于认识过程、真理发展的哲学主张。

关键词： 弗协调认知逻辑　辩证法　认识论

一　逻辑与哲学

周礼全先生在 1990 年 10 月访问武汉大学时做了关于"逻辑与哲学的关系"的讲座。就逻辑的方面，周先生强调了逻辑本身的发展，他从亚里士

---

[*] 周龙生，山东枣庄人，博士，萍乡学院马克思主义学院讲师。研究方向：符号逻辑。
[**] 本文引用格式：周龙生：《CnK 的哲学特征初探》，《逻辑、智能与哲学》（第一辑），第 146~155 页。

多德的学说讲到莱布尼茨、弗雷格、罗素，以及非正统、非标准逻辑，再到和逻辑相关的其他方面的发展，比如哲学逻辑和自然语言研究的进展，最后给出结论："自然逻辑，自然语言的逻辑，是传达、表达的逻辑，用于正确思维和成功交际。"[①] 在哲学的方面，周先生认为人与外界有三种关系：认知关系、评价关系和行动关系，哲学理论不应仅限于科学和认知，还应有评价、感情和行动方面的因素。他认为逻辑实证主义不是哲学，而是哲学批评。哲学和元哲学的关系很重要且密切。在逻辑与哲学的关系方面，他主张可以借用数理逻辑的技巧，但逻辑的重点要针对自然语言，因为哲学主要用自然语言来表达，元哲学也要用自然语言对哲学进行评价。同时，哲学和元哲学都需要强有力的逻辑工具来进行论证、创造和系统组织。周礼全先生对逻辑和哲学的关系和意义以及哲学家的责任有明确的总体性思考，其中体现了要解释世界但更要改变世界的学术情怀。

正如周礼全先生所说，逻辑和哲学是密切相关的，逻辑学的发展背后有哲学的意图，同时逻辑学的发展也影响了哲学的进程。弗协调逻辑（paraconsistent logic，又译作：亚相容逻辑、次协调逻辑）是一类拒斥爆炸原理的逻辑，在这些逻辑中不能从一对互相否定的命题推出全部命题，即拒斥经典逻辑中"矛盾推出一切"的原则。在弗协调逻辑发展过程中，达·科斯塔（da Costa）构造的 Cn 系列逻辑系统受到广泛关注，并带动了弗协调逻辑研究的兴起。认知逻辑（epistemic logic）或者严格地讲，认知模态逻辑（epistemic modal logic），是以模态逻辑的方法，研究"相信""知道"等认知模态词，从知识推理等方面揭示知识的本质和特征的逻辑。我们在弗协调命题逻辑 Cn 的基础上增加认知模态算子 K，得到弗协调认知逻辑 CnK，意图在弗协调的原则下研究"知识"或"知道"的性质和特征。本文的目标是通过对弗协调认知逻辑 CnK 的形式特征分析，尝试说明该立场下知识的协调性、认知态度的协调性、原命题与认知命题间关系与主客观辩证法间关系的相似性，以及各类认知不协调在哲学上的解释。

---

① 周礼全：《论逻辑与哲学》，《河池学院学报》2011 年第 4 期，第 16 页。

二 弗协调认知逻辑 CnK

定义（L^{CnK}）弗协调认知逻辑 CnK 使用的形式语言 L^{CnK}，是由弗协调命题逻辑的语言加认知算子 K 得到的。L^{CnK} 包括四类初始符号：

［1］命题符：p_1，p_2，p_3，…，p_k，…；k 为自然数；

［2］命题联结符：¬，∧，∨，→；

［3］认知联结符：K；

［4］标点符：(,)。

定义（Expr（L^{CnK}））一个由形式语言 L^{CnK} 中符号构成的任意有穷序列称为一个表达式，全体表达式组成的集合记为 Expr（L^{CnK}）。

定义（Atom（L^{CnK}））A ∈ Atom（L^{CnK}），即 L^{CnK} 中的一个表达式 A 是原子公式，当且仅当 A 是一个单独的命题符。

定义（Form（L^{CnK}））A ∈ Form（L^{CnK}），即 L^{CnK} 中的一个表达式 A 是公式，当且仅当它能由（有穷次使用）下列规则得到：

［1］Atom（L^{CnK}）⊆ Form（L^{CnK}），即原子公式是公式；

［2］如果 A ∈ Form（L^{CnK}），则（¬A）∈ Form（L^{CnK}），(KA) ∈ Form（L^{CnK}）；

［3］如果 A，B ∈ Form（L^{CnK}），则（A∧B），（A∨B），（A→B）∈ Form（L^{CnK}）。

为叙述方便，引进以下缩写符号：

A^0 指 ¬（A∧¬A），即 A 满足弗协调观点的不矛盾律；

A^k 指 $A^{00\cdots 0}$，这里一共有 k 个 0，其中 k 为自然数；

$A^{(n)}$ 指（…（A^1 ∧ A^2）∧ A^3 ∧ … ∧ A^n）；

~A 指（¬A ∧ $A^{(n)}$）。

弗协调认知逻辑的公理系统是在科斯塔的弗协调命题逻辑系统 C_n（1 ≤ n < ω）上增加含认知算子 K 的若干公理以及新的推理规则构成。公理模式如下：

（Ax1）至（Ax12）所有 C_n（$1 \leq n < \omega$）的公理模式①

（Ax13）$A^{(n)} \rightarrow (KA)^{(n)}$

（Ax14）K（A→B）→（KA→KB）

（Ax15）KA→A

（Ax16）KA→KKA

分离规则：如果 ⊢A，⊢A→B，那么 ⊢B；

认知规则：如果 ⊢A，那么 ⊢KA。

定义（框架、CnK 框架） 设〈W，R〉是任一二元组，〈W，R〉是一个正规框架（简称框架），当且仅当，W 是任一非空集，R 是 W 上的任一二元关系，即 R⊆W×W。

一个 CnK 框架，表示为 F_{CnK}，是同时满足下述条件的一个框架〈W，R〉，对于所有的 w∈W，

[1] ∀w（Rww）；

[2] ∀w∀w′∀w″（Rww′∧Rw′w″→Rww″）。

定义（赋值） 设〈W，R〉是任一框架，V 是〈W，R〉上对 L^{CnK} 公式的一个赋值，当且仅当，V 是 L^{CnK} 公式集 Form（L^{CnK}）与 W 的笛卡尔积 Form（L^{CnK}）×W 到集合 {1，0} 上的映射，即

V：Form（L^{CnK}）×W → {1，0}。

并满足以下条件：对任意的 L^{CnK} 公式 A、B，任意的 w∈W，

[1] V（A，w）= 0 ⇒ V（¬A，w）= 1；

[2] V（¬¬A，w）= 1 ⇒ V（A，w）= 1；

[3] V（$B^{(n)}$，w）= V（A→B，w）= V（A→¬B，w）= 1 ⇒ V（A，w）= 0；

[4] V（A→B，w）= 1 ⇔ V（A，w）= 0 或者 V（B，w）= 1；

[5] V（A∧B，w）= 1 ⇔ V（A，w）= V（B，w）= 1；

[6] V（A∨B，w）= 1 ⇔ V（A，w）= 1 或者 V（B，w）= 1；

---

① 可参考张清宇《弗协调逻辑》，中国社会出版社，2003，第 12~13 页。

[7] $V(A^{(n)}, w) = V(B^{(n)}, w) = 1 \Rightarrow V((A \wedge B)^{(n)}, w) = V((A \vee B)^{(n)}, w) = V((A \rightarrow B)^{(n)}, w) = 1$;

[8] $V(KA, w) = 1 \Leftrightarrow$ 对于任一 $w' \in W$, 若 Rww', 则 $V(A, w') = 1$。

以上为弗协调认知逻辑系统 CnK 的语形和语义方面的规定。该系统具有可靠性和完备性。[①]

三 弗协调认知一：既知道 A 又知道 ¬ A

作为弗协调认知逻辑，CnK 被关注的重点是它对不协调认知的刻画。通过对系统内可满足的各种语义模型的分析，我们可以发现若干不同类型的不协调认知。

[1] 存在 $w \in W$, 使得 $V(KA, w) = 0$; 并且 $V(K\neg A, w) = 0$。此种情况成立，当且仅当存在 w' 使得 Rww' 和 $V(A, w') = 0$; 并且存在 w''（w' 与 w'' 可以相等）使得 Rww'' 和 $V(\neg A, w'') = 0$ 同时成立。如图 1 所示：

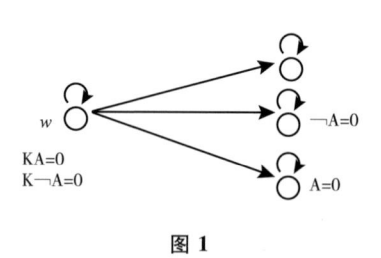

图 1

由于系统的设定，在上图所示的模型中，因为 $V(KA, w) = V(K\neg A, w) = 0$，所以在认知世界 w 上，¬ KA 和 ¬ K¬ A 的值都是 1。简单来说，在认知世界 w 上，认知主体既不知道 A, 也不知道 ¬ A。认知主体的这种状态也不算奇怪，现实生活中经常出现对某些话题不敢断定的情况。

[2] 存在 $w \in W$, 使得 $V(KA, w) = 1$; 并且 $V(K\neg A, w) = 1$。此

---

① 可参考张清宇《弗协调逻辑》，中国社会出版社，2003，第 75~81 页。

种情况成立，当且仅当对于任一 w′∈W，若 Rww′，则 V（A，w′）= V（¬A，w′）= 1。如图 2 所示：

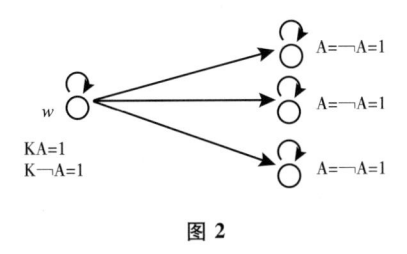

图 2

在认知世界 w 上，认知主体既知道 A 又知道¬A。这种情况在人们的日常生活和科学研究中出现得较少，需要人们细心研究、仔细推敲。从系统设定的角度，我们可以看出导致认知主体既知道 A 又知道¬A 的根本原因是在认知世界 w 通达（有 R 关系）的所有认知世界中 A 和¬A 的值都是 1，直观理解即在认知主体所有能够想象的情况中 A 都是不协调的，A 和¬A 都是真的，所以认知主体只能两者全部接受，即"既知道 A 又知道¬A"。这种情况下，比如科学理论领域类似"波粒二象性"局面的出现，在我们找到改进的、更好的理论可以协调地解释这些难题之前，只能暂时接受这种令人困惑的状态。

四　弗协调认知二：既知道 A 又不知道 A

在系统 CnK 中，除了上述"既知道 A 又知道¬A"的不协调认知出现之外，还有让人更尴尬的认知冲突出现，而且是关于认知态度本身的不协调状况的出现。

KA 与¬KA 在某个认知可能世界上同时为真的模型，即存在 w∈W，使得 V（KA，w）= V（¬KA，w）= 1。其中 V（KA，w）= 1 成立，当且仅当对于任一 w′∈W，若 Rww′，则 V（A，w′）= 1。同时由弗协调认知逻辑 CnK 的语义讨论部分得到的定理可知，V（KA，w）= V（¬KA，w）= 1

当且仅当 V（（KA）$^{(n)}$, w）= 0，即 KA 在认知可能世界 w 上是不协调的。由弗协调认知逻辑 CnK 的语义定义可知，如果 V（（A）$^{(n)}$, w）= 1，那么 V（（KA）$^{(n)}$, w）= 1；所以当 V（（KA）$^{(n)}$, w）= 0 时，V（（A）$^{(n)}$, w）= 0。如图 3 所示：

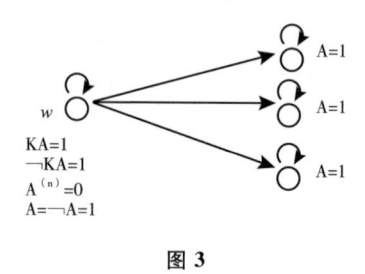

```
                          ↻
                         ○ A=1
             ↻         ↗
             ○ ────→ ○ A=1
             w         ↘
                         ○ A=1
                          ↻
             KA=1
             ¬KA=1
             A$^{(n)}$=0
             A=¬A=1
```

图 3

我们可以发现这种情况的出现有一个必要条件，即 V（（A）$^{(n)}$, w）= 0，也就是说首先 A 是不协调的，才会出现 V（（KA）$^{(n)}$, w）= 0，即 KA 是不协调的。KA 和¬KA 在同一个认知世界上都是真的，认知主体"既知道 A 又不知道 A"。

五　CnK 与辩证法

弗协调逻辑是一种拒斥爆炸原理的逻辑，Cn 是其中通过修改经典逻辑否定的含义达到这个目的的一类逻辑，在 Cn 中一个命题和它的否定，形式上表现为 A 和¬A 可以同时为真，这容易使人联想到辩证法。总结 CnK 中出现的上述两种不协调认知："既知道 A 又知道非 A"和"既知道 A 又不知道 A"，它们的出现都与这些认知命题的原命题 A 的不协调直接相关。这种原命题 A 的不协调导致了对 A 认知的（两类）不协调，这又很容易让我们联想到唯物辩证法中关于客观辩证法和主观辩证法的关系。

"唯物辩证法既是客观辩证法，又是主观辩证法，是二者的有机统一。"

"客观辩证法是指客观事物或客观存在的辩证法，即客观事物以相互作用、相互联系的形式呈现出的各种物质形态的辩证运动和发展规律。主观辩证法是指人类认识和思维运动的辩证法，即以概念作为思维细胞的辩证思维运动和发展规律。"①

"所谓的客观辩证法是在整个自然界中起支配作用的，而所谓的主观辩证法，即辩证的思维，不过是在自然界中到处发生作用的、对立中的运动的反映。"②

应该指出，作为建立在 Cn 之上的认知逻辑 CnK，其最突出的特点是弗协调性，即可以存在互相否定的命题都真的情况，这看起来符合对立统一律，即辩证法三大规律中最核心的规律。然而辩证法对立统一即矛盾关系指的是事物之间或事物内部各要素之间相互影响、相互制约、相互作用的关系；而逻辑系统中的矛盾关系仅仅强调两个命题之间的真假互动关系，即辩证矛盾和逻辑矛盾是不同的概念。并且，辩证法中对立统一规律强调矛盾的普遍存在，即任何事物都有其对立面，然而 CnK 并没有与其对应的 $A \wedge \neg A$ 的定理，因此，CnK 不是辩证法的形式化。

虽然 CnK 不是辩证法的形式化，但这并不影响 CnK 体现出辩证法的一些主张。

我们可以在弗协调认知逻辑系统 CnK 中发现客观辩证法和主观辩证法的某些关系和特点。在 CnK 中我们发现了两类不协调的认知命题和原命题的协调性之间的关系。一种不协调认知 $KA \wedge K \neg A$ 在认知可能世界 w 上的出现，原因可以归结为从 w 出发，在所有可想象的认知世界中，原命题 A 都是不协调的，即 A 与 $\neg A$ 同时为真，亦即 $A^{(n)} = 0$，除此之外不会有其他导致 $KA \wedge K \neg A$ 在认知可能世界 w 上为真的情况出现的可能。另一种不协调认知 $KA \wedge \neg KA$ 在认知可能世界 w 上的出现，也与原命题的协调性有关。

---

① 《马克思主义基本原理》编写组：《马克思主义基本原理》，高等教育出版社，2021，第 44~45 页。

② 同上，第 45 页。

由弗协调认知逻辑 CnK 的公理，我们知道，如果原命题 A 是协调的，那么 KA 也是协调的，此时不会有 KA∧¬KA 为真的情况出现；但是如果原命题 A 是不协调的，则 KA 未必是不协调的。

所以结论是原命题的协调性保证了认知命题的协调性。反过来同样地，认知命题的不协调决定了原命题的不协调。二者实际上是在同一个认知世界上的差等关系，这种关系类似于主观辩证法以客观辩证法为基础，是客观辩证法在主观意识中的反映；以及主观辩证法的两个层次：其一，对客观存在的对立统一关系的认知，即 KA∧K¬A；其二，主观世界认知态度之间的一种对立统一关系，即 KA∧¬KA。

六　无限演进：相对真理与绝对真理

认知命题 KA 和¬KA 同时成立，这种现象要如何给以直观的解释？这说明了 K 所代表的"知道"是什么意义上的知道，"不知道"的"不"又是何种意义上的否定，为什么可以既"知道"又"不知道"，这是故弄玄虚，还是故作谦虚，抑或揭示了关于认识、知识的一些隐藏的性质。

> 真理是一个过程。就真理的发展过程以及人们对它的认识和掌握程度来说，真理既具有绝对性，又具有相对性，它们是同一客观真理的两种属性，这是真理问题上的辩证法。[1]

我们不放弃对绝对真理的追求，但这并不意味着我们要否定相对真理有待发展的现状。KA∧¬KA，既知道 A 又不知道 A，这是在弗协调逻辑的形式语言下，对于具有不协调性的命题 A 的认识态度的形式表达。这种系统内互相否定的认知态度的出现，最终原因要归结为原命题 A 本身的不协调性。

---

[1]《马克思主义基本原理》编写组：《马克思主义基本原理》，高等教育出版社，2021，第 81 页。

不相容出现在我们对现实的言说中。①

命题 A 是认知主体对于认知客体性质状态的言语表达，这种言语表达是否合适，最终会影响认知主体对于这种言说的认知态度：有时可以做出协调的肯定或否定判断，有时则会做出不协调的判断。这涉及我们所使用的语言表达的演进，也是人们认识的演进，即已有知识的不断修补、推翻与重建。

七　结语

认知逻辑自身可以成为澄清哲学观念和论证的工具，它的符号可以与它自己的主题进行创造性的相互作用。②

CnK 系统中"知道"的解释是经典的、清晰的，即原命题在所有可及认知世界上都成立。然而因为该认知逻辑的基础是弗协调命题逻辑 Cn，其中的否定算子的含义与经典逻辑不同，导致原命题及其否定可以存在同时成立的情况，而原命题的协调性影响了有关认知命题的协调性，所以如果某个命题是不协调的，那么认知主体会对其做出各种意义上矛盾的认知判断，即既知道 A 又知道非 A，同时既知道 A 又不知道 A。

本文仅对一类弗协调认知逻辑刻画的弗协调认知情况作了逻辑与哲学的初步探讨，对弗协调认知的深入研究还需要更细致的逻辑分析与哲学研究，比如否定、真值、推理、语言、动态、社群等很多基本概念需要加以引入或重新审视。

---

① 〔智〕米赛达：《弗协调逻辑的五个哲学问题》，符喜迎译，《洛阳师范学院学报》2017 年第 10 期，第 16 页。
② 〔荷〕J.范·本特姆：《认知逻辑与认识论之研究现状》，刘奋荣译，《世界哲学》2006 年第 6 期，第 79 页。

逻辑学的描述性和规范性*

王垠丹**

摘　要： 逻辑学作为一种以"真"为对象、刻画后承关系的理论，具有与物理学、生物学等描述性学科类似的描述性质。由此，人们认为逻辑学不具有规范性。但是，这个观点是建立在"描述-规范"的错误二分之上的。在更广的视域下，本文将论述描述性与规范性已经展现出来相容的态势。此外，逻辑学的描述性的确立并不意味着其规范性的消解；相反，逻辑学的规范性是基于其描述性的。本文为逻辑学的规范性问题的进一步讨论，展示了令人期待的前景。

关键词： "描述-规范"问题　真　逻辑学的规范性

一　引言

一般来说，"规范的"（normative）与"描述的"（descriptive）是一组

---

* 本文系"中国人民大学2019年度拔尖创新人才培育资助计划"成果。
** 王垠丹，贵州毕节人，中国人民大学哲学院博士研究生。研究方向：逻辑哲学、认识论、语言哲学。
*** 本文引用格式：王垠丹：《逻辑学的描述性和规范性》，《逻辑、智能与哲学》（第一辑），第156~169页。

相对应的形容词，有两个层面的用法：一是用来形容句子（sentences）、陈述（statements）、命题（propositions）等语言单位，[①] 二是用来形容一个学科或理论。描述的命题表达了"一些事物是什么或可能是什么"的内容，用来描述世界的样貌和各种特性。比如："云朵是由奶酪做成的""一棵树有五米高""最小的物质单位是夸克"……它们不提供任何评估或评价。[②] 相反，规范的命题通常用来评价某事物的好坏、表达说话者的感情或态度等。在规范的命题中，包含"好""坏""对""错"这样的评价性质的表达，比如"扶老人过马路是好的行为"；也包含"应该""不应该""禁止""许可"这样的祈使性质的表达，比如"任何人都不应该杀人"。[③] 那么，说一个学科或理论是描述的或是规范的，或者说它具有描述性或规范性，是什么意思？一般地，描述的学科是关于"是"（being）的理论，与世界的实然（what is）状态有关，包含大量描述的命题；而规范的学科是关于"应该"（ought）的理论，与世界的应然（what ought to be）状况或社会的秩序等内容相关，包含大量规范的命题。

20 世纪以来，弗雷格（Gottlob Frege）的逻辑哲学理论将心理学因素驱逐出逻辑学领域，将客观的"真"作为逻辑学研究的对象和目标，这使得逻辑学被看作是关于"是"的理论，以真值承担者（truth bearers）之间的后承关系（consequential relations）为直接刻画对象，其中的命题不包含"好""坏""应该"等表达。为此，逻辑学被视为自然科学一类，其描述性质被广泛接受，并逐渐占据主导地位。逻辑学与自然科学的亲近、与心理学的分离，某种程度上演变成了逻辑学与人类认知的分离，其对思维的影响被淡化，其给予认知主体以指导或建议的规范作用更是遭到质疑。然而，关

[①] 为了表述方便，暂且忽略句子、陈述和命题之间的差异。关于语言哲学理论中这三个概念的具体说明，参见杨武金《逻辑哲学新论》，中国社会科学出版社，2021，第 32 页。

[②] 认知主体在陈述描述的命题的时候，即使对其中的内容有质疑，他/她也不会将这种质疑的观点在其中表达出来。

[③] 在做评价、发命令或提建议的时候，通常都有一些作为根据的标准、典范。具体地说，规范的命题表达的内容是：在某些方面，这个东西或这件事，就某些标准、典范来说，比另外一些更好、更坏或相当；或者，根据某些标准，某事应该怎样去做。

于逻辑学的规范作用的看法,不仅具有悠长的历史,而且有着现实的意义。事实上,逻辑学是具有"描述-规范"的双重特性的,单独偏重任意一方都不正确。从直接刻画对象来看,描述性是其基础特性;从产生的认知价值和结果来看,规范性是其重要特性。本文旨在为逻辑学的这种双重特性作辩护,就学界重其描述性而轻其规范性的现状来看,为达成目标要完成的任务主要有以下两点:其一,在哲学史和一般规范理论的视域下,说明反对逻辑学的规范性的观点建立在错误的二分预设之上;其二,简单说明逻辑学的描述性后,从弗雷格的理论出发,指出逻辑学的规范性非但与其描述性不相斥,反而是基于其描述性的。

二 "描述-规范"之争

借由确立逻辑学的描述性质以驳斥其规范性质的做法,某种程度上,成为一些反对逻辑学的规范性的学者的主要策略。但是,这种策略基于一个站不住脚的预设,那就是:逻辑学要么是描述的,要么是规范的;也就是说,描述和规范这两种性质是对立二分的,二者只能择其一。实际上,描述性和规范性之争在哲学各个领域中普遍存在着。这两种性质看似泾渭分明,却有着相互融合并最终同时存在于一个学科内部的可能性。就当下的论证任务来看,从哲学的历史长河中梳理这种对立又相容的状况是十分必要的。

一方面,描述性与规范性对立二分的预设并非毫无来由。一些传统的二元对立概念与"描述-规范"的二分相互对应,比如:自然与人为、事实(fact)与价值(value)、实然与应然,等等。不过,如引言所述,"描述-规范"的二分直接来自"描述的"和"规范的"两种命题的区分。描述的命题一般包含"是"这样的系动词,而规范的命题则一般包含"应该"这样的情态动词。于是,问题追溯到了休谟(David Hume)在《人性论》中那段著名的关于"是"与"应该"的讨论:"在我所遇到的每一个道德学体系中,我一向注意到,作者在一个时期中都是照平常的推理方式进行的,确定了上帝的存在,或是对人事做了一番议论;可是突然之间,我却大吃一惊地发现，我所遇到的不再是命题中通常的'是'与'不是'等系动词，而是没有一个命题不是由一个'应该'或一个'不应该'联系起来的。这个变化虽是不知不觉的，却是有极其重大的关系的。因为这个应该或不应该既然表示一种新的关系或肯定，所以就必须加以论述和说明；同时对于这种似乎完全不可思议的事情，即这个新关系如何能由完全不同的另外一些关系推出来的，也应当举出理由加以说明。"① 这里的"一种新的关系"指的是一种"应然关系"，推出它的"另外一些关系"就是一种"实然关系"。休谟认为，"应然关系"的含义以及从"实然关系"到"应然关系"的推进都是需要加以说明的。② 这段论述成为"描述-规范"二分的开端。其后，在本体论的层面上，法恩（Kit Fine）将必然性大致地分为三个大类，分别是形而上学必然性（metaphysical necessity）、自然必然性（natural necessity）和规范必然性（normative necessity）。他认为三者分别来源于事物的同一性、自然秩序和规范秩序，对应着形而上学、自然科学和伦理学；并且，三者之间不可以互相还原。③ 在认识论领域，文德尔班将事实与价值解释为"实在"与"鉴别或评价实在的规范"，并且认为二者之间存在着基本对立的显著形式。④ 在伦理学中，摩尔（G. E. Moore）从"善"是不可定义的角度，指出了"自然主义的谬误"。在他那里，"自然主义的谬误"是试图用自然的、可还原的方式来定义"善的"，即是包含了一种借助自然的特征来定义一些评价性的或者价值的概念的做法。⑤ 在语言哲学中，塞尔（John R.

---

① 〔英〕大卫·休谟：《人性论》，关文运译，商务印书馆，2009，第505~506页。后文将这一讨论称为"休谟问题"。
② 对"休谟问题"的"标准解释"是：从"是"到"应该"的推演是不可能的。不过，这一"标准解释"存在较大的争议。比如，亨特（Geoffrey Hunter）认为，关于"休谟问题"应该重新被解读：休谟所反对的不是"是"与"应该"的推导关系本身，而是说前人没有将这种关系说清楚。参见 Geoffrey Hunter, "Hume on Is and Ought", *Philosophy*, Vol. 37, No. 140, 1962, pp. 148-152。
③ Kit Fine, "The Varieties of Necessity", in T. S. Gendler, J. Hawthorne, eds., *Conceivability and Possibility*, New York: Oxford University Press, 2002, p. 279.
④ 〔德〕威廉·文德尔班：《文德尔班哲学导论》，施璇译，北京联合出版公司，2016，第273~280页。
⑤ 〔英〕乔治·爱德华·摩尔：《伦理学原理》，长河译，商务印书馆，1983，第14~23页。

Searle)叙述了一幅"传统经验主义的图景",描述的或事实的命题和规范的或评价的命题之间的差别在其中被清晰地呈现出来。① 经验主义者认为,描述的命题是客观的,描述了"世界是什么",而评价的命题是主观的,表达了主体的情感和态度;两种命题扮演着不同的角色,它们之间存在着巨大的分歧。从"是"推出"应该"的尝试实际上是徒劳,即使成功,其中的"是"也不过是伪装的"应该",或者反过来,"应该"是伪装的"是"。可见,在"休谟问题"、法恩的"三种必然性"、摩尔的"自然主义的谬误"、"传统经验主义的图景"这些观点下,规范的命题如果是客观的,就会丧失其重要的价值评价的功能,它与客观上有真假的描述的命题截然不同。从形而上学的角度来看,价值不可能存在于现实之中;从构造推理模型的角度来看,不能以描述的命题来定义规范的命题。立足这种二分的观点,逻辑学的描述性质将会把其规范性质拒之门外。

但是,事实真的如此吗?"休谟问题"提出以后,就有一些反对描述性和规范性对立二分的观点涌现而出,它们从各个方面提供了使得二者走向融合的方案。而在当今的规范性理论(theories of normativity)内部,消除二分的趋势也愈加明显,逐渐占据主导地位。

布伦塔诺(Franz Brentano)主张那些规范的法则(比如道德法则)有自然的基础;并利用"直观呈现"(intuitive representation)的概念为描述性概念和规范性概念提供了共同的基础。② 塞尔指出,那种"传统经验主义的图景"在人们理解语词与世界的关系时会给出错误的诱导。他首先通过区分两类不同的事实——原生的(非制度的)事实(brute, non-institutional facts)和制度的事实(institutional facts),给出了两种类型的描述的命题,即关于原生事实的描述命题和关于制度事实的描述命题。一个人有一辆车、

---

① 值得注意,塞尔叙述了"传统经验主义的图景",不过,他的目标是要反对这一图景。参见 John R. Searle, "How to Derive 'Ought' From 'Is'", *The Philosophical Review*, Vol. 73, No. 1, 1964, pp. 44, 53-54。
② Franz C. Brentano, *The Origin of Our Knowledge of Right and Wrong*, London: Routledge & K. Paul, 1969, pp. 4, 13-14。

约翰有六英尺高、地球距离太阳九千三百万英里……是原生的事实，其存在独立于任何人类制度；一个人有五美元、史密斯结婚了、奥巴马曾经是美国总统、汤姆是一个执照司机、某人赢得了一场象棋比赛……是制度的事实，需要人类制度给予其存在的基础。他认为，关于制度的事实的描述命题才能对承诺、责任、义务等概念给出恰当合适的说明。[1] 为什么有这两种不同的事实？制度的事实预设了制度，即一个构成性原则（constitutive rules）系统存在的事实，这种系统自动地创造了制度的事实的可能性。构成性原则与规定性原则（regulative rules）相区分，前者所构成（或者说所规定）的行为在逻辑上依赖于这些原则，比如下象棋这一行为的游戏规则就是构成性原则，它定义了下象棋；后者所规定的行为能够脱离原则单独存在，比如就餐礼仪，对就餐这种行为具有规定性，但就餐可以脱离就餐礼仪而存在。这样一来，一部分规范的东西就找到了描述的基础。从事实的描述的命题推出评价的规范的命题的具体的推导过程：从一个原生的事实出发——一个人说出了某些话语，然后以这样说话的方式援引制度，得到了制度的事实。这个证明过程需要诉诸一个构成性原则——做出承诺等同于承担责任。"人应该遵守承诺"与义务的制度化形式相等同。例如，"人不应该偷盗"，可以理解为，承认某物为他人的财产必然包括承认他对其财产的处置权，这是私有财产制度的构成性原则；"人不应该说谎"，可以理解为，做出断言必然包括承担了诚实说话的义务。[2] 总之，在塞尔的方案下，基于构成性原则的制度的事实体现了"描述-规范"相联系的一种可能性。在当代的一般规范性理论内部，描述性领域与规范性领域都在保持各自的重要特征的同时，产生了紧密的关联。例如，刘松青指出，基于一种对人类所生存的世界的理解——要认识世界，不仅需要直面它自然的部分，还需要考虑人类理性的参与。那

---

[1] John R. Searle, "How to Derive 'Ought' From 'Is'", *The Philosophical Review*, Vol. 73, No. 1, 1964, p. 55; John R. Searle, *Making the Social World: The Structure of Human Civilization*, Oxford: Oxford University Press, 2010, p. 10.

[2] John R. Searle, "How to Derive 'Ought' From 'Is'", *The Philosophical Review*, Vol. 73, No. 1, 1964, pp. 43, 45, 50, 58.

些与规范性语词相关的规范事实、规范判断、规范行为实际上产生于社会关系。在"人的世界"中,相较于"形而上学的"和"自然的","规范的"是更为基础的。如果说"自然之法"表达为真理,那么"理性之法"则表达为共识与秩序,它们都以规范为目的。所以,一种新的交互路径才是更为合理的,应该看到,"自然的"与"规范的"、事实领域与规范领域不是两个平行的"世界",而是交互存在,这种交互是一种各自独立却又相互作用的关系。①

可以看到,描述性与规范性之间,从广泛涉及本体论和认识论层次、伦理学和语言哲学等哲学领域的二元分立,到布伦塔诺在本体论层面的消解二元的尝试以及塞尔从社会建制角度给出的"从'是'到'应该'"的推导方案,再到当前国内外一般规范性理论研究的兴起(将规范性与描述性列为同等重要的研究对象),都体现了价值论、知识有效性的复兴。这是一种对"人"的再强调,尤其是"人"的理性能力:一方面,建基于不断发展的强大的科学技术,人类能够尽可能准确全面地把握"世界本来的样子",把握"描述性";另一方面,人类能够在"真理"的指导下,规范自己去思考、去行动的方式。在这些过程中,逻辑学最接近"真",也最接近"理性"。逻辑学这座桥梁,一端是"求是""求真",另一端是"思维的原则""应该怎样思考的规律"。总之,在各个学科"描述-规范"性质相容的态势之下,逻辑学当之无愧地处于核心地带。

三 逻辑学的描述性

大多数人会接受,弗雷格区分逻辑学和心理学的同时,将"真"作为逻辑学所追求的目标和逻辑学的研究对象引入逻辑哲学——这就是逻辑学的描述性之所在。罗塞尔(Gillian Russell)在弗雷格的路径之下,更加细致地论述了逻辑学的描述性。她指出,逻辑学是说明某种特殊语言(比如简

---

① 刘松青:《规范性概念研究:问题、路径与趋势》,《当代中国价值观研究》2019 年第 6 期,第 5~14 页;刘松青:《论规范必然性》,《哲学动态》2019 年第 11 期,第 107~120 页。

短的形式语言)之上的逻辑后承关系的学科,是关于真值承担者(比如句子或命题)之上的保真关系(truth-preservation)的范式(patterns)的研究。因而,其研究对象是真值承担者和保真关系。逻辑学与"真"的关系,相当于物理学与量与热的关系。物体有量有热,真值承担者有真有假。物理学研究的问题是,随着时间的变化,"量"和"热"这些性质如何得以保存或丢失;逻辑学研究的问题是,随着论证的不同,"真"的性质如何得以保持或与此相反(变成"假"的性质)。在每一个形式逻辑系统中,确定了规则语法和语义之后,后承关系(保真关系)就已经被随之确定,而那些语法和语义特征是语言的描述特征。[1]

由是观之,逻辑学是描述的。从基础的纯理论逻辑的层面来看,形式语言作为一种特殊的语言有着描述性;该层次的研究对象不是任何心理活动和心理现象,而是最典型的具有逻辑结构和逻辑特征的现象——后承关系。[2] 后承关系是一种"什么紧随什么"(what follows what)或"什么蕴涵什么"(what entails what)的推论关系,有效性(validity)是其最重要特性。从定义上来看,有效性是一种保真性:如果一个论证是逻辑有效的,那么前提的真保证了结论的真。因此,逻辑学作为一个求真的、刻画后承关系的学科,它应该准确地呈现世界的样貌,所以人们从实在的、事实的、描述的、自然的等角度去研究逻辑学的哲学基础。一言以蔽之,要求保真的逻辑后承关系的有效性确立了逻辑学的描述性。

---

[1] Gillian Russell, "Logic Isn't Normative", *Inquiry*, Vol. 63, No. 3-4, 2020, pp. 382-385.
[2] 笔者认为,可以将当代发展出丰富内容的广义的逻辑学划分为三个层次:(1)以真值承担者和真值承担者之间的关系,以及这些关系的特征——推论形式及其特征为研究对象的、基础的"纯理论逻辑",可以是普遍的经典、非经典逻辑,也可以是对某一特定领域进行的刻画扩充的哲学逻辑,例如道义逻辑等;(2)以根据规则展开一个(例如认知的、行动的)程序或过程的机制——推理模式及其特征为研究对象的"方法论逻辑",例如在科学理论建构、人工智能、语言交际、法律、博弈等领域的关于"逻辑如何应用"的方法论理论;(3)以具有逻辑特征的普通现象(例如电路电流设计、拓扑空间的构成)或其他学科为研究对象的"泛逻辑"(例如逻辑的应用学科群、逻辑的边缘交叉理论)。由于篇幅限制,具体论述不在此展开。

四 逻辑学的规范性

随着逻辑学的描述性的确立，人类思维不再是逻辑学的研究和刻画对象，但并不意味着其规范性的消解，反之亦然。（从众多的相关讨论中可以看到，几乎所有的逻辑学规范性的支持者，都没有明显的反对逻辑学描述性的言论。）两者之间的关联无法割裂："真"是逻辑学所直接刻画的对象；而人类思维是逻辑学所规范的对象——这便是逻辑学的规范性的体现；在人类认识永远追逐真理的角度上，逻辑学的规范性是基于其描述性的。

关于逻辑学的规范性的看法，最早起源于认识论内部从知识的来源问题转向对知识有效性的关注。在过去的很长一段时间内，知识的来源问题一直是哲学家关注的重点，经验主义和理性主义是关于该问题的两个对立阵营。作为理性主义阵营的代表，莱布尼茨（Gottfried Leibniz）在《人类理智新论》一书中提出的"普遍文字"的构想对后来逻辑学形式特征的发展功不可没，孕育了从心理学当中剥离的逻辑学雏形。虽然他并未区分知识的来源和有效性两方面，但是他坚持理性主义为本质特征的认识论，这意味着逻辑学与理性密不可分，必然在认识论中占据一席之地。[1] 休谟也曾认为，逻辑的唯一目的在于说明人类推理能力的原理和作用，以及人类观念的性质。[2] 之后，康德（Immanuel Kant）将关于知识的问题带到了逻辑领域，强调证实和判断的重要作用，他认为，逻辑学是一门理性科学，不是仅就形式而言，它是一门关于思维的必然法则的先天科学，是一门一般而言正确的知性应用和理性应用的科学。[3] 康德的理论是逻辑学的规范性最直接的起源，正

---

[1] 〔德〕戈特弗里德·威廉·莱布尼茨：《人类理智新论》，陈修斋译，商务印书馆，2009，第295~376页。此外，莱布尼茨在《人类理智新论》（下册）的第三卷第一章至第六章中显示出了强烈的理性主义色彩，段德智对此做出过分析，参见段德智《莱布尼茨哲学研究》，人民出版社，2011，第333~340页。

[2] 〔英〕大卫·休谟：《人性论》，关文运译，商务印书馆，2009，第3页。

[3] 〔德〕伊曼努尔·康德：《第9卷：逻辑学、自然地理学、教育学》，李秋零译，中国人民大学出版社，2010，第15页。

如文德尔班（Wilhelm Windelband）梳理哲学史时总结到：认识论内部已经从有关"存在"的问题转变为关于"价值"（知识有效性）的问题。在知识论中，原因已然并非问题所在，证实和判断才是问题所在；前者是事实，心理方面的发展推动其进展，而后者则是价值问题，受制于逻辑规范。文德尔班认为，这实际上就是康德哲学的本质。① 最为人所熟知的，弗雷格认为，逻辑（学）普遍地规定了一个人应该如何思考，逻辑的原则就是思维的指导原则。② 他还直接指出，像伦理学一样，逻辑学是一个规范的科学。③ 类似地，普特南（Hilary Putnam）认为，虽然各个时期的逻辑学家对于逻辑研究的问题和方法都有不同的观点，逻辑学范围相比以前也越来越广，但是逻辑的结论是永远被接受为正确的。也就是说，其变化不在于我们在不同时期接受不相容的逻辑规则，只是在于一些符号标记法、风格。这样一来，无论逻辑是什么样子，它总是被普遍认可的、是正确的，逻辑的推理总是被认为是正确的有效的推理，因而逻辑是规范的。④ 莱布尼茨、康德、弗雷格以及普特南等人的理论，使得知识的有效性问题逐渐成为知识论的中心，当代与逻辑学的规范性有关的讨论就是在这一基础上得以发展的。

第二节已经论述过，描述性和规范性从二分走向了融合。事实上，在逻辑学领域，这种"描述-规范"的双重特性，弗雷格所持逻辑哲学理论中也已经有所暗含，他在《思想》的开篇就提到，关于"真"的法则（逻辑）中，有关于断言、思考、判断、推理的规定。⑤ 也就是说，在弗雷格看来，逻辑学理论中的各种规律，或者说那些关于逻辑后承关系的事实，有着某种"规定"的规范作用。只是，弗雷格对现代数理逻辑发展的贡献实在巨大，使得人们忽略了他提到的规范性的方面。弗雷格曾较为明确地提到过两个层次的逻辑法则（logical laws）："一种意义上，法则陈述了存在的东西

---

① 〔德〕威廉·文德尔班：《文德尔班哲学导论》，施璇译，北京联合出版公司，2016，第127页。
② Michael Beaney, ed., *The Frege Reader*, Oxford: Blackwell Publishers, Ltd., 1997, p. 202.
③ Ibid., p. 228.
④ Hilary Putnam, *Philosophy of Logic*, New York: Harper & Row Publishers Press, 1971, pp. 3-7.
⑤ Michael Beaney, ed., *The Frege Reader*, Oxford: Blackwell Publishers, Ltd., 1997, p. 325.

(asserts what is)；另一种意义上，法则规定了应该是怎样的（prescribes what ought to be）。只有在后一种意义上，在规定了一个人应该如何思考时，逻辑法则才可以被称作'思维的法则'（laws of thought）。任何关于存在的法则都能被看作是规定了一个人的思考应该与它一致。"① 马克法兰（John MacFarlane）将弗雷格的这一模糊的"法则"概念进行了分类阐释：一种是规范性法则（normative law），规定了一个人应该做什么，或者为"评价一个人的行为是好还是坏"提供了标准；另一种是描述性法则（descriptive law），描述了事物的规律，典型地作为那些具有最高解释价值（high explanatory value）和反事实的稳健性（counterfactual robustness）的法则。他指出，当弗雷格把逻辑学刻画为一种一般的普遍法则的时候，单纯的描述性并不能完全体现他的所想。在这一意义上，弗雷格和康德是一致的，他们所赞成的逻辑学的普遍性，都是一种规范性的普遍性——无论逻辑学的主题是什么，它都要为"思想"本身提供构成性原则。② 斯丁伯格（Florian Steinberger）也重返弗雷格的理论，基于对"思想"（thought）概念的梳理分析，在马克法兰的区分的基础上，指明了弗雷格理论中所暗含的两个维度的"法则"：描述性维度（descriptive dimension）和规定性维度（prescriptive dimension）。描述性维度上的法则具有一种"从法则到世界"（law-to-world）的匹配方向，就像自然规律（the laws of nature）一样。描述性法则是不能被违反、被打破的，如果存在某种描述性法则的例外情况，则该法则便不再是描述性法则。与此不同，规定性维度上的法则具有"从世界到法则"（world-to-law）的匹配方向，可以在法律规范、道德规范、礼仪规范等情形中被违反。③

---

① Michael Beaney, ed., *The Frege Reader*, Oxford: Blackwell Publishers, Ltd., 1997, p. 202.
② John MacFarlane, "Frege, Kant, and the Logic in Logicism", *The Philosophical Review*, Vol. 111, No. 1, 2002, p. 35.
③ "思想"一词在弗雷格那里的定义不清，至少有两层含义：一是指句子的内容，存在于"第三域"的一个对象；二是指与"思考"（thinking）等同的，基于其他信念形成新的信念的过程。关于"思考"概念的详细考察，参见 Florian Steinberger, "Frege and Carnap on the Normativity of Logic", *Synthese*, Vol. 194, No. 1, pp. 145-146。

为此，当问到在弗雷格那里，逻辑法则是描述的还是规范的时候，回答可以是"两者皆有"。这得益于逻辑法则所刻画的后承关系的普遍性：它既可以在真值承担者之上呈现，体现为最一般的事物的客观秩序；又可以在人们的推理中呈现，表现为认知主体的信念、意图之间的关系。总之，逻辑学的描述性体现在它对最普遍的事物的秩序和规律的刻画，而规范性体现在它根据那种秩序对人类思维的正确性设定标准。如斯丁伯格所言，认知主体不能总是达到"最好的"（正确的）那种状态，但是他们需要对自己的思考活动负责。逻辑法则在描述的维度准确地描述了事物的客观状态，因而可以作为规范性法则为推理设定正误标准。所以，认知主体应该适当地使得自己的智能活动与之一致。[1] 因此，逻辑学的规范性不是单纯的人类活动的产物，不是社会制定的，而是基于其描述性的，是根植于那种不变的客观逻辑规律之中的——正如弗雷格所说："'真'的规律是建立在永恒基础上的界石，人类的思想可以超越它，但是不能移开它，也不能代替它。"[2]

五 结论

由上述论证可以推断，一个学科或理论的描述性和规范性特征有两个层面的含义：狭义上，从学科或理论的直接刻画内容来看，描述的理论只包含描述性命题，规范的理论只包含规范性命题；广义上，能够带来规范的影响或结果的理论也应该被视作规范的理论，涉及概念的本质探讨的理论也应该被视作具有描述特性。可见，逻辑学在狭义上是描述的，在广义上既是描述的也是规范的。

实际上，这种广义的双重特性的交互并不是专属于逻辑学的。俯瞰当代各学科的发展，"描述-规范"作为一个形容词用于刻画一个学科或一个理论的性质时，从"二选一"的模式到"二者兼容"的模式已经体现在很

---

[1] Florian Steinberger, "Frege and Carnap on the Normativity of Logic", *Synthese*, Vol. 194, No. 1, p. 149.
[2] Michael Beaney, ed., *The Frege Reader*, Oxford: Blackwell Publishers, Ltd., 1997, p. 203.

多学科或理论中。例如，物理学是描述的学科，因为其中包含大量的描述性命题，直接刻画了物质的运动规律；美学、伦理学是规范的学说，因为关于"什么是美的"和"什么是善的"被认为是一种价值评价的问题。然而，随着科学技术的发展以及理论研究的深入，关于这些本被清晰定义的学科或理论的性质界定产生了许多争议。先看看物理学，其描述性本来是最不具备争议的，但是，量子力学、广义相对论、弦论等高阶理论的兴起，预示着物理学也有了走向"规范"的趋势。而伦理学本来是最为典型的规范的学说，其中包含许多规范的陈述，这些陈述展现着事物的善恶、好坏、对错等价值问题，从而对应该与否的问题给出一些回答。但是，伦理学概念的描述性质近年来愈加受到关注，主要是关于"善""好"等概念的本体论属性或者本质的探讨，其领域内部已经逐渐形成"描述的"和"规范的"两种研究路径。类似地，美学也分化出这两种研究路径。可见，对一个学科的界定已经从狭义走向了广义。不再停留于去看其理论中包含的大部分命题的性质，而是已经延伸到去考察学科的运用、学科的基本概念的界定等方面。

  本文所做的工作，只是在逻辑学的描述性被学界广泛接受的情况下，宏观上对"逻辑学的规范性"的证成也提供了十分有利的论证背景。正如斯丁伯格所言：逻辑学虽然的确意味着以某种合适的方式使人的思考符合逻辑法则，但这里"某种恰当的方式"是非常必要的表达——毕竟逻辑规则和信念规范之间不是一直都以非常明显的方式联系在一起的。① 总之，本文只是简单地给出了一个理论上的可能性或者说前景展望，那种"恰当的方式"十分复杂——对于"逻辑学的规范性"的直接论证才刚刚开始。令人振奋的是，一种与规则相关的规范秩序存在于更广泛的领域——包括自然界和人类社会。正如刘松青所指出，随着学界对于价值问题的关注，对规范问题的研究已经扩展到许多方面，从其传统阵地，比如伦理学、美学、实践理性、

---

① Florian Steinberger, "Frege and Carnap on the Normativity of Logic", *Synthese*, Vol. 194, No. 1, p. 149. 此外，在哈曼的工作中可以看到逻辑规则与信念规范之间的区分，参见 Gilbert Harman, *Change in View: Principles of Reasoning*, Cambridge, MA, US: The MIT Press, 1986。

政治哲学、法律哲学等，逐渐拓展到其他新的领域。越来越多的哲学家意识到，在真理、意义、可能性以及心理认知态度（比如信念）这些主题下，规范性概念变得越来越重要。并且，研究方法也呈现出多元化和学科交叉的特性，比如结合哲学、行为心理学、神经科学、生物进化论、辩证博弈等范围的研究。[①] 在这一意义下，逻辑学的规范性对描述性的依赖与其他自然科学类似，但是其论题处于一般规范性理论与认识论中包括知识、信念、真理等主题的交叉地带，这是逻辑学的规范性的独特之处，这一问题也需在以后的研究中进一步探讨。

[①] 刘松青：《规范性概念研究：问题、路径与趋势》，《当代中国价值观研究》2019 年第 6 期，第 14 页。

QML 框架下内涵对象的量化问题

刘明亮[*]

摘　要： 奎因基于模态语境指称晦暗和关于量化式的本体论承诺的观点否定了量化模态逻辑（QML）的合法性，马库斯基于专名和限定摹状词的严格区分对 QML 进行了辩护。二者的争论在内涵的描述理论框架下具有很大缺陷，解决 QML 的合法性问题在根本上依赖于回到描述理论。

关键词： 指称晦暗　替换量化　描述理论　量化模态逻辑

在弗雷格的涵义的描述理论中，涵义概念必须附属于符号对外在对象的指称，因此在对命题真值的分析中，涵义并不是必需的。但在内涵语境中，由于符号指称涵义，涵义对命题真值的影响是实质性的。经典命题逻辑中，联结词是从真值到真值的函项，因此命题逻辑不需要处理内涵问题。但是，在量化模态逻辑（QML）中，真值不仅与命题有关，还与量化的对象和对象的指称方式有关。在 QML 系统中，指称同一外延对象的表达式并不一定

---

[*] 刘明亮，苏州大学政治与公共管理学院讲师。研究方向：逻辑哲学和哲学逻辑。
[**] 本文引用格式：刘明亮：《QML 框架下内涵对象的量化问题》，《逻辑、智能与哲学》（第一辑），第 170~184 页。

能够保全真值地进行替换，这使得通过内涵对象来解释 QML 成为一种可能路径。事实上，虽然内涵对象对于解释 QML 中某些外延性公理失效的问题是有用的，但设定对内涵对象的量化也面临着一些困难，其中最典型的是能否对内涵对象进行存在概括的问题以及如何在系统中区分内涵对象和外延对象的问题。

鉴于在 QML 中部分外延性公理（比如同一替换原理 SI）的无效性，QML 的支持者马库斯虽然否定涵义概念，但承认可以通过公理化的方法刻画不同系统的内涵性程度；[①] 奎因则坚持认为 QML 是不合理的，其反驳存在两个十分不同但又相互补充的方向。他一方面否定 QML 是对外延对象的量化，因而批判马库斯和克里普克等人的经典解释；另一方面，也否定了 QML 能够真正实现对内涵对象的量化，从而反驳了以丘奇为代表的弗雷格主义者的内涵性解释。这两种反驳共同构成了对于 QML 的经典反驳。奎因和马库斯的争论一直未得到最终的解决，直到 2015 年，Duží 和 Jespersen 才在具体技术层面实现了对超内涵的对象性态度语境的有限制量化。[②] 本文通过对奎因的两种反驳的不同前提之间的逻辑联系的分析，从元语言和对象语言的区分出发，在描述理论的框架中证明对一般内涵语境进行量化的理论合法性。

一 奎因对内涵对象和 QML 的批判

奎因给出了 SI 失效的三种情况，即引语语境、信念语境和模态语境。例如，虽然

[①] 马库斯所强调的内涵性程度是根据系统中对同一性确认的不同严格程度来进行的。例如，如果一个系统将实质等值作为同一性的标准，那么在某些以严格等值作为同一性标准的系统中被认为不具有同一性的对象，在这一系统中可能被认为是同一的。因此，以逻辑等值作为同一性标准的系统在同一性方面相较于以实质等值作为同一性标准的系统具有更强的严格性，因而也具有更强的内涵性。但是，需要注意的是，马库斯并没有在弗雷格式涵义的意义上解释这种内涵性的不同。具体可参考 Marcus (1960)。

[②] M. Duží, B. Jespersen, "Transparent Quantification into Hyperintensional Objectual Attitudes", *Synthese*, 192 (3), 2015, pp. 635-677.

（1） Cicero（西塞罗）= Tully（图利） 和

（2） 行星的数目 = 9

为真，但是将下述陈述中的"Cicero"和"9"分别替换为"Tully"和"行星的数目"就使得真陈述为假。

（3） "Cicero"包含六个字母。

（4） 菲利普相信西塞罗（Cicero）公开指责加蒂利内（Catiline）。

（5） 9 必然大于 7。

奎因将上述语境中 SI 的失效归结为语境的指称晦暗，"SI 的失效表明要替换的名称不是纯粹指称性的，也就是说，该陈述不仅依赖于名称指称的对象，还依赖于名称的形式"。① 与弗雷格主义者不同的是，奎因虽然承认"名称的形式"对于陈述真值的影响，但是他并不承认其表达了一种内涵实体。事实上，（3）并不产生内涵语境，因为（3）不涉及表达式对对象的指称。所以，"名称的形式"不应该理解为对象的呈现方式。

奎因进而将 SI 的失效和存在概括的失效联系起来，认为指称晦暗也会导致相应语境中存在概括的不恰当性，因为"一个理论中所承诺的对象不是由单称词项所命名的事物，而是量化式中变元的值"。② 这是其"本体论承诺"的核心内容，它表明语言对于对象的本体论承诺取决于将哪些对象作为自由变元的值，能够进行存在概括的前提是相应专名在陈述中具有指称性出现。具有指称晦暗性的陈述的真不依赖于对专名指称对象的本体论承诺，所以对这类陈述的存在概括无效。而对于（5）这种模态语句的存在概括的失效则表明，要求对模态语境内的变元进行量化的 QML 是不恰当的。

奎因否定 QML 的论证明显预设了两个前提，即（A）模态语境指称晦暗和（B）关于量化式的本体论承诺观点。奎因强调通过否定 A 来反驳其论证的一个重要方法是将内涵对象纳入量化的范围之中，即否定 A 的方法在于采取一种与丘奇类似的弗雷格主义观点，这要求否定一切由模态语境中不

---

① W. V. Quine, *From a Logical Point of View*, New York: Harper & Row, 1961, p. 140.
② Ibid., p. 145.

可替换的名称所命名的外延对象，而实际上只承认相应的内涵对象。

对这种将内涵对象作为量化对象的观点，奎因提出了两点反驳。首先，内涵对象是概念，而不是对象，而概念之间不存在数量关系，比如，强调 9 的概念必然大于 7 的概念是无意义的（简称为"内涵的概念论证"）。其次，更重要的是，即使承认内涵对象，也不能真正解决 SI 的失效。对此，奎因给出了一个简单的论证（简称为"内涵同一论证"）：

假定 I 指称任一内涵对象，p 代表任一真命题，那么显然有 I = (ιx)（p∧（x=I））；但是，如果 p 不是一个分析命题，那么显然等式两边的符号具有不同的涵义，但是它们指称同一对象；因此，即使承认量化的对象是内涵对象，也不能避免 SI 在指称晦暗语境中的失效，从而不能否定 A[①]。[②]

这一论证表明，如果承认 B 为真，同时承认能够以非分析的方式指称同一对象，那么，SI 在指称晦暗语境的失效是不可避免的。所以，关键的问题不在于量化的对象是何种对象，而在于指称同一量化对象的不同指称方式必须是分析的。这一点无论是对于弗雷格主义者，还是对于马库斯和克里普克这种密尔主义者，显然都为假，所以奎因实际上否定了对所有对象的模态量化，即否定了 QML。

二　同一性的公理化和替换量化

马库斯不认同奎因的观点，她对奎因的反驳是全面的，既否定奎因基于 SI 的失效导出前提 A，又否定前提 B。马库斯否定 A 的依据在于对同一性（identity）和等同（equality）以及对专名和限定摹状词的区分。她认为：

[①] 为了避免符号之间的混淆，引文中的部分符号与原文有所改变，比如这里将内涵对象表示为 I，而不是原文中的 A。
[②] W. V. Quine, *From a Logical Point of View*, New York: Harper & Row, 1961, p. 153.

"指称晦暗的根源在于奎因对于'同一性'、'真正的同一性'和'等同'的使用。"① 马库斯基于专名的直接指称理论,严格区分了专名和限定摹状词,认为前者直接指称对象,后者在不同的可能世界指称不同的、符合相应摹状属性的对象。只有专名之间的关系是同一性关系,因为同一性关系是对象自身的同一,而专名和摹状词之间的关系只是等同关系。同一性关系在任何语境中都可以保真替换,但是,等同关系根据形式系统的不同外延性程度具有不同的替换条件。"逻辑系统或多或少都具有一定的外延性,其外延性程度依赖于语言系统中禁止何种语境与谓词以及系统将同一关系与何种弱的等值关系相等同。"② 马库斯区分了三种具有不同外延性的形式系统:标准谓词逻辑(NPL)中不包含模态词和信念这类命题态度谓词,从而排除了模态语境和信念语境,它将同一性和实质等值相等同;模态逻辑不包含信念谓词,从而排除了信念语境,它将同一性和严格等值相等同;如果一个形式系统能够处理信念谓词,从而必须将同一性和比严格等值更强的等值关系相等同,那么它就具有比模态逻辑更弱的外延性。根据这种观点,奎因所强调的 SI 在模态语境中失效是形式系统中的正常现象,"严格蕴涵的替换定理不同于实质蕴涵的替换定理,这本身并不是矛盾的,它只是对于已知区分的恰当的形式化"。③ 限定摹状词之间的替换前提是严格等值,而同指专名在模态语境中可以进行保真替换。总之,奎因对于 A 的证明无效。

马库斯对于 B 的否定依赖于对量化式中变元的替换解释。她否定了奎因的本体论承诺标准:"经验对象中可以视为事物(things)的是那些可以进入同一性关系的对象……在一个语言中,属性、类或命题是否被看作是事物不取决于它是否可以被量化,而是取决于将其名称在同一性陈述中进行替换能否构成有意义的命题。"④ 当然,马库斯并不是要承认属性和命题这些内涵对象,而是强调即使一个语言系统承认对于内涵对象的量化式的有意义

---

① R. B. Marcus, "Extensionality", *Mind*, 69 (273), 1960, p. 60.
② Ibid., p. 62.
③ Ibid., p. 61.
④ R. B. Marcus, "Modalities and intensional languages", *Synthese*, XIII (4), 1961, p. 304.

性，也并不因此承认内涵对象作为实体。相反，符号是否表达实体对象取决于符号是否能够表达同一性关系，比如虽然某一语言中可能具有关于"罗素的第八个孩子"的真陈述和关于其指称对象的存在概括，但是这一语言并不承诺其指称的对象实际存在。马库斯因此提出了对于量化变元的替换性解释：∃x φx 为真意味着"'φx'的某些替换实例为真"①。马库斯强调这种解释相较于量化解释存在两个明显的优势：首先，它是存在论上中性的，因而消除了量词的存在涵义，这允许直觉上为真的关于虚拟对象的存在概括；其次，它使得允许对内涵对象的量化而不承认内涵对象（比如命题和属性）的存在成为可能。②

虽然全面否定 A 和 B，但马库斯对于奎因观点的反驳并不彻底，因为就问题的实质而言，她和奎因的观点是一致的，其差异在于解释方法。马库斯对 A 的反驳并不意味着她否定指称晦暗的观点。相反，马库斯实际上承认了指称晦暗现象，她否定的仅仅是专名能够构成指称晦暗的可能方式。从理论结果上看，她强调专名的使用涉及的是其指称对象本身，专名的指称同一性是对象本身的同一性，因而在任何语境中都可以保真替换。但是对于涉及摹状词的指称晦暗，马库斯显然同意。所以，马库斯能够反驳 A 的关键在于她的理论预设了直接指称理论，预设了专名在指称对象上相对于限定摹状词的特殊性。根据这一预设，专名在模态语境中出现的陈述是关于对象本身的断定，其真值不依赖于专名本身作为一种指称方式。所以，□Fa 表达的是专名 a 指称的对象本身具有某一属性的必然性。奎因强调 QML 承诺了亚里士多德式的本质主义正是根源于此。关于这一点，克里普克在肯定关于专名和限定摹状词的区分后，就敏锐地指出："奎因所能反对的可能只是，标签（专名）和经验摹状词的区分本身就是本质主义的表现。"③ 坚持专名和限定摹状词的区分表明，马库斯否定 A 的依据不在于否定指称晦暗，而是

---

① R. B. Marcus, "Modalities and intensional languages", *Synthese*, XIII (4), 1961, p. 314.
② R. B. Marcus, *Quantification and Ontology*, *Modalities - Philosophical Essays*, Oxford: Oxford University Press, 1993, p. 82.
③ Ibid., p. 34.

强调指称晦暗不仅与某些特殊的谓词造成的特定语境有关，还与表达对象的特定方式有关，即虽然在模态语境中的限定摹状词是指称晦暗的，但专名不是。同时，马库斯对于量化变元的存在论涵义的否定在另一个角度说明了，奎因关于存在概括在模态语境和信念语境中不适用的观点是正确的。通过对量化变元进行替换解释，从而使得对于相应语境中的存在概括成为有效的，并不能否定基于对变元的指称解释的存在概括无效。总之，马库斯对 QML 的辩护依赖于对专名和摹状词的不同语义学作用的区分，以及对量化和本体论承诺之间的本质联系的否定。由于这种观点预设了奎因并不承认的语义学前提，并且它不否认奎因所指出的语义学现象，所以它只是表明，奎因所给出的解释不是唯一的，即对于模态语境的语义学现象存在着无须否定 QML 的另一种解释。

三 使用与提及之辩

马库斯反驳了奎因对 SI 和存在概括原则在模态语境中失效的解释，提出了一种基于专名和限定摹状词的区分和替换性量化的新解释，其直接结果是 QML 的恰当性。这两种相互矛盾的结果根源于对符号在不同语境中出现的使用和提及的争论。

使用和提及的混淆是奎因为否定刘易斯将模态逻辑中的必然性概念解释为算子而提出的概念。他强调：" '必然地' 在作为逻辑性模态词使用时，是将必然性无条件地和非人称地作为一种真的绝对模式。"[1] 对于奎因来说，必然性意指 "必然地真"，其适用对象是陈述而不是其指称，强调一个陈述 "是必然的" 等值于陈述 "是分析的"。因此，必然性并不是刘易斯所理解的附加于陈述之上的算子，而是一个附加于陈述名称的谓词。在将必然性理解为算子的解释下，陈述是使用性出现，而在谓词的理解下，陈述是提及性出现。刘易斯正是混淆了陈述的使用和提及才会将必然性作为一个算子，而

---

[1] W. V. Quine, *Word and Object*, Cambridge: The MIT Press, 1960, p. 195.

必然性的算子理解又为马库斯对模态逻辑进行量化奠定了基础，因为"算子解释的一个明显的优势在于它具有对模态位置进行量化的可能性"。① 使用和提及的区分与指称透明和指称晦暗的区分是一致的，二者的判定标准都是陈述的真值是否依赖于陈述自身作为表达方式，在一个导致指称晦暗的语境中符号的出现一定是提及性出现，其区别仅仅在于前者适用于符号的出现，而具有透明性或晦暗性的只能是由句法性谓词所产生的语境。奎因强调"引语是指称晦暗的典范"，这正是因为在引语中的符号指称符号自身，而不是符号通常指称的对象，所以在引语中符号的提及性出现是不可怀疑的。

如果承认必然性是谓词并且在必然性谓词约束下的子句的出现是提及性的，那么奎因对于 QML 的反对是有效的。首先，马库斯通过区分专名和摹状词来否定摹状词之间的同一性关系，来论证 SI 在模态语境中的有效性和模态语境中的指称透明，这是不成立的。因为在必然性谓词的解释下，必然性等值于分析性，两个符号在模态语境中是否可替换显然不取决于二者指称的同一性或逻辑等值，而是取决于二者是否分析等值。所以，即使假定专名严格指称对象，也不能证明专名在模态语境中可保真替换。其次，虽然在必然性的谓词解释下，替换量化的结果总是与相应模态语句的真值一致，但这恰恰表明替换量化是平凡的，它仅仅是对相应模态语句的句法上的重新表达。□Fa 显然只是对 □F（x/a）的另一种表达，因此对模态命题进行存在概括总是为真。但是，正如奎因所言："量化的替换解释以一种实质的方式偏离了对于量化的通常解释。"② 这一方面表现为，某些在对象性量化的解释下为真的量化式在替换量化的解释下为假，比如，实数是不可数的，而逻辑系统中的语言表达式是可数的，所以存在逻辑系统中 ∃x φx 可证而 ~φ(t) 对于每个表达式 t 都可证的情况，这表明 ∃x φx 在替换解释下为假。关于这一点，即使是坚持替换量化和指称量化具有一致性的克里普克也承认："有

---

① W. V. Quine, *Word and Object*, Cambridge: The MIT Press, 1960, p.197.
② W. V. Quine, "Reply to professor Marcus", *Synthese*, 13 (4), 1961, p.328.

些特殊的形式系统只允许指称性解释,而不具有替换性解释。"① 另一方面,即使是替换性量化也必须具有真值,但是替换量化完全否定了指称维度,这使得量化式的真值很难解释。因此,虽然替换量化的概念与必然性的谓词解释是相容的,但是它与我们关于量化的直觉不符。马库斯的论证与奎因关于必然性的谓词解释的冲突表明,二者的根本分歧在于必然性是否只能作为与分析性等值的谓词,表达式在必然性约束下的出现是不是提及性出现。

我们知道,严格蕴涵的提出者刘易斯沿用了罗素和怀特海将蕴涵解释为实质条件句的做法。奎因认为这混淆了使用和提及,但他并不认为马库斯也混淆了这种用法。马库斯在论证同一性的必然性定理(a=b)≡□(a=b)时明确指出,"a=b 表达的是 a 和 b 是同一对象,而不是'a'和'b'是指称同一对象的两个符号,这里需要区分使用和提及"。② 马库斯所强调的必然性是算子必然性,它意指对象必然具有某种属性,而不是符号之间的分析等值。在必然性的算子解释下,专名和摹状词的区分在模态语境中具有实质性差异。对于马库斯而言,专名直接指称对象意味着符号的差异不会导致模态句的真值差异;限定摹状词通过属性来确定对象则表明不同摹状词导致的属性差异会造成模态句真值的改变。但是,在这两种情况中,表达式的提及性使用都与模态句的真值无关,同指摹状词在模态语境中的不可替换性不是因为使用不同的符号指称同一对象,而在于不同的摹状词代表了不同的摹状属性,两个表达相同属性的不同符号在模态语境中同样是可替换的。所以,马库斯对专名和限定摹状词的区分实质上是对符号是否具有摹状特性的区分,专名不表达摹状特性意味着专名的指称关系是非经验性的和模态上严格的。同理,马库斯的替换解释也不可能是提及性的,而只能是使用性的。

当马库斯强调 a=b 这种专名指称同一性的必然性时,它表达的是对象

---

① S. Kripke, "Is there a problem about substitutional quantification", Gareth Evans J. M., ed., *Truth and Meaning—Essays in Semantics*, Oxford: Oxford University Press, 1976, p. 378.

② R. B. Marcus, "Modalities and Intensional languages", *Synthese*, XIII (4), 1961, p. 308.

本身具有同一性的必然性，而不是具有不同涵义的符号指称相同对象的必然性，因此 a = b 的必然性和 a = a 的必然性没有区别。① 但奎因强调的是，必然性只能应用于提及对象的方式，否则 a = b 是否为真就不具有任何认知上的标准。这种差别还表现为，奎因将指称晦暗看作是语境性的，模态语境中的指称表达式不处于指称位置；马库斯则将指称晦暗看作是与词项相关的，专名之间的等同不导致指称晦暗，限定摹状词才会造成指称晦暗。这表明马库斯的必然性概念实际上是附属于对象之上的，专名不导致指称晦暗正是因为专名不是作为对象的表述方式，而是代表对象本身。所以，虽然马库斯并没有在 QML 中将个体本质主义论题作为公理，但是马库斯对专名的使用性解释本身就表明马库斯在 QML 中承诺了个体本质。

四 内涵对象的语义学及其表达

由于马库斯对 QML 的辩护最终必须承认个体本质，所以 QML 的合法性只能在于承认内涵对象。另外，虽然奎因提出了否定用内涵对象解决指称晦暗问题的两个直接理由，但可以证明这两个理由都不成立。其主要原因在于，奎因没有深入理解他所批判的描述理论者所强调的内涵对象的语义学性质。这表明，在描述理论框架下实现对内涵对象的量化是可行的。

在内涵的概念论证中，奎因显然将数量关系理解为对象之间的关系，因为"概念"本身并不具有数量关系。奎因将数理解为对象实际上和弗雷格

---

① 克里普克在《同一和必然性》中对同一性的必然性的证明和马库斯的这种处理在实质上是相同的，二者最终都依赖于对必然性的从物解释。张建军在《正规模态集合论及相关问题》中将克里普克关于同一性的必然性的证明在正规模态谓词逻辑中进行了重塑。在这一重塑中，克里普克的证明中最为关键的一步显然是"谓词代入"规则，即将对象的必然自身同一（□（x=x））作为一个独立的谓词对莱布尼茨的同一不可分辨原则进行代入。但是，这种代入已经预设必然具有某种属性是可以归于个体的，此时，□（x=x）和□（x=y）表达完全相同的内容。因此，这种证明和马库斯的证明并无二致，它不能回答奎因的质疑。

的观点是一致的，但弗雷格不会承认内涵对象是概念，因为概念是谓词的指称，而不是任何符号的涵义，这是由涵义和指称的区分决定的。内涵的概念论证关涉的不是术语使用上的问题，虽然弗雷格的"概念"是符号的指称，但奎因这里的"概念"实际上应该理解为属性的集合，这也符合弗雷格自身对概念的摹状表述。内涵的概念论证强调的是，数只有作为对象才能具有数量关系，而内涵作为属性集合根本不是对象，因此不可能具有数量关系。因此，断定"9的概念"和"7的概念"的"必然大于"关系是无意义的。

内涵的概念论证确实表明，"概念"不具有数量关系，但是奎因试图用这一论证导出概念的非对象性却是不恰当的。作为对象的呈现方式的涵义在逻辑上不是对象，但是这不排除我们在元符号层次对涵义本身的对象性研究。重要的是，涵义在符号层面的非对象性与符号在指称层面的对象性是一致的，即使在承认涵义决定指称原则的前提下，对象性的"大于关系"也可以用在符号层面具有非对象性的涵义来解释。弗雷格主义者并不否定符号"9"指称的是9这个对象，相反涵义决定指称原则恰恰表明，对于对象的断定必须通过涵义，因此理解符号的涵义构成了确定陈述指称的方法。因此，根据描述理论，9>7断定的不是内涵对象的数量关系，而是9和7这两个数学对象的数量关系。但是，确定这一断定的真值需要通过内涵对象，这种内涵对象之间的关系与对象之间的关系显然不在同一个语言层次，因此9>7的真不是基于对象之间的数量关系，而是内涵对象之间的分析性关系。正是在这种意义上，描述理论对于算术等式的必然性解释才不会承诺个体本质，因为即使是具有必然性的算术命题的真也是基于一种内涵上的关联，这是一种基于"表述方式"的从言必然性。

内涵同一论证的无效性则根源于对内涵对象同一性的错误表达。在弗雷格的涵义理论中，内涵对象必须附属于对外在对象的指称中，不存在对内涵对象的独立指称，因而更不会存在对内涵对象的同一性的独立符号表达。[①]

[①] 这是弗雷格涵义理论中"中介论题"的直接推论，即涵义是作为对象的呈现方式而存在的。具体可参考 P. Tichý, *The Foundations of Frege's Logic*, New York: Walter de Gruyter, 1988, p. 113。

在内涵同一论证中,奎因试图用 I =（ιx）（p ∧（x=I））证明,即使承认内涵对象,同样存在 SI 失效的问题,因为存在着指称同一内涵对象的不同符号。在内涵语境中这些不同的内涵符号会构成不同的"名称的形式",这意味着内涵对象在内涵语境中同样是指称晦暗的。但是,描述理论并不承认表达式"I"和"（ιx）（p ∧（x=I））"表示同一内涵对象,因为符号具有涵义和符号可以指称涵义不是一回事。在对语义学基于语言层次进行划分的前提下,内涵对象只能作为符号的内涵存在,而不能用一个符号指称一个内涵对象。在这个意义上,唯一可能表示内涵对象的同一的方法必须诉诸元语言,即"符号 a 的内涵 = 符号 a 的内涵"。

从奎因对于内涵对象可能具有的表示形式的表述出发,同样可以说明其不合理性。按照奎因的观点,在表达式"I =（ιx）（p ∧（x=I））"中,由于等号左边的符号"I"表示内涵对象,那么等号就表示内涵对象的等同。所以,等式右边的表达式必须表达内涵对象 I。但实际上奎因认为,如果 p 不是分析命题,那么"I =（ιx）（p ∧（x=I））"与内涵对象 I 不表达不同内涵。这只能说明 a =（ιx）（p ∧（x=a））的规则不适用于内涵对象,因为当表示内涵对象时,ιx 中的 x 同样是论域为内涵对象的变元,这要求,如果 a =（ιx）（p ∧（x=a））的规则可以应用于内涵对象,p 的真必须是基于内涵对象而为真的,因此 p 必须是分析的。所以,内涵同一论证并不能证明承认内涵对象也会导致指称晦暗,因而不构成对内涵对象进行量化的有效反驳。

五 内涵对象的同一性与量化问题

奎因否定内涵对象的另一个重要原因是,很难确定内涵对象的同一性标准。但在认识论视域下,描述理论可以将对应摹状属性的相同作为内涵对象的同一性标准。事实上,奎因很少谈论内涵对象,他更多是讨论同义性的概念。在其理论中,涵义概念是附属于表达式的。"表达式的涵义和同义性之间可以相互定义。同义性是具有相同涵义的表达式之间的关系;表达式的涵义是所有与其具有相同涵义的表达式。"① 由于可以将表达式的涵义用同义表达式来表达,因此不需要设定涵义实体,而只需要解释同义性。在《论何物存在》中,奎因强调:"语言表达式的有意义性是一个基本的不可还原的事实。对意义的谈论方式只有两种:有意义和同义性……给出某个表达式的意义,并不是指出某种产生意义的实体,而是给出同义性表达式。"②

通过将涵义还原为同义性表达式后,奎因进一步否定了表达式同义性的一些可能标准。(a)不能用分析性定义同义性,因为分析性本身就很难解释。将陈述的分析性看作是逻辑真的,或者是通过同义词替换可转换为逻辑真的陈述,这并不可行,它在根本上还是依赖同义性概念。此外,卡尔纳普诉诸于用状态描述的概念来解释分析性同样不可行。奎因认为,状态描述就是将每个原子陈述进行真值的无穷分配,这实际上是莱布尼茨"可能世界"概念的另一种说法。基于状态描述的概念,一个陈述是分析的意味着陈述在所有的状态描述中都为真。奎因认为这种解释很难奏效,因为原子陈述中如果包含"单身汉"和"未结婚的男子"这种"同义词对",那么状态描述解释就会将某些分析陈述解释为综合陈述。③ (b)定义不能解释同义性,相反定义只是肯定原有的同义性关系。但通常同义词仅仅是以用法为依据的,这不能解释两个表达式具有哪种相互联系才能被认为是同义的。(c)表达式相互替换的保真性不能作为同义性的标准,因为这只要求表达式指称同一对象。但是,相互替换的必然保真性又只是一种循环论证,因为必然性还是需要分析性的概念才能解释。(d)将语义规则作为同义性的依据不可行,因为语义规则是很难解释的,它具有不可避免的模糊性。(e)涵义的证实理论依赖于一种彻底的还原论,它要求将所有陈述都还原为感觉材料的语言,而这要求孤立地对陈述进行否证或确证。奎因将这种观点看作是一种教

---

① W. V. Quine, "Notes on existence and necessity", *The Journal of Philosophy*, 40 (5), 1943, p. 120.
② W. V. Quine, *From a Logical Point of View*, New York: Harper & Row, 1961, p. 12.
③ W. V. Quine, "Two dogmas of empiricism", *The Philosophical Review*, 60 (1), 1951, pp. 23-24.

条，因为"关于外在世界的陈述不是个别地而是整体地面对感觉经验的检验"①。

奎因这种对同义性和还原论的反驳是基于一种认知的整体论观点，这种观点强调任意一个陈述的真都不对应于某个孤立的事实，而是必须基于很多相互联系的前提。这意味着，不可能仅仅因为一个陈述和另一个陈述对应于相同的真值条件就断定二者具有同义性。例如，"亚里士多德是个哲学家"和"亚里士多德是个爱智慧的人"是否具有相同的涵义取决于多种因素，二者可能在很多情况下都被认为是表达相同的命题；但是如果在某些情况下，哲学家具有坏名声，从而被认为是故弄玄虚的伪善之徒，那么二者显然不具有相同的真值。这种现象表明，陈述的真值依赖于多种前提，固定的某种理解不能穷尽陈述的涵义，因此同义性不存在固定的标准。

奎因的这种观点从知识的普遍联系角度看是恰当的，但是这种观点并不能否定内涵对象的同一性及存在。因为虽然对于词项涵义的理解具有多主体性和多角度性，但是词项的相对涵义可以看作是主体间性的和固定的②，并且正是词项的这种固定涵义决定了陈述的真值。对内涵对象进行量化的可能性，不在于不同主体是否总是将相同的摹状属性赋予某个词项，而在于对于涵义是否同一是否有客观标准，以及涵义对于命题真值的确定是否具有确定标准。涵义的相对主体性决定的是，在涉及主体信念语境的量化时，如何确定量化对象的同一性的问题，而不是量化对象自身是否具有同一性的问题。这是一个认识论问题，而不是一个存在论问题。关于这一点，弗雷格就曾强调："某个给定的涵义是否属于某个指称，依赖于我们对于指称的全面认知；但是我们从未达到这种认知。"③ 对于词的涵义，我们的认知总是不断进行更新，但是这不否定我们能够判断陈述的真值，更不影响我们对于内涵对象同一性的判断。例如，"亚里士多德是个哲学家"为真并不需要我们知

---

① W. V. Quine, "Two dogmas of empiricism", *The Philosophical Review*, 60 (1), 1951, p. 38.
② 刘明亮：《论摹状词理论的语用和句法之争》，《重庆理工大学学报（社会科学版）》2020年第1期，第17~24页。
③ G. Frege, "Sense and reference", *The Philosophical Review*, 57 (3), 1948, p. 211.

道亚里士多德的所有摹状属性，也不需要对词项"哲学家"进行严格的定义，而是取决于是否存在"亚里士多德"的某些对应摹状性标志，使得我们将其作为哲学家的识别特性。这并不否定我们对于"哲学家"的识别特性会发生变化，但是由识别属性所对应的内涵对象是不变的。同理，基于不同角度，我们可以将"哲学家"和"爱智慧的人"分别理解为不同的内涵对象，但是，当我们基于某种特定观点，将二者理解为同一内涵对象时，就可以认为二者具有同义性，这时"哲学家是爱智慧的人"就成为具有必然性的分析命题。总之，描述理论虽然不认为词项表达固定的内涵对象，但是这并不能否定内涵对象基于摹状属性的同一性。这种解释在提供了内涵对象的同一性标准的同时，也提供了在认识论视域下对内涵对象进行量化的合理性依据。

·青年学者论坛·

基于 MMTD 的单句模糊性度量[*]

何 霞[**]

摘 要: 语句的模糊性由其组成的词的模糊性来度量。句子的谓词是句义的核心成分,句子的谓词主要由动词和副词、副词和形容词的组合构成,本文称为词的链接。一个单句可以含有一个词的链接或多个词的链接。本文基于度量模糊语义的量化工具中介真值程度的度量(MMTD),考虑多种语法结构,根据已有的词的模糊语义度量成果,建立单句的模糊性度量方法及公式。本研究旨在对人工智能自然语言模糊性处理建立方法。

关键词: 单句模糊性 词的链接 模糊性度量

一 导语

语词具有与生俱来的模糊性,正如 B. Russel 所言[①],除了逻辑与纯粹

---

[*] 本文为 2021 年度高校哲学社会科学研究一般项目 (2021SJA1807) 成果。
[**] 何霞,淮阴工学院外国语学院讲师。研究方向:语言逻辑与翻译。
[***] 本文引用格式:何霞:《基于 MMTD 的单句模糊性度量》,《逻辑、智能与哲学》(第一辑),第 185~200 页。
[①] Russell B. *Human Knowledge, Its Scope and Limits* [M]. Simon and Schuster, 1948: 147, 507.

的数学，具有准确意义的字是没有的。词是语句的基本单位，语句的模糊性显著地体现在词的语义上。在逻辑中，能判断真假（T 或者 F）的陈述语句称为命题。在经典二值逻辑中，一个命题的真值要么真，要么假，没有第三值。然而，如"赵丽是我的新朋友"这样的命题的真值却不能判定真假。这个命题为真的条件是在"新朋友"这个集合中有一个个体叫"赵丽"，但这个条件并未对"新朋友"加以分析，即未对其意义加以解释。什么叫"新朋友"？从常识来看："刚刚结识的朋友是新朋友"。那"刚刚"这个时间副词包括的时间范围是什么？上个月？这个月？上周？昨天？今天？一个小时前？五分钟前？另外，"新朋友"下一秒还是新朋友吗？明天呢？后天呢？一周后呢？下个月呢？在逻辑推理中，这是一个典型的连锁推理悖论，会得出新朋友一百年以后还是新朋友的荒谬结论。实际上，造成这种悖论的原因是新朋友成立的时间条件无法做到一刀切，无法给出一个固定的时间数值。因此，其语义是模糊的，整个命题的语义也是模糊的，也就是说命题的真值范围不适用于传统二值逻辑的定义，而必须寻求可以解释其模糊语义的逻辑类型，并在其语义范围内给予真值描述。

语言的模糊性表现在其所表达的概念的外延不明，其外延与其非外延之间呈现亦此亦彼、中介过渡的状态。① 如上文的"新朋友"与"旧朋友"在时间条件的延续上是从"新""旧"两级呈现中介逐渐过渡的状态。中介逻辑（ML）对这种状态进行了描述："对立面的相互转化过程中总有中介过渡现象，它是同一性在质变过程中的集中表现。既然对立面的相互转化普遍存在，则中介状态也必然存在。那么从量的侧面去研究中介对象或同一性质在质变过程中的集中表现就是不可避免的了。"② 由此，中介逻辑在真假二值的基础上，引入了第三值，该值表示对对立面的中介状态的肯定，记为 M。中介逻辑尝试从量的侧面去研究质变过程的集中表现，其语义深刻地反映了模糊性。基于中介逻辑的数学函数——中介真值程度的度量（MMTD），

---

① 苗东升：《模糊学导引》，中国人民大学出版社，2011，第 24 页。
② 朱梧槚、肖奚安：《数学基础和模糊数学基础》，《自然杂志》1984 年第 7 期，第 723 页。

成为模糊语义量化的有力工具。

本文基于中介逻辑研究语句的模糊语义,并根据语句中单句的语词结构将其模糊语义进行形式化描述,在此基础上利用 MMTD 建立单句的模糊语义模糊值的度量公式。在文献①中讨论了具有模糊性的词性—动词、副词、形容词的模糊性度量,即真值程度(MMTD)($h_T(f_v(x))$、$h_T(f_{adv}(x))$、$h_T(f_{adj}(x))$)。在此基础上,本文继续以 MMTD($h_T(f(x))$)为量化工具讨论语句(单句)的模糊性及其度量。

二 中介逻辑(ML)与 MMTD 简介

1. 中介逻辑简介

中介逻辑以亚里士多德(Aristotle)开创的形式逻辑中的"矛盾"和"对立"概念作为哲学背景。若两个概念中的一个内涵否定另一个内涵,则称它们是一对矛盾概念,如好与不好、正常与非正常、美丽与非美丽等;若两个概念都有其自身的肯定内容,并在同一内涵的一个更高级的概念中,并且它们之间存在着最大差异,则此两个概念就是一对对立概念,如好与坏、快与慢、美丽与丑陋等。

中介逻辑主张无条件地承认,并非对于任何谓词 P 和对象 x,总是要么 $P(x)$ 真,要么 ¬$P(x)$ 真,也存在这样的谓词 P,有对象 x 使得 $P(x)$ 和 ¬$P(x)$ 都部分地真。这条原则被称作"中介原则",认为并非任何对立面都没有中介。中介原则在中介系统的建立和开展中贯彻始终。

中介逻辑 ML 是一类三值逻辑系统,其在真假二值的基础上,引入第三值来肯定基于对立面的中介状态,第三值记为 M。ML 的真值表如表 1 所示。

---

① 何霞、杜国平、宗慧:《基于中介真值程度度量的模糊语义翻译研究》,《南京邮电大学学报(自然科学版)》2020 年第 6 期。

表 1　ML 的连接词真值表

A	B	⌐A	~A	A→B	A<B
T	T	F	M	T	T
T	M	F	M	M	M
T	F	F	M	F	F
M	T	M	T	T	T
M	M	M	T	M	T
M	F	M	T	M	M
F	T	T	M	T	T
F	M	T	M	T	T
F	F	T	M	T	T

资料来源：洪龙、周宁宁：《中介逻辑与中介公理集合论的综述》，《南京邮电大学学报（自然科学版）》，2008 年第 4 期，第 89 页。

中介逻辑谓词演算系统 MF 的基本联结词为⌐，~和<。其中，"<"是真值程度词，例如"$x<y$"表示"x 真值程度不强于 y"。例如，在模糊语言中，表示事物前进的速度的副词"缓缓"的真值程度不强于"慢慢"，因为在相对于"快"的语义中，"缓缓"的真值程度显然不强于"慢慢"。

中介谓词逻辑 MF 是 ML 的一个子系统，它由形式符号、合式公式的形成规则和推理规则组成。

（1）形式符号

MF 的形式符号有如下五类：

a. 逻辑词：⌐，→，~，∀，∃；

b. 个体常元：a, b, c, a_i, b_i, c_i ($i=1, 2, \cdots$)；

c. 个体变元：x, y, z, $\cdots$；

d. 谓词：P, Q, S, P_i, Q_i, S_i ($i=1, 2, \cdots$)；

e. 技术符号：(,) , , 。

（2）合式公式的形成规则

MF 的形成规则共有四条：

a. F^n($t_1, \cdots, t_n$) 是合式公式（F^n是任一 n 元谓词，$t_1, \cdots, t_n$是任意常

元）；

b. 如果 A 是合式公式，则 $\sim A$ 和 $\neg A$ 是合式公式；

c. 如果 A 和 B 是合式公式，则 $(A \rightarrow B)$ 是合式公式；

d. 如果 $F(a_i)$ 是合式公式，a_i 在其中出现，x 不在其中出现，则 $\forall x F(x)$ 和 $\exists x F(x)$ 是合式公式。

中介逻辑把否定词 $\neg$ 作为定义的符号引入：

$$\neg A =_{df} A \rightarrow \sim A$$

（3）推理规则

MF 的推理规则如下：

$(\in)\ A_1, A_2, \cdots, A_n \vdash A_i\ (i=1, 2, \cdots, n)$；

(τ) 如果 $\Gamma \vdash \Delta \vdash A$，则 $\Gamma \vdash A$；

$(\neg)$ 如果 $\Gamma, \neg A \vdash B, \neg B$，则 $\Gamma \vdash A$；

$(\rightarrow -)\ A \rightarrow B, A \vdash B$；

$\qquad A \rightarrow B, \sim A \vdash B$；

$(\rightarrow +)$ 如果 $\Gamma, A \vdash B$ 且 $\Gamma, \sim A \vdash B$，则 $\Gamma \vdash A \rightarrow B$；

$(Y)\ A \vdash \neg \neg A, \neg \sim A$；

$\qquad \neg \neg A, \neg \sim A \vdash A$；

$(Y\sim)\ \sim A \vdash \neg A, \neg \neg A$；

$\qquad \neg A, \neg \neg A \vdash \sim A$；

$(Y\neg)\ \neg A \vdash \neg A, \neg \sim A$；

$\qquad \neg A, \neg \sim A \vdash \neg A$；

$(\neg \neg +)\ A \vdash \neg \neg A$；

$(\neg \neg -)\ \neg \neg A \vdash A$；

$(\sim \sim)\quad A \rightarrow A \vdash \sim \sim A$；

$\qquad\quad \sim \sim A \vdash A \rightarrow A$；

$(\forall -)\ \forall x A(x) \vdash A(x)$；

（∀+）若 $\Gamma \vdash A(a)$，其中 a 不在 Γ 中出现，则 $\Gamma \vdash \forall x A(x)$；

（∃-）若 $A(a) \vdash B$，其中 a 不在 B 中出现，则 $\exists x A(x) \vdash B$；

（∃+）$A(a) \vdash \exists x A(x)$，其中 $A(x)$ 是由 $A(a)$ 把其中 a 的某些出现替换为 x 而得；

（¬∀）$\neg \forall x A(x) \vdash \exists x \neg A(x)$，$\exists x \neg A(x) \vdash \neg \forall x A(x)$；

（¬∃）$\neg \exists x A(x) \vdash \forall x \neg A(x)$，$\forall x \neg A(x) \vdash \neg \exists x A(x)$。

符号 $\vdash$ 意为"形式地推出"，意思是如果 $\vdash$ 的左边我们都认为是肯定的、真的，正因为这个前提是肯定的、真的，那么我们肯定一定会推出结论是真的。

2. 中介真值程度度量（MMTD）简介

中介真值程度的度量（Measurement of Medium Truth Degree，MMTD）在文献中进行了介绍。[①] 这是一种基于中介逻辑对模糊现象进行定量计算的方法。该方法的主要特点是采用逻辑真值定性与数据数值定量有机结合的方式处理模糊现象，描述一般应用数值化后的数值区域与其对应谓词的真值之间的关系，并建立逻辑真值程度的数值度量，旨在为处理模糊现象提供一种基于逻辑的、自然的定量形式的数值化方法。

记 X 是非空对象集合，f 是 X 的一维数值化映射。对于 $x \in X$，如果子集 $X_T \subset R$ 和 $X_F \subset R$ 分别满足 $f(x) \in X_T \Leftrightarrow P(x)$ 及 $f(x) \in X_F \Leftrightarrow \neg P(x)$，那么我们就可以称 X_T、X_F 分别是对应谓词 P 的"真"数值区域和"假"数值区域。如图 1 所示，将一般数值化应用的数值区域划分为对应谓词真值的 3 个区域，即 $\neg P(x)$、$\sim P(x)$、$P(x)$。在对应 $P(x)$ 的"真"数值区域，α_T 是关于 $P(x)$ 的 T 标准度，$[\alpha_T - \varepsilon_T, \alpha_T + \varepsilon_T]$ 是 α_T 的邻域；在对应 $P(x)$ 的"假"数值区域，α_F 是 $\neg P$ 的 F 标准度，$[\alpha_F - \varepsilon_F, \alpha_F + \varepsilon_F]$ 是 α_F 的邻域。数值区域与谓词的对应关系亦如图 1 所示。

[①] 洪龙，肖奚安，朱梧槚. 中介真值程度的度量及其应用（I）. 计算机学报 2006 年第 12 期；谢丁，洪龙. 基于 MMTD 的中文副词模糊语义的量化研究 [J]. 南京邮电大学学报（自然科学版），2012 年第 4 期；吴振国：《汉语模糊语义研究》，华中师范大学出版社 2003。

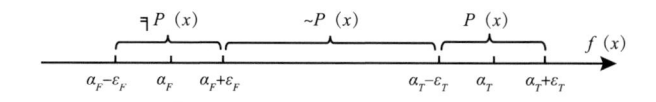

图 1　数值区域与谓词的对应关系

定义 2.1　设 X 是非空集合，对任意的 $a, b \in X$，有唯一实数 $d(a, b)$ 与之对应，且满足对任意的 $a, b, c \in X$：

(1) $d(a, b) = d(b, a)$；

(2) $d(a, b) \geq 0$，$d(a, b) = 0$ 当且仅当 $a = b$；

(3) $d(a, b) + d(b, c) \geq d(a, c)$。

则称 d 是 X 中的距离，本文采用一维情形下的欧氏距离，即 $d(a, b) = |a - b|$。

在讨论 x 相对于 $Q = \{P, \neg P\}$ 的真值程度时，MMTD 采用距离概念，也就是把与 $\sim P$ 对应的数值区域的长度作为参照，这样可以很自然地使得对象 x 相对于 Q 的真值程度越高，离 $\neg Q$ 对应的数值区域越远。

因此，相对于 P 的距离比率函数 h_T，也就是 x 相对于 $Q = P$ 的真值程度为：

$$h_T(f(x)) = \begin{cases} 0 & \alpha_F - \varepsilon_F \leq f(x) \leq \alpha_F + \varepsilon_F \\ \dfrac{d(f(x), \alpha_F + \varepsilon_F)}{d(\alpha_T - \varepsilon_T, \alpha_F + \varepsilon_F)} & \alpha_F + \varepsilon_F < f(x) < \alpha_T - \varepsilon_T \\ 1 & \alpha_T - \varepsilon_T \leq f(x) \leq \alpha_T + \varepsilon_T \end{cases} \quad (\text{式} 2.1)$$

相对于 $\neg P$ 的距离比率函数 h_F，也就是 x 相对于 $Q = \neg P$ 的真值程度为：

$$h_F(f(x)) = \begin{cases} 0 & \alpha_T - \varepsilon_T \leq f(x) \leq \alpha_T + \varepsilon_T \\ \dfrac{d(f(x), \alpha_T - \varepsilon_T)}{d(\alpha_T - \varepsilon_T, \alpha_F + \varepsilon_F)} & \alpha_F + \varepsilon_F < f(x) < \alpha_T - \varepsilon_T \\ 1 & \alpha_F - \varepsilon_F \leq f(x) \leq \alpha_F + \varepsilon_F \end{cases} \quad (\text{式} 2.2)$$

通过式 2.1 和式 2.2 距离比率函数 $h_T(y)$（或 $h_F(y)$）计算数值区域中每个个体真值程度。

语言中表述概念的最小单位是单词，表示模糊概念的单词，其模糊事实都可基于中介谓词逻辑采用模糊谓词来表示。一组对立的模糊概念之间的中介模糊概念，如模糊概念"喜"的对立概念为"怒"，而其中介信息包括"难过""高兴"等多种情况。对立概念可看作互为反义词的原始词，中介信息可看作中介词，亦即中介系统中的中介过渡。我们将反义词词语以及中介词作为谓词概念，可以建立数值区域与模糊语言谓词的对应关系，并在此基础上进行词的模糊语义真值程度的度量。数值区域与模糊语言谓词的对应关系如图 2 所示。

$$\underset{\alpha_F - \varepsilon_F \quad \alpha_F \quad \alpha_F + \varepsilon_F}{\underbrace{\qquad\qquad}_{\text{反}}} \underset{}{\underbrace{\qquad\qquad\qquad\qquad}_{\text{中介词}}} \underset{\alpha_T - \varepsilon_T \quad \alpha_T \quad \alpha_T + \varepsilon_T}{\underbrace{\qquad\qquad}_{\text{正}}} \longrightarrow f(x)$$

图 2　数值区域与语言谓词的对应关系

笔者曾在此基础上，建立了 $h_T(f_v(x))$、$h_T(f_{adv}(x))$、$h_T(f_{adj}(x))$，[①] 其公式分别为：

$$h_T(f_v(x)) = \begin{cases} 0 & \neg\ B \\ \dfrac{d(f_v(x), \alpha_F + \varepsilon_F)}{d(\alpha_T - \varepsilon_T, \alpha_F + \varepsilon_F)} & \sim\ B \\ 1 & B \end{cases} \quad (\text{式 2.3})$$

$$h_T(f_{adv}(x)) = \begin{cases} 0 & \neg\ S(x) \\ \dfrac{2 \times d(f_{adv}(x), \alpha_F + \varepsilon_F)}{d(\alpha_T - \varepsilon_T, \alpha_F + \varepsilon_F)} & \sim\ S(x) \\ 1 & \sim\ S(\#) \\ 2 & S(x) \end{cases} \quad (\text{式 2.4})$$

$$h_T(f_{adj}(x)) = \begin{cases} 0 & \neg\ C \\ \dfrac{d(f_{adj}(x), \alpha_F + \varepsilon_F)}{d(\alpha_T - \varepsilon_T, \alpha_F + \varepsilon_F)} & \sim\ C \\ 1 & C \end{cases} \quad (\text{式 2.5})$$

[①] 何霞、杜国平、宗慧：《基于中介真值程度度量的模糊语义翻译研究》，《南京邮电大学学报（自然科学版）》2020 年第 6 期。

在此基础上，本文继续以 MMTD（$h_T(f(x))$）为量化工具讨论语句（单句）的模糊性及其度量。

三 单句模糊性的语词结构及形式化描述

有文献认为,[①] 判断句义的模糊性表现为句子真值的模糊性，句子的真值取决于句子的真值条件，而句子的真值条件与句子中词语的意义是一致的，因此句义的模糊性与词义的模糊性都具有一致性。从句义的内部结构来看，句义是由词义组合而成的，因此句子的逻辑意义是由句子中各个词的词义以及各个词之间的语义关系决定的。那么句义的模糊性，也是由句子中词语的模糊性组成的。例如上文中的：赵丽是我的新朋友。这个句子中只有一个模糊词"新"，因此整个句子的模糊性与其中"新"的词义的模糊性是一致的。如果一个句子中不止一个词的意义是模糊的，那么整个句子意义的模糊性，就取决于其中模糊词语词义的组合。

现代谓词逻辑研究命题内部词语之间的语义关系，把一个命题分析为一个述谓结构。一个述谓结构由一个谓词和若干题元组成，谓词是句义的核心成分。如：苏炳添跑得快；袁隆平培育和种植水稻；特朗普很沮丧。这些句子中划线的词语就是谓词。可以看出，从语法结构上看，句子谓词一般是一个句子的谓语动词、动词和副词短语，或者副词和形容词的组合构成。如图3所示。

$$单句\begin{cases}题元\\谓词\begin{cases}动词（。动词）\\动词。副词\\（系动词）副词。形容词\end{cases}\end{cases}$$

图 3 单句语法结构示意图

---

① 谢丁、洪龙：《基于 MMTD 的中文副词模糊语义的量化研究》，《南京邮电大学学报（自然科学版）》2012 年第 4 期。

单句的谓语可以由词与词连接组成的结构表示，本文称为词的链接（Word Link，WL），用符号"°"表示。根据图 3 所示，动词除了可以单独作句子谓语，还可以形成句子谓语的词的链接包括：动词和动词的链接（如"进°出"），副词修饰动词形成副词和动词的链接（如"跑得°快"）；副词修饰形容词形成形容词和副词的链接（如"很°沮丧"）。这种情况在本文中称作只含有一个词的链接（Single Word Link，SWL）。除此之外，词的链接还可以通过上文描述的四种连接词形成多个词的链接，如：他从外面跑进来又跑出去（跑进来°跑出去）；祥子特别高兴和满足（特别°（高兴°满足））。这种情况在本文中称作含有多个词的链接（Multi‑Word Link，MWL）。

单句模糊性的形式化描述，包括 SWL 的形式化描述和 MWL 的形式化描述。

1. SWL 的形式化描述

根据上文描述及其相关的语法规则，副词用于修饰形容词和动词；形容词主要修饰名词或代词，及物动词指向由名词或代词为主要成分的宾语。因此，副词、形容词、名词或代词，副词、动词、名词或代词就形成了含有模糊语义的有序链接。显见，名词或代词、动词、形容词均可能是被修饰的终极对象。我们称被修饰的终极对象为叶词（Leaf Word，LW）。例如，非常帅气的小伙；努力学习数学；经常小跑；有点难过。这里的"小伙""数学""小跑""难过"就是叶词。

定义 3.1 设词的集合 $C = \{c_i \mid 0 \leq i \leq n\}$，则 $c_n \circ c_{n-1} \circ \cdots \circ c_1 \circ c_0$ 记称作词链接。这里°是链接符；c_0 是叶词。

定义 3.2 设词的集合 $C = \{c_i \mid 0 \leq i \leq n\}$，且存在 $f_i(c_i)$。又设当 c_0 不是非及物动词和形容词时，$h_T(f_0(c_0)) = 1$，那么词链接的真值程度度量函数为：

$$h_{T\text{-}mix}(C) = \prod_{i=0}^{n} h_T(f_i(c_i)) \qquad (式 3.1)$$

根据定义 3.1，副词°形容词°名词（代词）、副词°及物动词°名词（代词) 和副词°不及物动词是三种不同的含有副词的词链接。根据定义 3.1, 设 $x \in \mathrm{Adv}$, $y \in \mathrm{Adj}$, $z \in \mathrm{V}$, 含有副词的词链接的真值程度度量函数为:

$$h_{T-mix}(x,y,z) = \begin{cases} h_T(f_{adv}(x) \times f_{adj}(y)) \times h_T(f_0(c_o)) & \\ h_T(f_{adv}(x) \times f_v(z)) \times h_T(f_0(c_o)) & \text{及物动词} \\ h_T(f_{adv}(x) \times f_v(z)) & \text{不及物动词} \end{cases} \quad (式3.2)$$

下面举例。本文例 1 例 2 中模糊词的真值程度笔者已在另一文献中求出,[①] 其余例中的模糊词真值程度在笔者博士论文中已求出,因求值原理相同,故省略步骤直接给出其模糊值,是为已知信息。

例 1. 环湖跑道上,有人早晨<u>经常小跑</u>。

句中包含一个模糊频度副词和模糊"走跑类"动词的链接"经常°小跑"。

设此句为 L, x = 经常, z = 小跑, 依据式 3.2, 再代入词的模糊语义真值程度, 可以计算出本句的模糊语义真值程度。

$$h_T(\mathrm{L}) = h_{T-mix}(x,z) = h_T(f_{adv}(经常)) \times h_T(f_v(小跑)) = 1.6 \times 0.5 = 0.8$$

例 2. 这本书读起来让人<u>有点难过</u>。

句中包含一个模糊程度副词和模糊"喜怒类"形容词的链接"有点°难过"。

设此句为 L, x = 有点, y = 难过, 依据式 3.2, 再代入词的模糊语义真值程度, 可以计算出本句的模糊语义真值程度。

$$h_T(\mathrm{L}) = h_{T-mix}(x,y) = h_T(f_{adv}(有点)) \times h_T(f_{adj}(难过)) = 0.24 \times 0.22 = 0.048$$

例 3. It was <u>extremely pleased</u> to receive the full attention and agreement of the Government.

句中包含一个模糊程度副词和模糊"喜怒类"形容词的链接:

[①] 何霞、杜国平、宗慧:《基于中介真值程度度量的模糊语义翻译研究》,《南京邮电大学学报(自然科学版)》2020 年第 6 期。

"extremely°pleased"。

设此句为 L，$x =$ extremely，$y =$ pleased，依据式 3.2，再代入词的模糊语义真值程度，可以计算出本句的模糊语义真值程度。

$$h_T(L) = h_{T-mix}(x, y) = h_T(f_{adv}(\text{extremely})) \times h_T(f_{adj}(\text{pleased})) = 1.93 \times 0.73 \approx 1.41$$

例 4. Australia <u>can occasionally</u> occur earthquakes.

句中包含一个模糊"可能性"情态动词和模糊频度副词的链接："can°occasionally"。

设此句为 L，$x =$ can，$z =$ occasionally，依据式 3.2，再代入词的模糊语义真值程度，可以计算出本句的模糊语义真值程度。

$$h_T(L) = h_{T-mix}(x, z) = h_T(f_v(\text{can})) \times h_T(f_{adv}(\text{occasionally})) = 0.59 \times 0.43 \approx 0.25$$

2. MWL 的形式化描述

含有多个词的链接（MWL）的单句的形式化描述，主要是在一个词的链接（SWL）的形式化规则基础上，根据链接之间的逻辑关系加入意义加权因子（w_i）。加权因子的意义是对不同的链接在语句中的语义信息强度进行不同的数值加权，以数值的方式体现它们不同的信息强弱。

我们规定意义加权因子的总和为 1，记 w_i 表示陈述语句中第 i 个链接的权值，则 $\sum_{i=1}^{n} w_i = 1$。下面我们根据词与词之间的四种逻辑关系分析加权比重，并对其加权因子进行赋值。

（1）并列关系

定义 3.3 记 w_i 表示陈述语句中第 i 个链接的加权数值，如果语句中链接的语义信息强度相同，则各个链接的加权数值相等。

用"和""and"等连接的并列关系链接，各部分的语义关系是平等的，具有相同的语义信息强度，根据定义 2.3，对于具有相同语义信息强度的链接的加权因子的描述为：

$$w_1 = w_2 = \cdots = w_n = \frac{1}{n} \qquad \text{(式 3.3)}$$

例 5. This box is very beautiful and very expensive.

"very°beautiful"与"very°expensive"通过关联词"and"连接，它们所表达的语义信息强度是相同的，因此，设 w_1 为"very°beautiful"的加权因子，w_2 为"very°expensive"的加权因子，根据式 2.3 可知：$w_1 = w_2 = 1/2$。

（2）选择关系

定义 3.4 记 w_i 表示陈述语句中第 i 个链接的加权数值，如果语句中链接的语义信息为选择关系，则各个链接的加权数值为 0 或 1 二者选一。

选择关系中又分为已定选择关系和未定选择关系。

a. 已定选择关系是指说话者在提出的两种情况中已经有所取舍。

例 6. 你这样做太慢了，倒不如他那样做来得快。

"太°慢"与"快"通过连接词"倒不如"连接，其语义选择在"倒不如"后面的"快"。因此，设 w_1 为"太°慢"的加权因子，w_2 为"快"的加权因子，则 $w_1 = 0$，$w_2 = 1$。

根据定义 3.4，已定选择关系的加权因子规定为：

$$w_1 = 1, w_2 = 0 \text{ 或者 } w_1 = 0, w_2 = 1, \text{二者定一} \qquad (式3.4)$$

b. 未定选择关系是指连接的几个部分提出几种情况或一件事情的几个方面，让人从中选择，但说话者并未有所取舍。

例 7. 慢慢走还是快点跑，你得快点下一个决定。

"慢慢°走"与"快点°跑"通过连接词"还是"连接，它们所表达的语义信息强度是相同的，因此，设 w_1 为"慢慢°走"的加权因子，w_2 为"快点°跑"的加权因子，则 $w_1 = 1$，$w_2 = 0$ 或者 $w_1 = 0$，$w_2 = 1$，二者选一。

根据定义 3.4，未定选择关系的加权因子规定为：

$$w_1 = 1, w_2 = 0 \text{ 或者 } w_1 = 0, w_2 = 1, \text{二者选一} \qquad (式3.5)$$

（3）递进关系

递进关系链接的加权值，被强调的部分在递进连接词连接的部分，其加权值大于另一部分的加权值。当连接词链接的各部分的语义比重不平均时，加权因子的描述为：

定义 3.5 记 w_i 表示陈述语句中第 i 个链接的加权数值，如果语句中链接的语义信息强度不相同，则被强调的链接 w_j 的加权数值大于其他链接的加权数值，即

$$w_j > w_i (i \neq j) \quad （式3.6）$$

例 8. 小伙不但能做一手<u>绝妙</u>的木工活，<u>而且</u>还是个<u>远近闻名</u>的孝子。

此句中形容词"绝妙的"与"远近闻名的"通过连接词"而是"连接，后者所表达的语义信息强度大一些。因此，设 w_1 为"绝妙的"的加权因子，w_2 为"远近闻名的"的加权因子，设定 $w_1 = 0.45$，$w_2 = 0.55$。

因此，根据定义 3.5，递进关系的加权因子规定为：

$$w_1 = 0.45, w_2 = 0.55 \quad （式3.7）$$

（4）转折关系

转折关系链接的加权值，被强调的部分在转折连接词连接的部分，其加权值大于另一部分的加权值。其加权因子的描述同定义 3.5 及式 3.6。

例 9. This box is <u>very beautiful</u>, <u>but very expensive</u>.

"very°beautiful"与"very°expensive"通过关联词"but"连接，它们所表达的语义信息强度是不同的，并且"but"后的"very°expensive"的语义强度明显大于"very°beautiful"。因此，设 w_1 为"very°beautiful"的加权因子，w_2 为"very°expensive"的加权因子，设定 $w_1 = 0.4$，$w_2 = 0.6$。

因此，转折关系的加权因子规定为：

$$w_1 = 0.4, w_2 = 0.6 \quad （式3.8）$$

在上文的基础上，设 w_i 表示陈述语句中第 i 个链接的加权数值，CC 为含有多个词的链接的单句，则其真值程度度量函数为：

$$h_T(f_i(CC)) = \sum_{i=1}^{n} w_i h_{T-mix}(C_i) \quad （式3.9）$$

下面分别以词的链接之间的逻辑关系举例说明。

a. 并列关系词的链接

例 10. 他每天都会去雁鸣湖边走一走，跑一跑。

此句包含两个"走跑类"动词的链接"走一走""跑一跑"，动词之间为并列关系，按照汉语的习惯省略了连接词"和"。设此句为 L，z_1 = 走一走，z_2 = 跑一跑。根据式 3.3，再代入词的模糊语义真值程度，可以计算出本句的模糊语义真值程度。

$$h_T(L) = h_{T-mix}(z_1, z_2) = 0.5 \times h_T(f_v(走一走)) + 0.5 \times h_T(f_v(跑一跑))$$
$$= 0.07 \times 0.78 \approx 0.05$$

b. 选择关系词的链接

例 11. The events in the story may make them feel happy or sad.

此句包含两个"喜怒类"形容词的链接"happy""sad"。两词之间由"or"连接，因此为选择关系。从语义来看，人当下的情绪是唯一的，因此，属于已定选择关系，二者选一。设此句为 L，y_1 = 走一走，y_2 = 跑一跑。根据式 3.4，再代入词的模糊语义真值程度，可以计算出本句的模糊语义真值程度。

$$h_T(L) = h_{T-mix}(y1, y2) = 1 \times h_T(f_{adj}(happy)) + 0 \times h_T(f_{adj}(sad)) \approx 0.84$$
$$或者 0 \times h_T(f_{adj}(happy)) + 1 \times h_T(f_{adj}(sad)) \approx 0.29$$

c. 递进关系词的链接

例 12. He is a bit upset, in fact rather upset.

此句包含两个词的链接：程度副词和"喜怒类"形容词的链接"a bit°upset"和"rather°upset"，两个词的链接之间由"in fact"连接，为递进关系。

设此句为 L，C_1 = a bit°upset，C_2 = rather°upset。根据式 3.7，再代入词的模糊语义真值程度，可以计算出本句的模糊语义真值程度。

$$h_T(L) = h_{T-mix}(C1, C2) = 0.45 \times h_T(f_{adj}(a\ bit)) \times h_T(f_{adj}(upset)) + 0.55 \times$$
$$h_T(f_{adv}(rather)) \times h_T(f_{adj}(upset)) = 0.45 \times 0.23 \times 0.26 + 0.55 \times 1.41 \times 0.26 \approx 0.23$$

d. 转折关系词的链接：

例 13. There are agreat many butextremely small parts in the stock.

此句包含两个词的链接：程度副词"great"和"多少类"量度形容词"many"以及程度副词"extremely"和"多少类"量度形容词"small"的链接，由"but"连接，为转折关系。设此句为 L，C_1 = great°many，C_2 = extremely°small。根据式 3.8，再代入词的模糊语义真值程度，可以计算出本句的模糊语义真值程度。

$$h_T(L) = h_{T-mix}(C1, C2) = 0.4 \times h_T(f_{adv}(\text{great})) \times h_T(f_{adj}(\text{many})) + 0.6 \times h_T(f_{adv}(\text{extremely})) \times h_T(f_{adj}(\text{small})) = 0.4 \times 1.76 \times 0.75 + 0.6 \times 2 \times 0.35 \approx 0.95$$

四 结语

本文基于中介逻辑系统分析了语言模糊性的逻辑特征，并从单句的模糊性由其包含的词的模糊性的基本概念出发，分析了单句核心语义组成部分，即谓词的语法结构。在此基础上，构建了基于词的链接的概念，考虑了单句中词的链接的数量、意义加权因子等因素，基于 MMTD 对单个词的链接（SWL）和多个词的链接（MWL）进行了形式化描述，建立以词的链接为单位的定量分析单句模糊语义的真值程度函数。研究结果对人工智能自然语言的模糊性处理有一定的启示。

吉姆斯的部分内容概念及其相干应用

段天龙

摘　要： 作为经典科学哲学和科学逻辑焦点话题的理论确证，由于其演绎主义诉求，面临一只"不相干"的非黑色的乌鸦确证"所有乌鸦都是黑的"等反直观后果。吉姆斯基于"最强后承"和"相干模型"等概念对基于经典逻辑后承的"逻辑内容"概念进行相干性限制，提出了"部分内容"概念，并进一步将其应用于对自然公理化、假说-演绎主义和似真性等诸多经典科学哲学概念的修正。然而，部分内容概念虽然满足了"非平凡要求"，却与"替换要求"和"等价要求"等经典逻辑直觉相冲突。反思这些缺陷表明，合理的部分内容概念需要符合"整体与部分关系"的一般直觉。

关键词： 后承　相干性　吉姆斯　部分内容

---

* 本文系 2022 年江苏省研究生科研创新计划"人工智能驱动下的相干性推理研究"（KYCX 20_0003）研究成果。

** 段天龙，宁夏固原人，南京大学哲学系、南京大学当代智能哲学与人类未来研究所博士研究生。研究方向：逻辑哲学与分析哲学。

*** 本文引用格式：段天龙：《吉姆斯的部分内容概念及其相干应用》，《逻辑、智能与哲学》（第一辑），第 201~221 页。

一 引言：吉姆斯的动机

理论确证、理论真理性比较及理论构建，是经典科学哲学的核心话题，尤其理论确证是经典科学哲学和科学逻辑共同关注的焦点。理论确证的主要任务是用经典演绎逻辑刻画"确证"概念，由于经典逻辑确保推理形式有效但不保证内容相干，其面临的最根本难题是乌鸦悖论和绿蓝悖论所凸显的"相干性"（relevance）问题，即如何保证证据与待检验假说在内容上相干。作为经典逻辑在科学哲学中应用的典范，"定性确证理论"（qualitative confirmation theory），特别是"假说-演绎主义"（Hypothetico-Deductivism，H-D），始终未能真正摆脱相干性问题的困扰。由亨佩尔（C. G. Hempel）[①]提出并经霍维奇（P. Horwich）[②]修改的"预测标准"（prediction criterion，PC）是传统 H-D 最具代表性的版本：

(PC) E 相对于 T 确证 H，当且仅当：(i) $E \equiv E_1 \wedge E_2$；(ii) $T \wedge H \wedge E_1 \vdash E_2$；(iii) $T \wedge E_1 \nvdash E_2$。

然而，吉姆斯（K. Gemes）指出，对"$E \equiv E_1 \wedge E_2$"的随意使用，会导致"一只非黑色的乌鸦确证乌鸦假说"这样灾难性的后果。他认为，拯救 H-D 的唯一希望就是对 E 分解为 E_1 和 E_2 进行严格限制：

对于任意的数据 E、假说 H 和重言的背景理论 T，只要 $\neg H \nvdash E$，那么相对于 T，E 确证 H。具体地，令 $E_1 \equiv H \rightarrow E$ 且 $E_2 \equiv E$，则满足 PC 的条件 (i) 和条件 (ii)；$\neg H \nvdash E$ 确保 $H \rightarrow E$ 不衍推 E 即 $E_1 \nvdash E$，亦即

[①] Carl Gustav Hempel, "Studies in the Logic of Confirmation", in Carl Gustav Hempel, *Aspects of Scientific Explanation*, New York: Free Press, 1965, pp. 3-51.
[②] Paul Horwich, "Explanations of Irrelevance", in John Earman, *Testing Scientific Theories*, Minneapolis: University of Minnesota Press, 1983, pp. 55-65.

$E_1 \nvDash E_2$，因此满足条件（iii）。所以，如果 PC 是对的，那么"一只非黑色乌鸦"将相对于任意重言式 T 确证乌鸦假说。[1]

不难发现，在上述反例中，对 E_1 和 E_2 的构造是不符合直观的。无论是亨佩尔还是霍维奇，在他们提出条件 $E \equiv E_1 \wedge E_2$ 时，脑海里所设想的应该是将"一只黑色的乌鸦"这样完整的经验数据分解为"一只乌鸦"和"黑色的"这样具有独立经验内容的部分，而不是如上述反例中所构造的那样。但这种状况的造成似乎只能表明在形式化 H-D 的基本想法时所使用的工具即经典逻辑而非该想法本身是有问题的。那么，H-D 的基本想法究竟是什么呢？

我们知道，假说是对世界的断言，它展现了世界中事物是怎样的图景。如果该图景的任何部分被发现是缺失的，那么该图景作为一个整体就是不完整甚至不正确的；如果该图景的某些部分被发现是正确的，这将在某种程度上有利于该图景自身是正确的。也就是说，假说的每个独立的后承应该被认为是标识了该假说所描绘的整个图景的一个部分。总之，H-D 的基本想法是：如果一个假说的"内容"（content）的一部分，即它对世界所作断言的一部分被证明是正确的，那么该假说将得到确证。可见，现有的挑战是该如何使用（经典）逻辑去表达一个合理的内容概念。

二 部分内容的句法和语义定义

长期以来，无论是归纳主义的卡尔纳普（P. R. Carnap）[2]，还是演绎主义的波普尔（K. R. Popper）[3] 和萨尔蒙（W. C. Salmon）[4]，他们都坚持这

---

[1] Ken Gemes, "Horwich, Hempel, and Hypothetico-Deductivism", *Philosophy of Science*, Vol. 57, No. 4, 1990, p. 700.
[2] Rudolf Carnap, *The Logical Syntax of Language*, Princeton University Press, 1935.
[3] Karl Popper, *Conjectures and Refutations*, Harper & Row, New York, 1963.
[4] Wesley C. Salmon, "Partial Entailment as a Basis for Inductive Logic", in Nicholas Rescher, ed., *Essays on Honor of Carl G. Hempel*, 1970.

样一种传统的"逻辑"内容概念：

（C1） α 是 β 的部分内容，当且仅当，β ⊢ α。[①]

这一内容概念诉诸逻辑后承（集），既不符合我们对内容的直觉，也不符合科学哲学家刻画形式确证的需要。基于 C1，我们将得到"任意的两个命题都将拥有一些共同的内容"，因为对于任意的两个命题来说，它们的析取同时是二者的经典逻辑后承。

如上述已经指出的，导致这些结果的原因是，作为一种形式系统，经典逻辑可以用来刻画推理有效性而非相干性。为此，我们至少有两种策略可以选择：（1）对经典逻辑后承进行相干性限制从而使得只有与前提相干的后承才能被称为前提的内容，显然该方案是在寻找能够确保相干性的经典逻辑子系统；（2）诉诸相干逻辑等非经典逻辑对后承概念进行修改，这种策略不仅代价太大，而且自身存在许多明显缺陷。例如，格瑞姆斯（T. R. Grimes）[②] 指出沃特斯（K. Waters）的相干逻辑方案有两个明显缺陷：（1）沃特斯的相干逻辑 R 系统否认了高度符合直观的"析取三段论"（如果 α∨β 且 ¬α，那么 β）的有效性，为了解决特定的问题而牺牲了日常推理规则显然代价太大；（2）在定义 α→β 是如何在相干逻辑系统 R 运行时，沃特斯建议了一个由分离规则外加其他四个公理构成的蕴涵片段，但没有定义 α→β 的成真条件，这就致使我们不清楚诸如乌鸦假说这样的普遍概括是如何在系统 R 中被表述的。此外，吉姆斯[③]认为如果借助于帕瑞（W. T. Parry）的"分析蕴涵"（analytic implication）概念，将至少存在两点不适合他的目的的理由：（1）与经典逻辑等价条件相冲突。例如，p∨q 是 p∧（p∨q）

[①] 为了避免"β 为矛盾式或 α 为重言式"的平凡情况，通常在内容定义中要求 α 和 β 都是偶真的。

[②] Thomas R. Grimes, "Truth, Content, and the Hypothetico-Deductive Method", *Philosophy of Science*, Vol. 57, No. 3, 1990, p. 517.

[③] Ken Gemes, "A New Theory of Content I: Basic Content", *Journal of Philosophical Logic*, Vol. 23, No. 6, 1994, p. 600.

而非 p 的分析性蕴涵，但 p∧（p∨q）和 p 却是逻辑等价的；（2）¬p∨q 将被（典型地）看作是 p∧q 的内容。

不难看出，是否承认经典逻辑有效性是区分以上两种策略的基本标准。策略一在承认经典逻辑有效性的同时认为只有部分有效推理才是相干的；而策略二不完全承认经典逻辑有效性，认为某推理是有效的当且仅当它是相干的。不仅如此，两种策略最具体的一个区别在于，相干逻辑通常允许 p∨q 是 p 的（相干）逻辑后承，即认为经典逻辑"附加律"是相干的。然而，传统内容概念导致的诸多不良后果几乎都涉及对经典逻辑附加律的随意使用。

附加律所导致的一件事就是命题的弱化。具体来说，从 p∧q 之所以能够得到 p∨¬q 是因为 p 是 p∨¬q 的一个析取肢。但在这个衍推中另一个析取肢¬q 并没有发挥作用，它只是和发挥作用的析取肢 p 链接在一起从而形成了一个比 p 更弱的整体 p∨¬q，因为析取肢 p 能衍推整体 p∨¬q，但反之则不然。这暗示了一个消除那些包含不发挥作用的析取肢的析取式的方法：当我们寻找 β 的部分内容时不应该仅仅关注 β 的后承，也应该确保对于任意合适的后承 α，不存在比 α 更强的后承，该后承能够被仅出现[①]在 α 中的原子合式公式所构建。所以，吉姆斯想到了"最强后承"（strongest consequence）的概念。他相信："在一个给定的词汇表中，最强后承概念比将后承集作为内容的传统概念更适合成为内容概念的基础。"[②] 基于最强后承概念，吉姆斯修正了传统的内容概念：

(C2) α 是 β 的部分内容，当且仅当：(i) β 和 α 是偶真的；(ii) β⊢α；(iii) 不存在 β 的一个后承 σ 使得 σ 比 α 强且任意出现在 σ 中

---

① 一个原子合式公式 α 出现在合适公式 β 中，当且仅当 α 字面上是 β 的一部分，或者 α 是字面上作为 β 的一部分的开式公式的事例，或者 α 被某个这样的原子合式公式集所衍推。例如，Fa 出现在 ∀xFx 中并且 a=c 出现在 a=b∧a=c 中。

② Ken Gemes, "Horwich, Hempel, and Hypothetico-Deductivism", *Philosophy of Science*, Vol. 57, No. 4, 1990, p. 701.

的原子公式都出现在 α 中。[1]

根据 C2，p∨¬q 不再是 p∧q 的部分内容，因为存在 p∧q 的后承即 p 强于 p∨¬q 且构成 p 的所有原子合式公式都出现在 p∨¬q 中；p∨q 也不是 p∧q 的部分内容，因为存在 p∧q 的后承 p（或 q）强于 p∨q 且构成 p（或 q）中的所有原子合式公式都出现在 p∨q 中。为了提供一个机械有效的程序用于确定任意合式公式 α 是否是 β 的部分内容，吉姆斯基于"布尔析取范式"提出了一个等价的句法定义：

(C3) α 是 β 的部分内容，当且仅当：(i) β 和 α 是偶真的；(ii) β⊢α；(iii) 每一个 $α_{dnf}$ 的析取肢是 $β_{dnf}$ 的某个析取肢的一个子合取。[2]

其中，$α_{dnf}$ 和 $β_{dnf}$ 分别表示 α 和 β 的经典布尔析取范式。由于布尔析取范式具有明显的模型论相似性，所以我们可以很容易建立一个等价的部分内容概念的模型论语义定义。首先，吉姆斯说明了如何判定两个合式公式是相干的：一个原子合式公式 β 与合式公式 α 相干，当且仅当，存在 α 的模型 M 使得 M′ 与 M 仅在 β 被指派的真值上不同，M′ 不是 α 的模型。直观地，β 与 α 是相干的，如果至少在 α 的一个模型中，在不使 α 为假的情况下 β 的真值不能被改变。也就是说，α 的真值并不完全独立于 β 的真值。这种相干性说明和亨佩尔的"对象域"和"展开"概念是一致的：合式公式 α 的域是出现在与 α 相干的原子合式公式中的单称词项的集合。[3] 一个全称量化合式公式 α 对于另一个合式公式 β 的展开（记为 $α_{|β}$）是 β 对 α 的域的限制。也就是说，α 的真值是相对于 β 的域得到评估的。例如，Fa∧Fb 的域是

---

[1] Ken Gemes, "A New Theory of Content I: Basic Content", *Journal of Philosophical Logic*, Vol. 23, No. 6, 1994, p. 602.

[2] Ken Gemes, "A New Theory of Content II: Model Theory and Some Alternatives", *Journal of Philosophical Logic*, Vol. 26, No. 4, 1997, p. 449.

[3] Jan Sprenger, "A Synthesis of Hempelian and Hypothetico-Deductive Confirmation", *Erkenntnis* (1975-), Vol. 78, No. 4, 2013, p. 732.

{a, b}，而 Fa∧Ga 的域是 {a}，并且 ∀xFx 对于 Fa∧¬Gb 的展开是 Fa∧Fb。在此基础上便可以定义"相干模型"（relevant model）的概念：一个合适公式 α 的相干模型是 α 的一个模型，它指派真值给所有且仅与 α 相关的原子合式公式。可见，相干模型对非相干原子合式公式的真值保持沉默。至此，便能够给出部分内容的语义定义：

（C4）α 是 β 的部分内容，当且仅当：（i）β 和 α 是偶真的；（ii）β ⊨ α；（iii）每一个 α 的相干模型的扩展都是 β 的一个相干模型。[①]

根据 C4，Fa∨Ga 不再是 Fa 的部分内容，因为指派"假"给 Fa 并指派"真"给 Ga 的模型是 Fa∨Ga 的一个相干模型，但不能被扩展为 Fa 的一个相干模型；Fa 仍然是 ∀xFx 的部分内容，因为 Fa 唯一的相干模型指派"真"给 Fa，能够通过给 Fb、Fc、Fd 等等指派"真"来扩展为 ∀xFx 的相干模型。

为了论述方便，本文使用 GC 统一表示吉姆斯的部分内容概念。相较于 C1，GC 满足了费恩（K. Fine）对内容概念的"非平凡要求"（non-triviality requirement）：如果 α 是 β 的部分内容，那么 β 不是矛盾的，α 不是重言的，α 是 β 的逻辑后承，并且存在 α 是 β 的逻辑后承但 α 不是 β 的部分内容的情况。[②] 也就是说，GC 不再等同于后承概念，而是对后承概念的相干性限制。然而，这一概念仍然存在一些难以接受的缺陷。在指出这些缺陷之前，有必要说明 GC 在传统科学哲学中的应用，这不仅有助于更好地理解 GC 及其与 C1 的差异，也有助于进一步厘清诸多传统科学哲学问题的症结及其相互关系，从而有助于将相应概念统一起来形成一个完整的理论。

[①] Ken Gemes, "A New Theory of Content II: Model Theory and Some Alternatives", *Journal of Philosophical Logic*, Vol. 26, No. 4, 1997, p. 452.

[②] Kit Fine, "A Note on Partial Content", *Analysis*, Vol. 73, No. 3, 2013, pp. 413-419.

三 部分内容概念在科学哲学中的应用

吉姆斯将部分内容概念应用于对诸多传统科学哲学概念的修正,这些概念主要有作为理论构造的"自然公理化"(natural axiomatization)、作为理论确证的假说-演绎主义和作为理论比较的"似真性"(verisimilitude)等。

(一)自然公理化

一方面,与理论确证和理论比较相比,弄清楚理论的构造似乎是更基本的任务;另一方面,格兰莫尔(C. Glymour)[①]和克里斯滕森(D. Christensen)[②]等科学哲学家认为,除非能够给出合理的自然公理化概念,否则 H-D 是没有希望的。所以,吉姆斯首先将 GC 应用于对自然公理化概念的重新说明。试考虑如下两个理论:

T1 = $\{\forall x (Px \to Qx)\}$;T2 = $\{\forall x (Px \to Qx), \forall xFx\}$。

根据传统 H-D,观察证据 Qa 相对于背景理论 Pa 既确证 T1 也确证 T2。但直觉上,我们会认为 Qa 相对于 Pa 只确证 T1 而不应该确证 T2,因为 T2 中的公理 $\forall xFx$ 并没有实质性地参与由 Pa 得到 Qa 的过程。试考虑如下理论:

T2′ = $\{\forall xFx \to \forall x (Px \to Qx), \forall xFx\}$。

显然,T2′和 T2 是对同一理论的不同的公理化,即它们虽然包含不同的公理却会产生相同的逻辑后承。对于 T2′,虽然 $\forall xFx$ 在由 Pa 得到 Qa 的过程中不再是多余的,但直觉上此时似乎仍然不能说 Qa 相对于 Pa 确证 $\forall xFx$。问题出在 T2′可以被公理化为 T2,而在 T2 中 $\forall xFx$ 是多余的。那么,这是否意味着,理论的自然公理化概念需要要求理论的所有可能的公理化中都不能包含多余的公理呢?但是这将排除 Qa 相对于 Pa 确证 T1 的公理的情形,

---

[①] Clark Glymour, *Theory and Evidence*, Princeton University Press, 1980.
[②] David Christensen, "The Irrelevance of Bootstrapping", *Philosophy of Science*, Vol. 57, No. 4, 1990, pp. 644-662.

因为存在如下 T1 的替代公理化：

T1′ = {∀x（Px→Qx），Pa→Qa}。

显然，对于 T1′来说∀x（Px→Qx）在由 Pa 得到 Qa 的过程中是多余的。所以，上述要求太强，应该将其弱化为：相应公理化中不包含多余的公理。然而，这一要求仍然不够，试考虑如下 T1 的替代公理化：

T1* = {∀x（x≠a→（Px→Qx）），∀x（x=a→（Px→Qx））}。

不难看出，可以仅使用 T1* 中的∀x（x=a→（Px→Qx））就可以由 Pa 得到 Qa。但问题是，此时∀x（x≠a→（Px→Qx））是不是多余的？一方面，只有同时承认∀x（x≠a→（Px→Qx））和∀x（x=a→（Px→Qx））才可以保证 T1* 和 T1 是等价的，因此∀x（x≠a→（Px→Qx））是必要的；另一方面，在由 Pa 得到 Qa 的过程中确实没有使用∀x（x≠a→（Px→Qx）），因此∀x（x≠a→（Px→Qx））是多余的。那么，该如何合理地排除 T1* 作为理论 T1 的自然公理化这种情形呢？吉姆斯发现，在 T1* 中，∀x（x≠a→（Px→Qx））并非 T1* 的部分内容。所以，吉姆斯认为，对于自然公理化概念还应该要求：相应公理化中的所有公理都应该是该公理化的部分内容。也就是说，某理论的自然公理化应该只包含那些作为该理论的部分内容的公理。据此，吉姆斯给出了自然公理化的初步定义：

(NA1) T′是 T 的一个自然公理化，当且仅当：(i) T′是一个公式的有限集使得 T′逻辑等价于 T；(ii) 每一个 T′的元素都是 T′的部分内容；(iii) T′不包含多余的公理。[①]

然而，上述定义仍然没有达到既定目标，因为条件（iii）不仅没有明确解释"多余"的概念而且太弱。例如，根据 NA1，T2 可以有如下的自然公理化：

---

① Ken Gemes, "Hypothetico-Deductivism, Content, and the Natural Axiomatization of Theories", *Philosophy of Science*, Vol. 60, No. 3, 1993, p. 482.

T2* = {∀x (Px→Qx), (Pa→Qa) ∧ ∀xFx}。

这里的问题是，T2*虽然没有多余的公理，但（Pa→Qa）∧ ∀xFx 包含一个多余的子公式 Pa→Qa。幸运的是，这个问题可以通过要求自然公理化中的公理不重复其他公理所包含的内容来解决。因此，NA1 可被如下修正：

（NA2）T′是 T 的一个自然公理化，当且仅当：(i) T′是一个公式的有限集使得 T′逻辑等价于 T；(ii) 每一个 T′的元素都是 T 的部分内容；(iii) 没有 T′的任何元素的部分内容被 T′的其他元素所衍推。[1]

然而，NA2 仍然太弱。因为总会有一个理论的自然公理化，它只包含一个公理，即该理论的所有公理的合取。据此，吉姆斯建议将 NA2 修正如下：

（NA3）T′是 T 的一个自然公理化，当且仅当：(i) T′是一个公式的有限集使得 T′逻辑等价于 T；(ii) 每一个 T′的元素都是 T 的部分内容；(iii) 没有 T′的任何元素的部分内容被 T′的其他元素所衍推；(iv) 不存在 T″使得 T″满足条件 (i) - (iii) 且 T″具有比 T′更多的元素。[2]

值得一提的是，NA3 的条件 (iv) 并非是特设的，因为这样一个要求——在理论的自然公理化中最大化独立公理的数量——可以被证明对弗里德曼（M. Friedman）[3] 澄清"理论还原"（theory reduction）概念是有用的。其基本思想是，如果理论 T 是对理论 T′的还原，那么 T′的每个部分内容都是 T 的部分内容，并且 T 的公理数量少于 T′。

---

[1] Ken Gemes, "Hypothetico-Deductivism, Content, and the Natural Axiomatization of Theories", *Philosophy of Science*, Vol. 60, No. 3, 1993, p. 483.
[2] Ibid.
[3] Ken Gemes, "Explanation, Unification, and Content", *Noûs*, Vol. 28, No. 2, 1994, pp. 225 - 240.

(二)假说-演绎主义[1]

基于 GC 和 NA3,吉姆斯将传统 H-D 修正为如下版本:

(H-D1) E 相对于背景证据 B 确证理论 T 的公理 A,当且仅当:(i) T∧B⊢E;(ii) 不存在 T 的自然公理化 N(T) 使得对于 N(T) 的某个子集 S,有 S∧B⊢E 但 A 不是 S∧B 的部分内容。[2]

与传统 H-D 相比,H-D1 提供了一种"选择性确证"。对于上述理论 T2′ 来说,Qa 相对于 Pa 确证 $\forall x(Px \to Qx)$ 而非 $\forall xFx$。因为虽然 Pa∧(($\forall xFx \to \forall x(Px \to Qx)$)∧$\forall xFx$)⊢Qa 但存在 T2′ 的一个自然公理化 T2 使得 Pa∧$\forall x(Px \to Qx)$⊢Qa 并且 $\forall xFx$ 不是 Pa∧$\forall x(Px \to Qx)$ 的部分内容。除此之外,H-D1 还能避免格兰莫尔对传统 H-D 最主要的责难,即"合取缝合问题":如果 H 被 E 相对于 T 确证,那么 H∧A 也是,而 A 可以是任何与 H∧E 一致的语句。与传统 H-D 不同,H-D1 不允许 T⊢E 或 T∧B⊢E 等成为 E 确证 H 的充分条件,它只允许那些在得到 E 的过程中起到实质性作用的 T 的部分内容才能被 E 所确证。然而,H-D1 对传统 H-D 的修正仍然是不彻底的,因为在它的条件中仍使用 T∧B⊢E 和 S∧B⊢E 等逻辑后承关系而非完全基于 GC,这也导致 H-D1 仍然没有摆脱 PC 的困扰,即由于不加限制地使用附加律而导致的"析取缝合问题":如果 H 被 E 相对于

---

[1] 除了对 H-D 进行修正外,吉姆斯还基于 GC 对格兰莫尔的"拔靴带条件"(bootstrapping, BS)进行了修正(Ken Gemes, "Bootstrapping and Content Parts", *Erkenntnis*, Vol. 64, No. 3, 2006, pp. 345-370)。但相关工作的实质性内容只是表面上否认了 BS 的拔靴带特性。吉姆斯虽然认为待检测假说应该独立于背景信息即不应该要求拔靴带特性,但他同时也认为待检测假说应该实质性地参与到对其的事例的推演过程中,而这也正是拔靴带特性即"T⊢H"的精神实质。可见,吉姆斯在这里是自相矛盾的,他的方案并没有真正否定拔靴带特性。更重要的是,这里的主要问题是拔靴带特性合理性问题,而非如何对其表述的问题,所以本文将不做详述。

[2] Ken Gemes, "Hypothetico-Deductivism, Content, and the Natural Axiomatization of Theories", *Philosophy of Science*, Vol. 60, No. 3, 1993, p. 483.

T 确证，那么 H 也被 E∨A 相对于 T 确证，而 A 可以是任何语句。为此，吉姆斯将 H-D1 修正为：

（H-D2）E 相对于背景证据 B 确证理论 T 的公理 A，当且仅当：(i) E 是 T∧B 的部分内容；(ii) 不存在 T 的自然公理化 N（T）使得对于 N（T）的某个子集 S，E 是 S∧B 的部分内容但 A 不是 S∧B 的部分内容。[1]

然而，虽然 H-D2 能够避免传统 H-D 所面临的缝合问题，但其仍然会面临格兰莫尔对 H-D 的另一个重要责难：如果 E 为偶真同时 T 是任何一致的语句使得¬E ⊭T，那么 E 可以相对于真理论 B 即 T→E 确证 T。吉姆斯指出，这一情况可以通过要求背景信息 B 必须是 T∧B 的部分内容来避免。因为存在 T∧B 即 T∧（T→E）的后承 E 强于 B 并且 E 中的原子公式都出现在 B 中，从而使得 B 不是 T∧B 的部分内容。此外，吉姆斯认为如此的限制是和 H-D 的基本精神相一致的，因为 B 是 T∧B 的部分内容这一要求在某种程度上确保了待检测假说和背景信息之间的独立性。据此，吉姆斯给出了 H-D 的最终版本：

（H-D3）E 相对于背景证据 B 确证理论 T 的公理 A，当且仅当：(i) E 和 B 都是 T∧B 的部分内容；(ii) 不存在 T 的自然公理化 N（T）使得对于 N（T）的某个子集 S，E 是 S∧B 的部分内容但 A 不是 S∧B 的部分内容。[2]

除了上述三个主要问题外，H-D3 还能够避免格兰莫尔对 H-D 的另一个责难：E 不能确证 B 的任何后承。根据传统 H-D，如果 E 相对于 B 确证

---

[1] Ken Gemes, "Hypothetico-Deductivism, Content, and the Natural Axiomatization of Theories", *Philosophy of Science*, Vol. 60, No. 3, 1993, p. 486.
[2] Ibid.

H 且 B⊢B′，那么将需要既满足 $E_1 \wedge B \nvdash E_2$，又满足 $E_1 \wedge B \wedge B' \vdash E_2$ 即 $E_1 \wedge B \vdash E_2$，矛盾。相比之下，H-D3 则不会面临这样的困难，因为 H-D3 并没有显性表述条款 $E_1 \wedge B \nvdash E_2$，而是通过要求在得到 E 的过程中待检测假说 H 起到了实质性的作用来达到相同的效果。

（三）似真性[①]

在《猜想与反驳》一书中，波普尔基于 C1 和集合的"包含"（inclusion）关系给出了似真性的定义：

（V1）假设两个理论 H1 和 H2 的真内容和假内容可比较，那么 H2 比 H1 更具有似真性，当且仅当：（i）$H1_T \subseteq H2_T$ 且 $H2_F \subset H1_F$；或（ii）$H1_T \subset H2_T$ 且 $H2_F \subseteq H1_F$。[②]

其中，X_T 表示 X 的所有真内容的集合，X_F 表示 X 的所有假内容的集合。可见，V1 主张，要使 α 具有比 β 更大的似真性，至少要求 β 的所有真内容也都必须是 α 的真内容。也就是说，β 的每个真后承都必须是 α 的后承。然而，这种基于 C1 的似真性定义会导致诸多反直觉的结果。例如，对于任意两个假理论 H1 和 H2 来说，H1 不会比 H2 具有更大的相似性；更严重的是，对于任意理论 H，如果它并不衍推每一个真陈述，[③] 那么它不会比它的否定¬H 具有更大的似真性。[④] 特殊地，我们通常会认为原子语句 p 比它的否定更接近真，但情况并非如此。证明：假设存在某真陈述 t 不是理论 H 的后承，即 $H \nvdash t$，那么对于真陈述 t∨¬H 来说，由于 ¬H⊢t∨¬H，所以（t

---

① 和似真性概念相关的一个定义是"部分真"（partial truth）概念。假设 p 和 q 为真，那么直觉上我们可以说 p∧¬q 是部分真的而 ¬p∧¬q 甚至连部分真都不是。但当我们通过是否具有真后承来定义部分真概念时，那么 ¬p∧¬q 将是部分真的，因为它具有 ¬p∨q 这样的真后承。也就是说，基于传统内容概念，任意非重言式的语句都将是部分真的。

② Ken Gemes, "Verisimilitude and Content", *Synthese*, Vol. 154, No. 2, 2007, p. 294.

③ 所谓 H 并不衍推每一个真陈述是指：存在一个真陈述不是理论 H 的后承。

④ Ken Gemes, "Verisimilitude and Content", *Synthese*, Vol. 154, No. 2, 2007, p. 294.

∨¬H) ∈¬ H_T。但 (t∨¬H) ∉ H_T，否则 H ⊦t∨¬H，进而得 H ⊦t，与 H ⊬t 矛盾。所以，此时存在一个真陈述 t∨¬H 是¬ H_T 而非H_T的后承。可见，H 不比¬ H 具有更大的似真性。为此，吉姆斯认为 V1 应该基于 GC 而被修正为：

（V2）假设两个理论 H1 和 H2 的真内容和假内容可比较，那么 H2 比 H1 更具有似真性，当且仅当：(i) $H1_{GT} \subseteq H2_{GT}$ 且 $H2_{GF} \subset H1_{GF}$；或 (ii) $H1_{GT} \subset H2_{GT}$ 且 $H2_{GF} \subseteq H1_{GF}$。

其中，X_{GT} 表示基于 GC 的 X 的所有真内容的集合，X_{GF} 表示基于 GC 的 X 的所有假内容的集合。不难知道，V2 将使得上述证明不成立，因为 t∨¬H 不再是¬ H 的部分内容。然而，V2 没有避免 V1 所面临的另一个问题：无论是基于 C1 还是 GC，只要假设 H2 为假且 H1 不衍推 H2，那么 H2 就不能比 H1 具有更大的似真性，因为此时 H2 比 H1 多一个假陈述 H2。具体地，假设 H2 由真陈述 p 和假陈述 q 构成，H1 仅由假陈述 q 构成。直觉上，我们会认为 H2 比 H1 具有更大的似真性。问题在于，我们可以构造一个新的假陈述 p∧q 使其只成为 H2 的假内容，从而使得$H2_F \subseteq H1_F$不成立。不难发现，p∧q 之所以为假陈述只是因为 q 是假陈述，即 p∧q 相对于 q 来说并不是基本的。所以，吉姆斯又提出了"基本假内容"（basic falsity-content, BFC）概念：

（BFC）α 是 β 的一个基本假部分内容，当且仅当：(i) α 是 β 的部分内容；(ii) α 是假的；(iii) 没有 α 的部分内容是真的。[①]

然而，值得一提的是，我们无法像给出 BFC 那样给出基本真部分内容，因为假陈述能够包含真部分内容，但真陈述却不能包含假部分内容。基于

---

① Ken Gemes, "Verisimilitude and Content", *Synthese*, Vol. 154, No. 2, 2007, p. 298.

BFC，V2 可以修正为：

（V3）假设两个理论 H1 和 H2 的真内容和假内容可比较，那么 H2 比 H1 更具有似真性，当且仅当：（i）$H1_{GT} \subseteq H2_{GT}$ 且 $H2_{BF} \subset H1_{BF}$；或（ii）$H1_{GT} \subset H2_{GT}$ 且 $H2_{BF} \subseteq H1_{BF}$。[①]

然而，V3 仍然会导致一个明显的反直觉后果：如果 H2 是真的且 H1（在逻辑上）比 H2 弱，那么我们并不总会有 H2 比 H1 更具有似真性的结论。具体地，令 H2 为真陈述 $\forall x Mx$，H1 为真陈述 $\forall x (Mx \lor Tx)$，那么我们通常会认为 H2 比 H1 更具有似真性。然而，V3 并没有捕捉到这一点。问题就在于，依据 GC，尽管 $\forall x (Mx \lor Tx) \in H1_T$ 但 $\forall x (Mx \lor Tx) \notin H2_T$，因为 $\forall x (Mx \lor Tx)$ 不是 $\forall x Mx$ 的部分内容。可见，没必要要求 H1 的部分内容也是 H2 的部分内容，而仅要求 H1 的部分内容是 H2 的逻辑后承就足够了。如此一来，我们就可以使用逻辑衍推代替集合之间的包含关系从而使得 V3 得到进一步修正：

（V4）假设两个理论 H1 和 H2 的真内容和假内容可比较，那么 H2 比 H1 更具有似真性，当且仅当：（i）$H2_{GT} \vdash H1_{GT}$ 且 $H1_{GT} \nvdash H2_{GT}$ 且 $H1_{BF} \vdash H2_{BF}$；或（ii）$H2_{GT} \vdash H1_{GT}$ 且 $H1_{BF} \vdash H2_{BF}$ 且 $H2_{BF} \nvdash H1_{BF}$。[②]

这里的要点是：V4 要求 H1 的每个真内容在 H2 中都有一个对应的甚至可能更强的真内容，H2 的每个假内容在 H1 中都有一个对应的甚至可能更强的假内容。而这种"对应关系"相对于 V3 中所体现的"同一关系"似乎更符合波普尔对于似真性概念的基本直觉。

[①] Ken Gemes, "Verisimilitude and Content", *Synthese*, Vol. 154, No. 2, 2007, p. 298.
[②] Ibid., p. 300.

四 部分内容概念及其应用的缺陷

不难看出，作为一种对经典逻辑后承的相干性限制，GC 对传统科学哲学概念的修正更符合这些概念的基本直觉。然而，无论是基于 GC 的传统科学哲学概念还是 GC 自身都存在大小不同的缺陷。

（一）GC 应用的缺陷

首先，假说-演绎确证版本 H-D3 既狭窄又宽松：（1）H-D3 是狭窄的，这主要体现在它对待存在量化语句的态度上。根据 H-D3，$\exists x\psi(x, k_i)$（$i=1, \cdots, n$）不确证 $\forall x\forall k\psi(x, k)$，因为 $\exists x\psi(x, k_i)$ 不是 $\forall x\forall k\psi(x, k)$ 的部分内容，即存在比 $\exists x\psi(x, k_i)$ 强的 $\forall x\forall k\psi(x, k)$ 的逻辑后承 $\forall x\psi(x, k_i)$ 且其原子公式都出现在 $\exists x\psi(x, k_i)$ 中；[1] 简单地，$\exists xAx$ 不是 $\forall xAx$ 的部分内容，故根据 H-D3，$\exists xAx$ 不确证 $\forall xAx$，而断言某物如何直觉上确实是增加了断言所有对象都如此的信念度；类似地，$\exists x(Ax \land Bx)$ 相对于 $\exists xAx$ 确证 $\forall x(Ax \rightarrow Bx)$ 的情形也不被 GC 所支持；具体地，假设陈述 E 为 "某个物理量 μ 的值为实数 r"，被某个物理理论 T 所衍推，陈述 E′为 "测量出 μ 的值位于包含 r 的实数区间 [s, t] 内"。直观上，T 被 E′确证。但根据 GC，E′不是 T 的部分内容，因为 E 是比 E′强的 T 的后承且其是由 E′的词汇构成的；[2]（2）H-D3 是宽松的，因为它不能避免 "乌鸦悖论" 的情形，因为 $\neg Ax$ 依据 GC 仍然是 $\forall x(Ax \rightarrow Bx) \land \neg Bx$ 的部分内容。此外，GC 不处理存在量词辖域中不相干的部分。例如，根据 H-D3，$\exists xAx$ 确证 $\exists x(Ax \land Bx)$，而显然 Bx 是非相干的部分；其次，自然公理化版本 NA3（至少）是宽松的，因为它允许 "拼写冗余"（orthographic redundancy）的情形。例如，NA3

---

[1] Gerhard Schurz, "Relevant Deduction and Hypothetico-Deductivism: A Reply to Gemes", *Erkenntnis*, Vol. 41, No. 2, 1994, p. 187.

[2] Ibid., p. 188.

允许 $\{\forall x(Px \to Qx), \forall xFx\}$ 的公理 $\forall xFx$ 被 $\forall x(Fx \wedge Fa)$ 所替代。①

（二）GC 自身的主要缺陷

（1）与"替换要求"（substitution requirement）——如果 α 是 β 的部分内容，且 α′和 β′分别是通过 α 和 β 的统一替换得到的，那么 α′也是 β′的部分内容②——相冲突。具体地，根据 GC，尽管 p∧q 是 p∧q∧r 的部分内容，但（p∨q）∧（p∨r）却不是（p∨q）∧（p∨r）∧（q∨r）的部分内容，而（p∨q）∧（p∨r）∧（q∨r）是用 p∨q、p∨r 和 q∨r 分别替换 p∧q∧r 中的 p、q 和 r 得到的；（2）与"等价要求"（equivalence requirement）——如果 α 是 β 的部分内容，且 α 和 β 分别与 α′和 β′逻辑等价，那么 α′也是 β′的部分内容③——相冲突。也就是说，我们通常会认为，如果两个陈述是逻辑等价的，那么它们应该具有相同的内容。但是，根据 GC，p 而非（p∨q）∧p 是 p∧q 的部分内容，而 p 和（p∨q）∧p 是逻辑等价的；（3）进一步，费恩不仅声称非平凡要求、替换要求和等价要求不能同时被满足，而且认为 GC 还存在一个主要缺陷，那就是其允许 α 是 α∧β 的部分内容但 α∨β 却不是 α 的部分内容。④ 也就是说，在费恩看来，既排除附加律又坚持"简化律"（simplification）是冲突的，我们没有更多合理的理由认为基于简化律的推导比基于附加律的推导更具有相干性。在很多时候，二者被认为是对偶的，因为可以通过"逆否律"（contraposition）由 $\alpha \vdash \alpha \vee \beta$ 得到 $\neg \alpha \wedge \neg \beta \vdash \neg \alpha$，反之亦然。

---

① Kit Fine, "A Note on Partial Content", *Analysis*, Vol. 73, No. 3, 2013, p. 413.
② Ibid.
③ Kit Fine, "A Note on Partial Content", *Analysis*, Vol. 73, No. 3, 2013, p. 413; Ken Gemes, "A New Theory of Content I: Basic Content", *Journal of Philosophical Logic*, Vol. 23, No. 6, 1994, p. 604.
④ Kit Fine, "A Note on Partial Content", *Analysis*, Vol. 73, No. 3, 2013, p. 413.

五　对部分内容概念主要缺陷的反思

如果说基于 GC 的传统科学哲学概念仍然存在缺陷有可能是由于具体条件的不恰当设置而非 GC 引起的，那么 GC 自身存在的三个主要缺陷则严重有悖于吉姆斯的初衷——在保留经典逻辑有效性的基础上对后承进行相干性限制。本文并不试图就此对 GC 进行修正，但对其三个主要缺陷的反思将揭示出隐藏在其背后的更根本的问题，而对这些问题的解答则依赖于"整体与部分"这对辩证关系的基本直觉。

（一）与替换要求和等价要求的冲突实质上反映的是同一个问题

通过考察不难发现，在第一类冲突案例中，$(p \lor q) \land (p \lor r)$ 和 $(p \lor q) \land (p \lor r) \land (q \lor r)$ 具有相同的原子公式集，即 $\{p, q, r\}$；在第二类冲突案例中，$(p \lor q) \land p$ 和 $p \land q$ 也具有相同的原子公式集，即 $\{p, q\}$。根据布尔析取范式的基本性质，当 $\beta \vdash \alpha$ 且 α 和 β 具有相同的原子公式集时，β_{dnf} 的所有析取肢也是 α_{dnf} 的析取肢，并且存在 α_{dnf} 的某些析取肢不是 β_{dnf} 的析取肢，即存在 α 的某个相干模型的扩充不是 β 的一个相干模型。所以根据 GC，此种情形下 α 不是 β 的部分内容。具体地，在第一类冲突案例中，$[(p \lor q) \land (p \lor r)]_{dnf}$ 比 $[(p \lor q) \land (p \lor r) \land (q \lor r)]_{dnf}$ 多出的析取肢是 $p \land \neg q \land \neg r$。仔细观察不难发现，作为 $(p \lor q) \land (p \lor r)$ 的一个相干模型，$\{p, \neg q, \neg r\}$ 并不是精简的，因为当给 p 指派"真"时便足以确保 $(p \lor q) \land (p \lor r)$ 为真，即此时 q 和 r 的真值是不必要的。为此，亚布洛（S. Yablo）等人想到了"最小模型"（minimal model）的概念：S 的最小模型"是语言的部分评估，其所有经典扩展都使 S 为真，并且较小的评估具有使其为假的扩展"。[①] 例如，$p \land q$ 的最小模型是 $\{p, q\}$；$p \leftrightarrow q$ 的最小模型是 $\{p, q\}$ 和 $\{\neg p, \neg q\}$；$p \rightarrow q$ 的最小模型是 $\{\neg p\}$ 和

[①] Stephen Yablo, "Parts and Differences", *Philosophical Studies*, Vol. 173, No. 1, 2016, p. 148.

{q}。基于此，亚布洛将 GC 修正为：

(YC) α 是 β 的部分内容，当且仅当：(i) 每一个 M (β) 都包含一个 M (α)；(ii) 每一个 M (α) 都包含于一个 M (β)。[1]

其中，M (α) 和 M (β) 分别表示 α 和 β 的最小模型。条件 (i) 确保了推理的有效性，即 β⊢α；条件 (ii) 确保了结论 α 和前提 β 之间的"关涉性"(aboutness)[2]，即 α 的"主题"(subject matter) 没有超出 β 的主题，也就是说 α 和 β 是相干的。基于 YC，(p∨q)∧p 是 p∧q 的部分内容。因为，p∧q 的最小模型仅为 {p, q}，(p∨q)∧p 的最小模型仅为 {p}，满足 YC。比较 GC 和 YC 不难发现，吉姆斯是基于所有出现在命题中的原子命题的真值而亚布洛则仅基于那些实质上使得该命题为真的原子命题的真值来说明前提和后承之间的相干关系。具体地，(p∨q)∧p 和 p∧q 具有相同的原子命题，但使得 (p∨q)∧p 为真的原子命题只有 p。也就是说，此处 q 的真值不影响 (p∨q)∧p 的真值，这和吉姆斯最初想要避免的情形是相同的：在 p⊢p∨q 中，后承中 q 的真值不影响前提中 p 的真值因而是非相干的。可见，与 GC 相比，YC 更符合整体与部分关系的基本直觉：

如果 α 是 β 的部分，那么 α 的"改变"(change) 应该也使得 β 发生了改变。

具体地，当 α 和 β 都是命题时，如果 α 是 β 的部分内容，那么 α 的真值的改变应该也使得 β 的真值发生改变。当然，这里仍然遗留一个问题需要说明，那就是我们是否应该允许整体和其部分具有相同的组成成分？但显然这已超出本文所预期讨论的范围，不再赘述。

---

[1] Stephen Yablo, "Parts and Differences", *Philosophical Studies*, Vol. 173, No. 1, 2016, p. 148.
[2] Stephen Yablo, *Aboutness*, Princeton University Press, 2014.

（二）简化律和附加律之间存在重要区分

逻辑学家通常笼统地认为，在 $\beta \vdash \alpha$ 中，作为后承的 α 不是新的而是已经包含在 β 之中的。亚布洛敏锐地指出，逻辑学家在这里忽略了一个重要区分：从某种角度来说 α 是 β 顺势得到的，从另外的角度来说 α 则是先于 β 的。例如，一方面 p 是 $p \wedge q$ 顺势得到的后承，另一方面 p 应该在我们期望 $p \wedge q$ 为真之前就已经是真的了。可见，"后承这一概念传统上被用来指代两种情况，但实际上我们应该恰当地区分不同的后承，即与 $p \vee q$ 是 p 的后承相比，p 应该被称作 $p \wedge q$ 的'前序'（presequence）"。[1] 也就是说，虽然都是传统意义上的后承，但简化律 $\alpha \wedge \beta \vdash \alpha$ 中的后承 α 在真值上应该被视为是先于前提 $\alpha \wedge \beta$ 的，而附加律 $\beta \vdash \alpha \vee \beta$ 中的后承 $\alpha \vee \beta$ 的真值则是被前提 β 所决定的。进一步说，前一种情形中后承 α 的真值可以影响 $\alpha \wedge \beta$ 的真值而后者则不可以。自然地，当我们越深入这种区分时，前序概念而非通常的后承概念就越接近"部分"概念。因为直觉上我们认为，作为整体的一部分，它的改变应该是可以影响整体的，而不是被整体所完全决定的。在 $\alpha \wedge \beta \vdash \alpha$ 中，α 在后承的意义上被 $\alpha \wedge \beta$ 所决定，但在前序的意义上则影响了 $\alpha \wedge \beta$，即 α 的真值的改变也会使得 $\alpha \wedge \beta$ 的真值发生改变，这种相互影响的辩证关系恰好也符合我们对整体与部分关系的基本认知。

可见，虽然吉姆斯和亚布洛等人所关注的是命题部分而非物质部分，但总归都是对整体与部分及其关系的说明，都要和这对基本辩证关系的基本直觉相符合，并且两类部分概念的对比研究又促进了对整体与部分关系的深入理解。

六　结语

由于经典逻辑后承只确保推理的有效性而非相干性，所以基于经典逻辑

---

[1] Stephen Yablo, "Parts and Differences", *Philosophical Studies*, Vol. 173, No. 1, 2016, p. 146.

的形式概念都将产生诸如"一只非黑色的乌鸦确证乌鸦假说"这样违反相干性直觉的后果，而这些结果中的大多数又都是由于随意使用附加律所导致的，即显然后承 $\alpha \vee \beta$ 中引入了与前提 β 非相干的因素 α。为此，如果我们希望不改变经典逻辑的有效性，那么就需要对经典逻辑后承概念进行相干性限制，吉姆斯的最强后承概念和相干模型概念就是对此的有趣尝试。但是基于这两个概念的部分内容概念虽然避免了完全基于经典逻辑后承概念的传统内容概念所面临的平凡结果——任意的两个命题都拥有一些共同的内容，却会与替换要求和等价要求等经典逻辑要求相冲突。为此，我们可以将相干模型概念精细化为最小模型概念，以此来避免由于真值冗余而导致的后承和前提之间主题的非相干性。之所以冗余的原子命题不应该被视为复合命题的部分内容，是因为冗余的原子命题的真值发生改变时并不会影响复合命题的真值。这也符合我们关于整体与部分关系的一般直觉：作为整体的部分，它的改变应该引起整体的改变。

代数方案视域下的命题理论

——以 Bealer 和 Zalta 的方法为例

涂美奇[*]

摘　要： 还原论下的命题理论试图把命题中一个或多个内涵实体还原为外延实体，但还原论下的命题理论存在不同程度的缺陷。代数方案下的命题理论用一种非还原的方法来解释命题，可以规避由还原而导致的问题。本文选取 Bealer 和 Zalta 的代数方案，对代数方案下的命题理论进行分析，并比较二人命题理论的异同点，由此可以看出由代数方案解释的命题更加符合人们的直觉习惯，把性质和关系解释为内涵实体，对命题的解释更加精细化，而且符合内涵逻辑的要求，避免了在外延逻辑中的共外延替换导致句子真值发生变化的问题。

关键词： 代数方案　命题理论　内涵逻辑　结构化命题

---

[*] 涂美奇，河北秦皇岛人，中国社会科学院大学哲学院博士研究生。研究方向：现代逻辑及其应用。

[**] 本文引用格式：涂美奇：《代数方案视域下的命题理论》，《逻辑、智能与哲学》（第一辑），第 222~236 页。

King 把代数方案下的命题理论归为结构化命题的一种，代数方案下的命题理论和结构化命题在某种程度上是类似的，都试图识别命题内部的结构。① King 提出这样几个问题：第一，是什么把命题的组成部分维系在一起？第二，结构化的复杂实体如何拥有真值条件？第三，为什么有些成分可以组合成一个命题，而有些却不能？② 在代数方案下的命题理论和结构化命题所要解决的问题是基本一致的，但本文依照还原论和非还原论以及外延逻辑和内涵逻辑的划分方法，区别代数方案下的命题理论和其他命题理论。本文试图论证在代数方案下的命题理论能够避免还原论下的命题理论所带来的缺陷，可以在相应模型中刻画外延相同但内涵不同的命题，对共外延的命题能够进行区分，避免了共外延替换会导致句子真值发生变化的问题，更加符合主体的直觉习惯，并且在代数模型中可以对性质、关系和命题进行系统的解释。本文第一节主要简单介绍在还原论下的命题理论及其缺陷。第二节介绍内涵逻辑以及 Bealer 和 Zalta 的命题理论，介绍并指出二者是如何在模型中刻画外延相同但内涵不同的命题，比较两种代数方案下命题理论的异同，并试图回答这种命题理论如何解决 King 所提出的上述问题。

一 还原论下的命题理论

还原论下的命题理论有很多，主要思想都是试图把一个或多个内涵实体还原为外延实体。还原论下的命题理论主要有三种：可能世界理论、命题-函数理论和命题-复杂理论。③ 这种还原之后的外延实体要么是集合要么是外延函数。这三种还原论的主张都有不同程度的缺陷。

---

① Jeffrey C. King, "Structured Propositions", *Stanford Encyclopedia of Philosophy*, May 15, 2019, https://plato.stanford.edu/entries/propositions-structured/.
② Jeffrey C. King, "Questions of Unity", *Proceedings of the Aristotelian Society CIX*, 2009, pp. 257-277.
③ 见 George Bealer, "A Solution to Frege's Puzzle", *Philosophical Perspectives*, *Language and Logic*, Vol. 7, 1993, pp. 20-23。以下三种还原论的命题理论是由 Bealer 概括总结的，本文在其基础上稍做改动。

20世纪60年代前后，可能世界语义学逐步建立起来，根据可能世界理论，命题被还原为可能世界或者是一个从可能世界到真值的函数，性质是从可能世界到个体集合的函数，关系是从可能世界到 n 元个体集合的函数。这个理论的缺陷在于：首先，这种理论在认识论和形而上学上存在问题，因为可能世界理论的前提承诺了事物的存在性，事物一定在某个可能世界存在。在这种可能世界理论下，命题中的事物被默认存在，所以才能讨论在哪个可能世界，是否为真。其次，这种理论在直观上不合情理。很多性质不能解释为从可能世界到可能对象集合的函数，因为有些性质是没有办法用具体对象表示出来的，例如痛苦、开心这种情绪上的性质，或者颜色和形状这种抽象性质也无法用对象表示出来。最后，一个显著的技术上的问题，可能世界理论会导致所有必然相等的命题都是同一命题。可能世界理论对于命题的解释不够精细，考虑这样两个形而上学必然命题，"所有单身汉都没有结婚"，"所有中国人都是中国人"。这两个命题在所有可能世界中都是真的，那么每一个命题都是所有可能世界的集合，但只有一个这样的集合，因此只有一个这样的命题。在这种观点下，所有数学上的真句子表达了相同的必然命题，但显然数学上的真句子表达的不是相同的必然真命题，而且这个推理过程不符合我们的直觉习惯，直觉上截然不同的两个命题在可能世界理论的推导下成为同一个命题。这是因为在可能世界理论的语义下，命题被解释为可能世界，它的外延是真值，对命题没有进行精细化的区分，没有考虑到命题的内涵，而形而上学必然命题的真值是必然真的，所以所有形而上学必然命题外延为真的命题都是同一个命题。

命题-函数理论最早由 Russell（1908）提出，Russell & Whitehead（1910）对此理论也有提及。命题-函数理论认为性质和关系是从对象到命题的函数，这里的命题被看作是初始实体。例如，我们说作为性质的"红色"，这个性质还原为关于命题的函数是（λx）（"x 是红色的"是命题）。命题作为初始实体被还原为了函数。"对任意对象 x，x 是红色的"这一命题应当解释为（λx）（"x 是红色的"是命题）(x) = 应用函数（λx）（"x 是红色的"是命题）到论证 x 的结果。① 这一理论也存在缺陷，对于抽象性质（如颜色、形状、气味）表示为函数同样也是不符合直觉、不合乎情理的。除了直觉上的问题，在技术上也同样存在缺陷，这种还原论会导致两个完全不同的命题相等。考虑"偶数"和"自整除"（self-divisible）这样两个性质，在命题-函数理论的解释下，性质将还原为关于命题的函数。"偶数"是指对于任意对象 x，x 可以被 2 整除；"自整除"是指任意对象 x，x 可以被自身整除；我们可以推导出以下论证：2 是偶数 =（λx）（x 是偶数）（2）=（λx）（x 可以被 2 整除）（2）= 2 可以被 2 整除 =（λx）（x 可以被 x 整除）（2）=（λx）（x 可以被自身整除）（2）= 2 可以自整除②。可以明显地看出"2 是偶数"和"2 可以自整除"是两个完全不同的命题，但最后却得出了相等的结论。这是因为在使用命题-函数理论来解释命题的时候，两个命题可以由同一个函数表示，而在此理论上的函数没有办法对命题进行进一步精细化的分析。

Bealer 总结的第三个还原论下的命题理论是命题-复杂理论，也叫命题的修补玩具理论（tinker-toy theory of propositions），最早被 Russell（1903）提及，在 Stephen（1978、1987）、Kaplan（1978）、Perry & Barwise（1983）和 Soames（1987）等文章中都有所讨论。King 把这种方案归结为结构化命题，也被称为新罗素主义理论，Soames 等人主张把命题看作是一种结构化的实体，包括个体、性质和关系作为其组成部分，并且认为名称（names）（还有索引词和指示词）是有指称作为它的语义值，因此对包含名称的句子而言，所表达的命题也包含了名称的指称作为其成分，性质和关系有相应的语义值，通过逻辑算子把简单命题结合形成复杂命题。Soames 概述了结构化命题的形式理论，命题是一个 n 元序列集，如

Tom saw Peter. 用序列<<o, o'>, S>指代；

Tom runs and Peter walks. 用序列<CONJ, <<o>, R>, <<o'>, W>>指

---

① George Bealer, "A Solution to Frege's Puzzle", *Philosophical Perspectives*, *Language and Logic*, Vol. 7, 1993, p.21.
② Ibid.

代。其中 o 指代 Tom，o'表示 Peter，S 表示 see 这个关系，R 表示 run 这个性质，W 表示 walk 这个性质；<<o, o'>, S>在可能世界 c 中是真的当且仅当在可能世界 c 中<o, o'>在关系 S 的外延中。<CONJ, <<o>, R>, <<o'>, W>>是真的当且仅当 CONJ 这个算子在可能世界 c 中将<<o>, R>和<<o'>, W>的真值指派为真。在这种结构化命题的解释下，由于考虑到了命题内部的结构和组成方式，可以区分两个必然相等的命题。"鸟会飞"表达了这样的一个命题，即在可能世界中"鸟"这个对象在性质"会飞"的外延中，这与"2 是偶数"这样的命题显然不同。

命题-复杂理论在一定程度上解决了之前两种命题理论存在的问题，对于共外延的命题进行了区分，并且比较符合主体的直觉习惯。Bealer 认为这种命题-复杂理论也是还原论的一种，是把命题、性质和关系还原为一个序列。在 Bealer 看来，这些 n 元序列组就是命题本身，那么解释命题所包含的性质时就产生了问题。因为很多有序 n 元组并没有真值条件（比如序列<1, 2, 3>），并且在描述痛苦、开心这种情绪的性质的时候，是否存在一个相应关于意识对象的序列集。命题-复杂理论实际上已经隐含了性质和关系可以作为一种不可还原的内涵实体存在。如果把序列集理解为形式化之后的命题，那么这种结构化命题的理论是不够完整的，它没有解释命题本身是什么，什么使命题结合在一起。①

还原论下的命题理论试图把复杂的命题还原为简单的外延实体，这的确会方便我们在形式系统中进行证明，但不可避免地会使得对命题的解释不够精细，直观上来讲某些命题中的性质、关系是无法被还原为外延实体的。还原论的一个结果就是会造成向后的倒退，会一步一步向后还原，脱离了原本的命题理论。因此我们需要把性质、关系和命题作为内涵实体，在模型中系统化地对其进行解释。

---

① Soamas（2010）回应了这种质疑，命题内各部分凭借主体的表征能力而结合。

二 代数方案

（一）内涵逻辑

在对还原论下的命题理论的讨论中，还原论企图把命题中的内涵实体还原为外延实体，那么如果我们用非还原论的思想来解释命题理论，则需要对命题的内涵实体进行解释和分析。

内涵理论试图探讨指称和意义的关系，比如晨星和昏星都指示金星，但晨星的意义是早上看见的星星，昏星的意义是晚上看见的星星，显然，晨星和昏星的意义不同但指称相同的对象。意义在某种程度上通常被叫作内涵（intensions），所指称的事物通常称为外延（extensions）。数学具有很典型的外延性特征，例如"1+4=2+3"，尽管等号两边的数字可以代表不同的意义，但具有相同的外延。在英语中"it is known that…"，"it is necessary that…"，"it is believed that…"后面接的都是内涵性的思想，当我们对共外延的内容进行等价替换失败的时候，这个内容可以被视为内涵性的。内涵性即非外延性，是语句的特征，或语句在特定语境中体现的特征。一个句子是内涵性的，或处于内涵语境中，指的是对该句子中的某些表达式作共外延替换会导致句子真值发生变化。因此内涵性概念的特征是，在内涵语境中，发生影响的不是表达式的外延或指称，而是内涵或涵义。比如，"鸟会飞"和"2是偶数"这样两个命题，它们都是必然真命题，但"小红相信鸟会飞"这个命题是真的，而"小红相信2是偶数"这个命题就不一定为真，这也涉及命题态度，但本文不对此进行讨论。代数方案下的命题理论试图区分这样两个必然真命题的内涵，对命题的性质和关系进行解释，由此避免了共外延的句子在替换时会产生的问题。在经典一阶逻辑中，内涵不起任何作用，它被设计成外延性的，目的是模拟数学中的推理。但随着逻辑学的不断发展，需要更精细化的语言，这时，带有内涵型特征的形式系统出现了，我们称之为内涵逻辑。很多逻辑学家，如 Frege、Carnap、Marcus、Montague 都对内涵逻辑进行了研究。

总的来说，内涵逻辑构造了一个形式系统，这种形式系统试图规避由于共外延性但内涵不同而导致的问题。在内涵逻辑的代数结构中，性质、关系和命题都不会被还原，对命题的表示是很直观的，命题 A∧B 表示命题 A 和命题 B 的合取；命题非 A 表示命题 A 的否定；命题 Fx 表示 x 断定性质 F 的结果；命题存在 F 这样的性质表示对性质 F 应用存在概括规则的结果，诸如此类。代数方案的目的就是把关于性质、关系和命题的逻辑运算系统化，但性质、关系和命题被视为非还原的实体。我们对这些运算的直观理解可以通过合适的基本的规则进行编码。内涵代数结构是一个包含个体论域、性质、关系和命题以及一系列满足这些规则的相关的逻辑运算。

（二）Bealer 的代数方案

Bealer 把包含性质、关系和命题的理论简称为 PRP 理论（the theory of properties, relations, and propositions），Bealer 认为有些直觉上有效的论证无法通过一阶逻辑表达出来，因此，Bealer 试图在原有的布尔代数上添加算子，用以表述性质关系和命题，把它们认为非还原的实体。

Bealer 的代数结构建立在布尔代数的结构上。一个布尔代数的结构是 <D, disj, conj, neg, F, T>。D 是实体的论域，这种实体可以被视为初始实体且是非还原的；disj 和 conj 分别是指合取和析取的二元运算；neg 是指否定的一元运算；F 和 T 是在论域中不同的元素指代假和真（F 和 T 也可以分别表示空集和论域 D）。布尔代数既是命题逻辑中的外延模型又是一阶谓词逻辑特定片段的外延模型，在布尔代数结构上可以添加不同的算子进行扩展。

Bealer 对布尔代数的结构进行了改动，<D, K, disj, conj, neg, exist, τ, F, T>，其中论域 D 是可数不相交的子论域 D_{-1}, D_0, D_1, D_2, …, D_n, …, 的联合。子论域 D_{-1} 由外延实体组成；D_0, 命题；D_1, 性质；D_2, 二元内涵关系；D_n, n 元内涵关系。D 中的元素是初始的、非还原性的。τ 是一个辅助逻辑算子的集合，目的是成为语法算子语义上的配对，这种语法算子运用给定的公式可以重复相同的变元一次或者多次，也可以运用给定公式变化变元的顺序。比如 τ 可以包含 conv 这个算子，{xy: x loves y}，运用 conv 算子

就是 {yx: x loves y}。exist 算子表示存在概括的逻辑运算，{xy: x loves y} 运用 exist 算子就是 {x: (∃y) x loves y}。K 是可能外延化函数（possible extensionalization functions）集合。每个属于 K 的外延化函数 H，是从 D 中的元素到一个合适的外延。如：

x 是一个命题，i.e. $x \in D_0$，H（x）= T 或 H（x）= F。

x 是一个性质，i.e. $x \in D_1$，H（x）是 D_1 的子集。

x 是一个 n 元关系，i.e. $x \in D_n$，H（x）是 D 的 n 次笛卡尔积的子集（特殊的，$x \in D_{-1}$，H（x）= x）。

在函数 H 下定义算子 conj 和 neg：

H（neg（p））= T 当且仅当 H（p）= F；

H（conj（p，q））= T 当且仅当 H（p）= T 并且 H（q）= T。

除了 H 之外，G 是一个事实外延化函数（actual extensionalization functions），表示 D 中元素的事实外延，其余算子的解释和布尔代数中的解释一致。把上述代数结构简化为<D，K，T>，T 是一个算子序列集包括 disj、conj、neg、exist，还有 τ 中的算子。结构 M =<D，K，T>是内涵性的，是指存在于 D_i 中的元素，D_i 是 D 的真子集，有相同的外延，但有不同的内涵。M 是内涵性的当且仅当对在 D_i 中的元素 x 和 y，对 K 中的元素 H，H（x）= H（y）但 x≠y。对 D_0 中的元素 x 和 y 来说，也许它们的事实外延都是真的，G（x）= G（y）= T 但是 x≠y。这个结构用形式化的方法表示了外延相同但内涵不同的命题。

这种代数结构使得经典一阶逻辑的内涵代数结构存在，在这个内涵结构中加相应的赋值，得到内涵模型。内涵解释 I 是一个从 i 元谓词到 i 元内涵关系的函数，即，I（'F^i'）$\in D_i$。在内涵解释 I 和内涵结构 M 的基础上，可以得到内涵真值函项 V_{IM}，V_{IM} 是从一阶逻辑的公式到 D 中相关命题的函数。例如，V_{IM}（'¬（∃x）Fx'）= neg（exist（I（'F')））。一个公式"A"在 I 和 M 上是真的当且仅当 A 的实际外延是真的。即，Tr（'A'）当且仅当 G（V_{IM}（'A'））= T。

以上讨论的前提都是在不包含个体常元的情况下。个体常元是指带有固定指派的变元、Millian（or Russellian）专名和内涵抽象。Millian 专名是指一个语义简单的单称词项，这个词项没有变元，有严格指示但没有意义。内涵抽象在英语中表现为 that-从句、动名词或不定式短语，前者表示一个命题抽象，后者表示一个性质或关系抽象。如果 A 是一个句子，Bealer 认为 that-A 可以表示为一个单称词项 [A]，可以对其中的变元进行量化，成为 [(∃x) Gx] 这样的形式，[1] 这其实是对共外延的从句在替换中产生问题的一种解决方法。Bealer 称带有内涵抽象的一阶逻辑为一阶内涵逻辑。在原有代数结构 M 的基础上，T 包含另外一个逻辑算子 $pred_s$，指单称述谓。当单称述谓应用在性质和词项中时，命题是真的当且仅当词项在性质的外延中。对所有 $x \in D_1$ 和 $y \in D$，和对所有外延函数 $H \in K$，$H(pred_s, (x, y)) = T$ 当且仅当 $y \in H(x)$。应用单称述谓，我们可以指派合适的内涵性的赋值在三种个体常项的变元上：

$V_{IM}('Fx') = pred_s (I('F'), I('x'))$；

（带有固定指派的变元）

$V_{IM}('Fa') = pred_s (I('F'), I('a'))$；

（Millian 专名）

$V_{IM}('F[(∃x) Gx]') = pred_s (I('F'), exist(I('G')))$。

（内涵抽象）

Bealer 认为由于这种代数模型呈现了内涵抽象，这种代数模型也是一阶内涵逻辑的语义模型。在 Bealer 这种代数化的方案下，还原论的问题被基本解决，从定义的模型上看，不存在必然相等的命题是同一命题的问题，因为外延相同的命题可以由代数模型表示不同的内涵。性质、关系和命题在模型中的刻画比较直观，符合主体的直觉习惯。对共外延的句子来讲，即使 $H(x) = H(y) = T$，由于 $x \neq y$，也不能进行替换。由于 Bealer 本身并没有将性质和关系还原为外延实体，只是用代数方式表示出来，所

---

[1] 关于内涵抽象的具体内容见 George Bealer, *Quality and Concept*, New York: Oxford University Press, 2002, pp. 23-34.

以从根本上规避了抽象性质无法还原为外延实体的问题,也回避了在形而上学上的问题。

(三) Zalta 的代数方案

在介绍 Zalta 的命题理论之前,先大致介绍一下 Zalta 的内涵逻辑。Zalta 定义内涵逻辑时也用的是内涵的方式,并且没有给内涵逻辑下一个明确的定义,而是从内涵上分析内涵逻辑所具有的特点。Zalta 认为内涵逻辑是指一些形式系统展示和解释了显著的四个逻辑原则的错误,这四个逻辑原则是*存在概括*(*Existential* Generalization),存在概括(Existential Generalization),替换原则(Substitutivity)和强外延性原则(Strong Extensionality)。[①]

(1) *存在概括原则*:举例子来说,对于句子,

汤姆娶了南希。

应用*存在*概括原则可以推出,

存在一个人,汤姆娶了这个人。

但不是所有命题都可以应用这个原则,如果*存在*概括的对象是虚构对象,这个原则就失效了,例如,

福尔摩斯仍然激发着现代侦探的灵感。

无法推出,

存在一个人(something that exists),*这个人仍然激发着现代侦探的灵感*。因为我们知道这个人不存在。

(2) 存在概括是指把*存在*概括中的 something that exist 弱化为 something,此时前一个例子中,"有些人仍然激发着现代侦探的灵感"就可以成立。可以说,有些人可以指代福尔摩斯。但是这种存在概括的原则在某些情况下并不精确,例如,

汤姆相信那个最高的人就是间谍。

[①] Edward N. Zalta, *Intensional Logic and the Metaphysics of Intentionality*, Massachusetts: The MIT Press, 1988, p. 3.

应用存在概括规则，

有些人让汤姆相信他就是间谍。

在原句中汤姆是明确知道谁是间谍的，但应用存在概括原则之后，汤姆则不一定知道谁是间谍，间谍的特征是什么。

（3）替换原则失败的原因很明显，对句子中的某些表达式作共外延替换会导致句子真值发生变化。比如，

苏茜相信是马克·吐温写的《哈克贝利·费恩历险记》。

从句中对共外延的句子"马克·吐温是塞缪尔·克莱门斯"应用替换原则，

苏茜相信马克·吐温是塞缪尔·克莱门斯。

这个结论则不一定为真。

（4）强外延性原则在某些情况下也会产生问题。考虑"亲兄弟"和"同胞兄弟"这两个词，所有的同胞兄弟必然是亲兄弟（S），可以推出，是亲兄弟和是同胞兄弟是一样的（S'）。这两个句子都是真的。强外延性可以简化为这样的形式：从句子 S 可以推出句子 S'。当我们用某些表达式对 S 中的表达式进行替换的时候，这个原则似乎是成立的。但在某些情况下，强外延性就失效了，考虑"棕色且无色的小狗"和"只给那些不给自己刮胡子的人刮胡子的理发师"这两个无法被例证的表达式。

由于这两个表达式都无法被例证，可以得到"所有棕色且无色的小狗必然是只给那些不给自己刮胡子的人刮胡子的理发师"。按照上述形式会错误地推出"成为一只棕色且无色的小狗和只给那些不给自己刮胡子的人刮胡子的理发师是一样的"。Zalta 认为他构建的内涵逻辑及其模型，是可以避免存在概括、存在概括、替换原则和强外延性原则这四个逻辑原则的错误。由于在内涵逻辑中探讨的是对象的内涵，所以也可以解决虚构对象在外延逻辑中产生的问题。在内涵逻辑的基础上，Zalta 认为必然相等的命题一定是会有区别的，所以需要更加精细化的命题理论。

Zalta 的内涵逻辑建立在对关系的理解上，Zalta 把关系当作初始实体，命题是 0 元关系，性质是 1 元关系。所以在此基础上 Zalta 不用对命题和性质作

过多的解释。但把关系当作初始实体会出现很多的问题，与集合论相比关系理论在数学上不够精确，传统塔斯基模型理论在其语言中就取消了关系和例证，通过关系的集合论外延代替关系，依据集合中的元素来定义例证。在集合论的前提下，很多集合的存在和个体条件被公理化呈现，但是在 Zalta 之前，没有足够完整的以关系理论为基础的公理化系统以及相应结论。在此，我们不对两种模型理论作过多评价，只介绍在关系理论的基础上 Zalta 是如何分析命题的。

首先，Zalta 区分了编码（encode）和例证（exemplify）。抽象对象可以编码信息，但不可以被例证。这是由于对象是抽象的，无法找到可以例证的个体，比如"飞马"这个抽象对象，"飞马会飞"是对"飞马"这个抽象对象编码了会飞这个信息，但在现实世界无法找到一匹会飞的马来例证这个对象名称。对于一般对象来说，既可以编码信息，对象也可以被例证，这样避免了概括原则失效带来的问题。

在上述区分的基础上，Zalta 提出了一个解释模型<D, R, （W, w_0）, (T, t_0, <), L, $ext_{w,t}$, ext_A, F>，① D 包括所有一般个体和抽象个体；R 是 n 元关系的集合（n≥0）；W 是可能世界的集合；w_0是其中的一个特殊元素；T 是非空的时间集合，t_0是其中的一个特殊元素，< 是二元关系；L 是一集逻辑函数，包括 $PLUG_I$（plugging）、NEG（negation）、COND（conditionalization）、$UNIV_I$（universalization）、$REFL_{i,j}$（reflection）、CONV（conversion）和 VAC_i（vacuous expansion）、NEC（necessitation）、WAS（past omnitemporalization）、WILL（future omnitemporalization）；$ext_{w,t}$是一个例证外延函数，在每一个世界-时间序对<w, t>下，在例证外延中对 n 元关系进行赋值，如果是关于 0 元关系（命题）的例证外延函数，那么它的值域是 {T, F}；ext_A是一个编

---

① Zalta 构建了内涵逻辑的形式系统，并给出了模型，本文中的模型并不是最终版本，引用这个模型是便于解释 Zalta 的命题理论。内涵逻辑的形式系统和最终解释模型见 Edward N. Zalta, *Intensional Logic and the Metaphysics of Intentionality*, Massachusetts：The MIT Press, 1988, pp. 236-244。在荣立武的博士论文《内涵逻辑的哲学基础》中也对 Zalta 的内涵逻辑的形式系统和模型进行了概述。

码外延函数，是从每个 $r \in R_1$ 到 D 中个体的函数，其中 R_1 是 R 的一个子集，包括所有的一元关系（性质）；F 是函数，这个函数固定每个个体常元到 D 中的元素和每个关系常元到 R 中的元素；赋值函数 f 是从个体变元到 D 中元素和关系变元到 R 中元素的映射。对于任意项 τ 在解释 I 和赋值 f 的指称①（"$d_{I,f}$（τ）"）可以简化为 $d_{I,f}$（τ）= F（τ），如果 τ 是个体常元或关系常元；如果 τ 是个体变元或关系变元，那么 $d_{I,f}$（τ）= f（τ）。

基于上述模型，Zalta 用例证外延函数 $ext_{w,t}$ 来解释 n 元关系，用编码外延函数 ext_A 来解释性质，命题是 0 元关系，因此对于任意命题 P 来说，$ext_{w,t}$（P）= T 或者 $ext_{w,t}$（P）= F。根据递归原理和上述模型，可以解释联结词、量词、模态算子和时态算子。如 $PLUG_1$ 是从 n 元关系 R 和一个对象 b 映射到 n-1 元关系 R′关系的函数，使得 $<o_1, \cdots, o_{i-1}, o_{i+1}, \cdots, o_n>$ 代替 R′ 当且仅当 $<o_1, \cdots, o_{i-1}, b, o_{i+1}, \cdots, o_n>$ 代替 R。

用两个简单的例子来说明关系理论如何表示命题。考虑下述命题："鸟会飞"。用 b 表示鸟，用 m 表示会飞这一性质，P_1 表示整个命题。命题 P_1 是用 $PLUG_1$ 算子把性质 o 添加在对象 b 上，用代数的方式表示出来为 P_1 = $PLUG_1$（m, b）。$ext_{w,t}$ 函数使得每个关系在序对 <w, t> 上都有一个例证外延，对于命题 P_1 = $PLUG_1$（m, b），有 $ext_{w,t}$（P_1）= T 当且仅当 b ∈ $ext_{w,t}$（m）。考虑命题"所有人都是会死的"。用 s 表示会死这一性质，P_2 表示整个命题。命题 P_2 是在性质 s 上运用 $UNIV_1$ 算子，用代数的方式表示为 P_2 = $UNIV_1$（s）。对于命题 P_2，有 $ext_{w,t}$（P_2）= T 当且仅当对于每一个对象 o，o ∈ $ext_{w,t}$（s）。这样的操作使得命题的内部结构可以清楚地表示出来，但共外延的命题不会发生变化。对于第一个例子"鸟会飞"。Zalta 认为这个命题是应用 $PLUG_1$ 算子的结果，并且这个命题也表明了鸟拥有会飞这个性质。但 $PLUG_1$ 算子和否定算子 NEG 结合就会产生一个问题，对象是否拥有这个性质？对此，Zalta 的解释是，在包含否定算子的命题中，也同时存在着对象拥有这个性质的命题。

---

① 对于指称（denotation），Zalta 在上书中也有详细介绍，但在本文中不做详细说明。

在 Zalta 构造的内涵逻辑的代数模型中，共外延的命题的内部结构也可以清晰地表示出来，关系作为初始实体来解释性质和命题，避免了 Zalta 所提到的外延逻辑会产生的问题。这种代数方案对命题的分析是更直观的，由于 Zalta 区分了例证和编码，因此对于像开心、痛苦情绪的性质的解释也更合乎情理。

三　小结

Bealer 和 Zalta 两种代数方案本质上都是试图规避以还原论为基础的外延逻辑来解释命题所造成的问题。两者都应用了代数方案，相比还原论的观点，这种代数方案的命题理论更加直观，同时也解释了在文章开头 King 提出的三个问题。首先命题是由论域中的元素组成的，这些元素可以用逻辑算子进行组合，从而形成命题，命题可以通过代数结构表示出来。其次，对于复杂命题来说，命题的真值是通过外延函数来实现的，但与此同时对共外延的命题也进行了区分，可以表示外延相同内涵不同的命题。最后，性质和关系是否可以组成一个命题取决于逻辑算子在模型中的解释，Zalta 还针对抽象对象进行了编码和例证的区分。

Bealer 和 Zalta 两者观点的相同之处在于，把性质和关系解释为内涵实体，性质和关系作为命题的组成部分不用被还原。两者都有同一个目的，使得必然相等的命题可以表示不同的内涵，通过函数使得内涵实体映射到外延实体上，区分外延相同而内涵不同的命题。在非还原的前提下也规避了抽象性质无法由实体表达出来的问题，抽象性质可以被编码并且通过代数表示出来。由于 Zalta 本身对抽象对象理论的深入研究，使得 Zalta 在这个问题上的解决比 Bealer 效果更加显著。

不同之处在于，Bealer 借用布尔代数的结构建立了一阶内涵逻辑的代数结构，并构造了相应的内涵逻辑的形式系统，构建了一阶内涵逻辑的模型，这可以看作对一阶逻辑的补充。Zalta 则是重新构建了一个关系理论，由关系理论来解释命题。Zalta 对内涵的刻画是精粒度的，考虑到了模态和时态的概念。由于 Bealer 最终是要依托已有的代数结构来解释相应的形式系统，如果加入过多的模态词，会使得形式系统太烦琐，对可靠性完全性等性质的证明就会产生问题。而 Zalta 则是重新建立一个解释系统，避免外延逻辑中存在的四个逻辑原则错误，但 Zalta 的内涵逻辑以及内涵代数模型过于烦琐，对词项进行了过于精细的划分。

代数方法下的命题结构是一目了然的，因为不管用哪一种代数理论来表示命题，最后的结果都是一组序列，这组序列就是命题本身，和结构化命题中的序列不同的是，只有在模型中有解释的序列组才是命题，避免了有序 n 元组没有真值条件的情况。通过这组序列，可以直观地看出命题的组成部分和形成方式，并且通过模型对这组序列进行解释。代数方案下命题理论更加彻底，对命题的解释更加精细化，命题本身和其中的性质和关系作为内涵实体不再进行还原，避免了还原论下命题理论的缺陷。

·逻辑教育与测评·

人工智能时代《数理逻辑》课程的教育技术现代化实践[*]

李 娜[**]

摘 要： 近些年随着人工智能领域的发展，定理机器证明领域也受到越来越多研究学者的关注，各种定理自动证明系统也被开发出来。例如由斯坦福大学开发的 LPL（Language Proof and Logic）系统中 Fitch 能够利用计算机辅助完成一阶逻辑定理的机器证明。20世纪 70~80 年代之交，我国吴文俊院士就尝试用计算机证明几何定理并取得了成功。本文分四个方面简要介绍南开大学哲学院在《数理逻辑》课程教育技术现代化的实践和取得的一些成绩。

关键词： 人工智能 逻辑教学 现代化 实践

---

[*] 本文系 2020 年度天津市教委社会科学重大项目"逻辑教学现代化与新文科建设"（2020JWZD27），以及 2021 年南开大学文科发展基金重点项目"逻辑定理机器证明系统"（ZB21BZ0109）阶段性成果。

[**] 李娜，河南开封人，南开大学哲学院教授、博士生导师。研究方向：现代逻辑。

[***] 本文引用格式：李娜：《人工智能时代〈数理逻辑〉课程的教育技术现代化实践》，《逻辑、智能与哲学》（第一辑），第 237~246 页。

为了配合我们的《数理逻辑》课程的教学工作，使学生能更好地理解《数理逻辑》课程中一些抽象的思想，更快地掌握《数理逻辑》课程中的一些具体的方法，从 2006 年起至今，我们团队不断地探索《数理逻辑》课程的教育技术现代化，做了一些工作并取得了一些成绩。本文将分四个方面介绍我们逻辑教学的现代化实践。

一　逻辑推理实验室的建立

（一）实验室基本情况

逻辑推理教学实验室（模式：局域网+多媒体）是在南开大学实验设备处和哲学院的支持下于 2007 年建立的，它是目前国内逻辑学专业唯一的实验室，也是逻辑专业人才培养的重要组成部分。2015 年前逻辑推理实验室的使用面积是 $40m^2$，可容纳学生 18 人上机操作。2015 年至今在南开大学津南校区哲学楼 112 教室，实验室的使用面积为 $80m^2$，可容纳学生 40 人上机操作。

实验室按照学科和功能配置，为逻辑学专业的学生搭建了国内一流的实验平台。

（二）管理运行情况

1. 实验室管理

逻辑推理实验室实行院级管理，实验室主任负责制。

制定有实验室的安全管理制度和应急制度。

2. 实验室开放

逻辑推理实验室除正常实验教学外，采取 1∶1 的开放式运行机制。

时间保证：正常实验教学时间与对本科生、研究生开放（免费）时间为 1∶1。

人员保证：聘请本科生或研究生做助教，管理、指导学生使用软件和设备。

二 实验逻辑学课程简介及授课目的

为了配合我们的《数理逻辑》课程的教学工作，在实验室建立后，我们开设了实验课——《实验逻辑学》。

（一）实验教学内容

1. 构造公式的真值表。

2. 判断一个公式是否其他公式的重言（逻辑）后承；判断一组公式是否重言（逻辑）等值；判断一个推理是否正确。

3. 用真值树方法判断一个公式是否重言式或者逻辑真。

4. 构造定理或推理的形式证明。

5. 在给定的模型（或世界）中，编写逻辑公式并判断公式的真值。构造非后承的证明。

……

（二）实验项目及来源

1. 每年开设的基础性实验项目共4个

构造真值表（Boole）、构造真值树（树证明生成器）、构造自然演绎系统定理的形式证明（Fitch）以及构造可能世界（Tarski's World）。

2. 项目来源

（1）在线实验软件：

树证明生成器（Tree Proof Generater）。http://www.umsu.de/logik/trees/。

（2）购买的国外教学软件：LPL 软件包［包括：一款构造真值表树的软件（Boole）、一款构造自然演绎系统定理的形式证明的软件（Fitch）和一款构造可能世界（即建立模型）的软件（Tarski's World）］。

（三）实验教学体系

1. 教学体系：

讲授—实验。

2. 教学对象：

（1）每年为逻辑专业本科生开设基础性实验课 1 门，为哲学专业本科生开设基础性实验课 1 门。

（2）每年为逻辑专业研究生开设基础性实验课 1 门。

（四）实验教学实例

例 1　下面的关系是否成立？

A∧（B∨¬A∨（C∧D）），E∧（D∨¬（A∧（B∨D）））⊢A∧B。

解　用 Boole 构造真值表，判断 A∧B 是否 A∧（B∨¬A∨（C∧D））和 E∧（D∨¬（A∧（B∨D）））的重言后承。

由图 1 可知：当 B 取 F，A，C，D，E 取 T 时，公式

A∧（B∨¬A∨（C∧D））和 E∧（D∨¬（A∧（B∨D）））

取 T，但是 A∧B 取 F，所以

A∧（B∨¬A∨（C∧D）），E∧（D∨¬（A∧（B∨D）））⊭A∧B。

由完全性定理可得：

A∧（B∨¬A∨（C∧D）），E∧（D∨¬（A∧（B∨D）））⊬A∧B。

因此，A∧（B∨¬A∨（C∧D）），E∧（D∨¬（A∧（B∨D）））⊢A∧B 不成立。

例 2　用 Fitch 构造 ⊢（P→（Q→R））↔（（P∧Q）→R）的形式证明。

解　用 Fitch 构造的形式证明的每一步是否正确都可以检验。每一步证明所使用的规则出现在这一行的右端，每一步所使用的公式的序号也出现在这一行的右端，见图 2。整个证明是否正确也可以检验。因此，Fitch 是一款特别适合初学者学习构造自然演绎系统形式定理证明的计算机程序软件。例 2 的证明如图 2 所示。

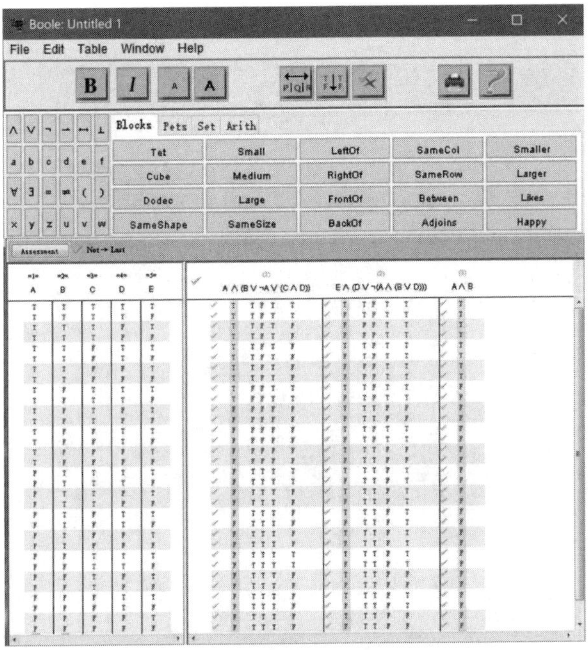

人工智能时代《数理逻辑》课程的教育技术现代化实践 241

图 1

图 1 表明：A∧（B∨¬A∨（C∧D）），E∧（D∨¬（A∧（B∨D）））和 A∧B 的共享真值表的每一行计算的真值是正确的，并且真值表的计算也是正确的。图 1 中 Assessment 所在的行显示

√ Not→Last

表示：作者在评价框 Assessment 中选择

A∧B 不是 A∧（B∨¬A∨（C∧D））和 E∧（D∨¬（A∧（B∨D）））的重言后承的结论是正确的。

例 3　用 Tarski's World 构造反例。

解 假设下面的 5 个语句

1. （Small（e）∧Dodec（e））→LeftOf（e, f）

2. Tet（c）→（Tet（e）∨Dodec（e））

3. e≠c→Tet（e）

4. Small（e）↔Dodec（e）

5. LeftOf（e, f）↔Larger（f, e）

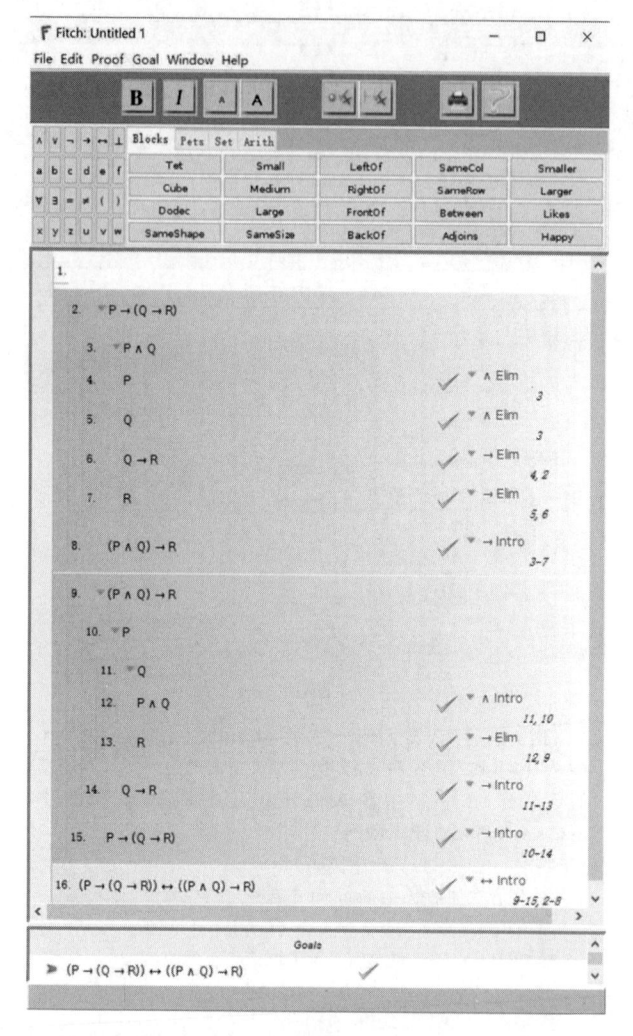

图 2

[其中，在 Tarski 世界中，Tet（e）表示 e 是一个锥体；Dodec（e）表示 e 是一个十二面球体；Small（e）表示 e 是小的；LeftOf（e, f）表示 e 在 f 的左边；Larger（f, e）表示 f 比 e 大] 是一个推理的前提。现在考虑 Tet（c）→Larger（e, f）是否这些前提的后承。如果是，给出一个形式证明。如果不是，可用 Tarski's World 构造一个反例，使得在这个世界中前提为真

而结论为假。

首先可以用 Fitch 判断 Tet（c）→Larger（e，f）是否前提 1~5 的一个后承。由图 3 可知：从前提 1~5 不能推出 Tet（c）→Larger（e，f）。图 4 是在 Tarski 世界的模块（Blocks）语言中构造的一个反例。

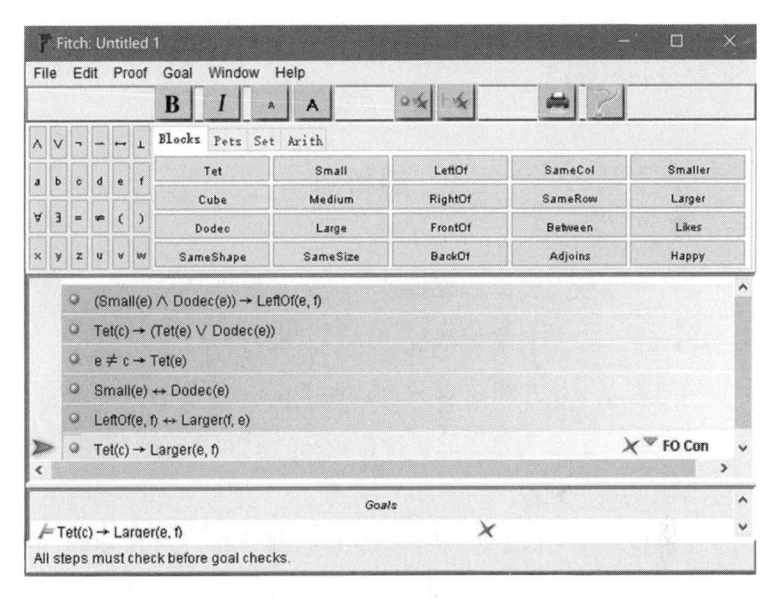

图 3

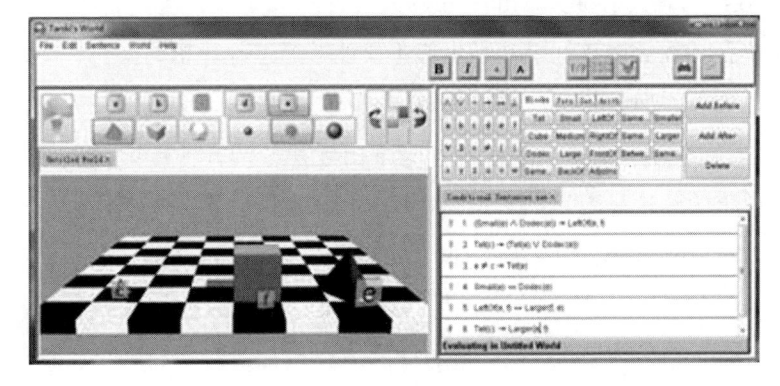

图 4

（五）授课目的

开设《实验逻辑学》课程的目的：使学生正确地理解数理逻辑中的思想和概念，熟练掌握数理逻辑中的方法，从而激发学生学习数理逻辑的热情，提高学生抽象思维和动手解决问题的能力，从而掌握数理逻辑乃至整个现代逻辑的核心和精髓。①

三 创新点

我们开设的《实验逻辑学》课程具有以下三个特点。

1. 教学内容具有前沿性和时代性

由于教学内容之一是介绍逻辑学习软件 Fitch 3.2 进行逻辑定理的机器证明，这与吴文俊院士的"数学的机械化证明"思想殊途同归。

2. 教学形式具有先进性

本课程在讲授和学习时，利用了互联网、多媒体、慕课视频（智慧树网平台）、计算机和软件等这些现代教育的技术和手段，从而体现了教学形式的先进性。

3. 教学内容具有探究性和个性化

由于在课程学习过程中，学生们不仅能够通过计算机的操作，熟练掌握教材上的内容，而且还能展现出与教材上不同的结果，给出创新的工作。例如，《实验逻辑学》（第二版，南开大学出版社，2021.1）第 283 页的练习 26，教材上的结论是图 5，而学生在实验中给出的一个结果是图 6。

虽然这两种证明方法不同，但都证明了 $\vdash \neg (Cube(b) \land b = c) \lor Cube(c)$。

因此，《实验逻辑学》课程的教学，不仅增加了教师与学生、学生与学

---

① 李娜：《现代教育技术在〈数理逻辑〉课程中的应用》，《中国大学教育》2018 年第 12 期，第 61 页。

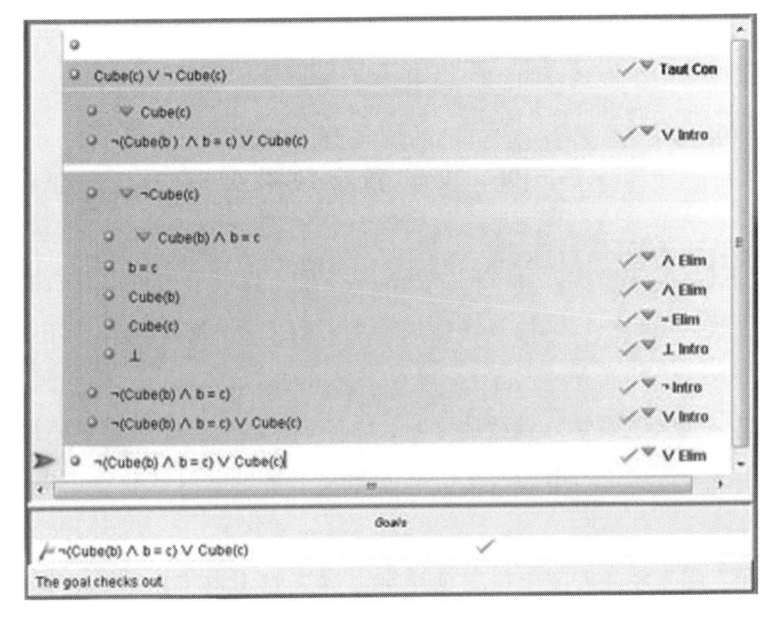

人工智能时代《数理逻辑》课程的教育技术现代化实践

图 5

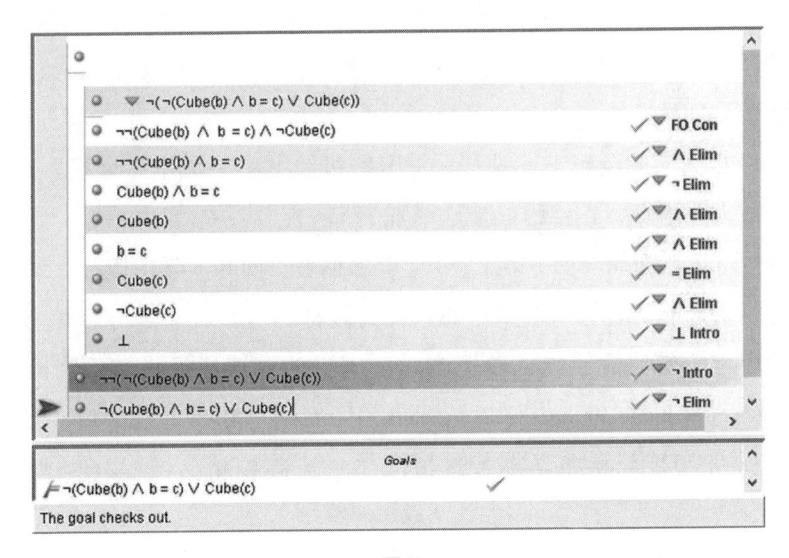

图 6

生的互动性，也体现出了学习结果的探究性和个性化。特别是，在《实验逻辑学》慕课的制作过程中，我们提供的 40 分钟教学实录视频，原本教材上只要求给出一个推理的非形式证明，但我们师生用实验软件 Fitch 共同完成了该推理的一个形式证明。

四　实验教学效果

通过《实验逻辑学》课程的学习，学生们不仅能够通过计算机的操作，熟练掌握教材上的内容，而且还能展现与教材上不同的结果，给出创新的工作。

经过《实验逻辑学》课程的学习，学生们牢固掌握了数理逻辑的思想，熟练地掌握了数理逻辑中的方法，从而激发了学生学习《数理逻辑》课程的兴趣。

现在，越来越多的学生自主选择学习《实验逻辑学》课程，包括《实验逻辑学》的慕课学习。

为此，我们的研究成果"《数理逻辑》课程的教育技术现代化的应用研究"2018 年获第八届高等教育天津市级教学成果二等奖（完成人：李娜、翟锦程、于泉涌）。

2020 年《实验逻辑学》课程获批国家级线下"一流本科课程"荣誉称号（完成人：李娜、翟锦程、李延军）。

教材《实验逻辑学》（第二版）（李娜编著，南开大学出版社，2021.1）2021 年 4 月获批天津市高校课程思政优秀教材。

2019 年李娜完成了《实验逻辑学》课程的慕课建设（智慧树网平台：https：//coursehome.zhihuishu.com/courseHome/1000008727/80612/16 # teachTeam）并获 2021 年秋冬学期智慧树网"一流高校精品课程（专业课）"荣誉。

总之，《实验逻辑学》课程不仅是南开大学逻辑学专业的一个品牌和新文科建设的重要标志，也代表着南开大学逻辑学教学的现代化水平。同时它也引领着国内逻辑教学的发展。

形式差异对三段论推理难度的
影响探析

姜海霞[*]

摘　要： 三段论推理的实证研究始于 Störrings 在 1908 年发表的关于关系推理和三段论推理的实验研究。此后的研究围绕着人类三段论推理的认知加工规律进行探讨，通过比较人的推理过程与逻辑规则来探究推理是否偏离逻辑规则及其内在的原因。研究结果发现，不同形式的三段论存在较为稳定的推理难度差异。有些形式非常简单，9 岁儿童可以熟练地推理。有些形式则非常难，未经逻辑训练的人几乎很少有人能推理出来。本文从格效应、前提性质以及省略三段论三个方面分析了三段论的形式差异对推理难度的影响。

关键词： 三段论推理　推理难度　格效应　命题性质　省略三段论

---

[*] 姜海霞，山东临沂人，哲学博士，清华大学教育研究院博士后。研究方向：应用逻辑与逻辑应用、教育测量与学习发展。

[**] 本文引用格式：姜海霞：《形式差异对三段论推理难度的影响探析》，《逻辑、智能与哲学》（第一辑），第 247~261 页。

一 引言

　　演绎推理是指从给定的前提中能必然地推出结论的推理。演绎范式起源于逻辑主义,即认为逻辑为人类推理提供了理性基础。演绎推理的现代研究始于20世纪60年代,其研究和发展受到心理学的影响,特别是皮亚杰的启发,他提出成人推理具有内在的逻辑性。因此,采用定义明确的逻辑结构的任务来检验这一观点,并将被试的作答与形式逻辑规则进行比较。由于具有形式多样、定义明确等优点,三段论成为心理学家最早采用的研究人类推理的任务。"三段论"一词来源于希腊语,"syl"意为"with","logizomai"意为"推理",所以三段论意为"用推理解决问题"。[1] 传统三段论由三个性质判断组成,其中两个性质判断是前提,另一个性质判断是结论;主项和谓项包含而且只包含三个不同的概念,每个概念在其中的两个性质判断中各出现一次。[2] 三段论推理的逻辑学分析始于亚里士多德,心理学的实证研究则始于Störrings在1908年发表的关于关系推理和三段论推理的实验研究。[3]

　　三段论推理的实证研究发现了两个普遍的现象。第一个现象是,不同的三段论形式难度不同,有些形式非常简单,9岁儿童都可以准确地完成推理。有些形式却很难,基本上很少有人能正确推断出来。第二个现象是,有没有经过逻辑训练的个体在三段论推理上的表现差异很大。[4] 已有研究多关注第二个现象,针对个体在三段论推理中的认知发展机制,国内外实证研究产生了多种理论,这些理论主要围绕三段论推理的认知加工规律进行探讨,

---

[1] Leighton Jacqueline, Sternberg Robert, *The Nature of Reasoning*, Cambridge University Press, 2003, p. 135.

[2] 金岳霖:《形式逻辑》,人民出版社,1979,第90~105页。

[3] Guy Politzer, "Some Precursors of Current Theories of Syllogistic Reasoning", in K. Manktelow, M. C. Chung, *Psychology of Reasoning. Theoretical and Historical Perspectives*, Psychology Press, 2004, pp. 213-240.

[4] Bruno Bara, Monica Bucciarelli & Philip Johnson-Laird, "Development of Syllogistic Reasoning", *American Journal of Psychology*, 108 (2), 1995, pp. 157-193; Jonathan Evans, *The Psychology of Deductive Reasoning*, Routledge & Kegan Paul, 1982, pp. 71-112.

通过比较人的推理过程与逻辑规则来探究推理是否偏离逻辑规则及其内在的原因，同时也对人在推理过程中的表现做出解释和预测。① 多年来，知识和信念在演绎推理任务中的作用极大，以至于许多研究人员已经放弃了将逻辑作为人类推理的描述性和规范性理论。三段论形式差异对推理难度影响的研究则表明了逻辑作为人类推理的理性基础作用。

知网上可搜到的国内心理学领域三段论推理的实证研究始于 20 世纪 60 年代。这些实证研究主要从个体演绎推理能力的发展、个体认知差异（比如，认知风格、认知能力等）对推理的影响、前提内容对推理的影响（比如，信念偏差、材料难度等）和不同格的推理难度这四个方面探讨。首先，有关个体演绎推理能力的发展研究发现，我国小学生已经具备了初步的演绎推理能力，不同年龄段存在显著的推理能力差异。初中生的三段论推理能力发展较快，初中升入高中以后推理能力有较大的飞跃。这些研究还发现在不同的推理任务上，演绎推理能力发展不均衡。② 其次，对个体认知差异的研究表明，个体的认知风格和认知能力对三段论推理有显著的影响。有研究指出，认知风格影响被试在不同逻辑状态下的表现，不同认知风格的被试在三段论推理表现上存在显著的差异。个体认知能力是影响被试分析加工能力的重要因素，随着认知能力的增加，被试在三段论推理上越倾向于做出规范的回答。③ 再次，前提内容对三段论推理的影响研究在国内受到了广泛关注，尤其是信念偏差对推理的影响。此外，还有

---

① Sangeet Khemlani, Philip Johnson‑Laird, "Theories of the Syllogism: A Meta-analysis", *Psychological Bulletin*, 138（3），2012, pp. 427–457; Robert Sternberg, Margaret Turner, "Components of Syllogistic Reasoning", *Acta Psychologica*, 47, 1981, pp. 245–265；杨群、邱江、张庆林：《演绎推理的认知和脑机制研究述评》，《心理科学》2009 年第 3 期。

② 李丹、武进之、缪小春：《儿童演绎推理的特点》，《华东师范大学学报》1964 年第 1 期；李国榕、胡竹菁：《中学生直言性质（范畴）三段论推理能力发展的调查研究》，《心理科学通讯》1986 年第 6 期；李云峰、马雁平：《直言三段论式正误辨别过程中三种效应的年龄和性别差异的研究》，《心理学探新》1993 年第 1 期。

③ 王霏、朱莉琪：《三段论推理中的个体内在影响因素》，《心理科学》2007 年第 2 期；周荃：《认知风格对范畴三段论推理影响的实验研究》，江西师范大学硕士学位论文，2014；罗俊龙、王玉洁、吴凯、贺雯：《逻辑训练对不同理性思维方式大学生三段论推理的影响》，《心理科学》2020 年第 6 期。

研究探讨了材料情绪性难度与问题类型对推理的影响。这些研究普遍发现，个体在推理过程中受到非理性因素的影响。前提的可信性以及前提的关系会使被试在推理时产生偏差效应。① 这也引发了关于推理是理性加工还是非理性加工的讨论。胡竹菁提出了一个用于解释人类演绎推理过程的理论模型，即"推理题与推理知识的双重结构模型"。该模型认为推理题的内在结构和推理者的知识结构是人类推理加工的两种结构。推理者对完成推理任务所需要的推理知识的理解水平决定其推理性质是理性加工还是非理性加工。② 最后，三段论的形式差异对推理的影响研究，国内有少数研究讨论了三段论的格对推理难度的影响。研究结果发现，第一格三段论最简单，第四格三段论最难。由于心理学研究更侧重于关注被试的个体特质因素对推理的影响，对于三段论形式差异的研究仅探索了不同格的难度差异。

　　三段论推理的实证研究共形成了 12 种主要的推理理论和模型。Khemlani 将这些理论分成了三类：启发式理论、基于形式推理规则的理论和基于集合论的模型理论。Rips 将三段论的推理理论分为"内隐加工"理论（shallow processing theories，比如，启发式理论）、分析型理论（analytic theories）和理解理论（comprehension theories）。③ Evans 指出，启发式理论主要研究人们在推理过程中犯的系统性错误及其原因；分析型理论主要研究人类推理能力的深层认知机制；理解理论主要关注人类推理过程中的内容和

---

① 王沛、李晶：《范畴三段论推理中信念偏差效应的实验研究》，《心理科学》2003 年第 6 期；白学军、张兴利、史瑞萍：《工作记忆、表达方式和同质性对线性三段论推理影响的眼动研究》，《心理与行为研究》2004 年第 3 期；姚志强：《三段论推理中信念偏差效应的研究》，《心理科学》2008 年第 2 期；李静：《材料情绪性、难度与问题类型对三段论推理的影响》，聊城大学硕士学位毕业论文，2015；李震峰、郭英、崔巍：《学生直言三段论推理出错的心理学分析》，《四川师范大学学报（自然科学版）》2003 年第 2 期。
② 胡竹菁、胡笑羽：《人类推理的"推理题与推理知识双重结构模型"》，《心理学探新》2015 年第 3 期。
③ Lance Rips, "Deduction", in Robert Sternberg & E. E. Smith (Eds.), The Psychology of Human Thought, Cambridge University Press, 1988, pp.116-152.

情境影响因素。[①] 表 1 总结了国外 12 种主要的三段论推理理论模型及代表学者。

表 1 国外 12 种主要的三段论推理理论

理论	代表学者
气氛效应	Woodworth & Sells (1936); Begg & Denny (1969); Revlis (1975); Revlin et al. (1980)
匹配理论	Wetherick & Gilhooly (1990)
换位理论	Chapman & Chapman (1959); Revlis (1975)
概率启发式理论	Chater & Oaksford (1999)
PSYCOP 模型	Rips (1994)
言语替换理论	Stoörring (1908); Ford (1995)
源基础理论	Stenning & Yule (1997); Stenning & Cox (2006)
言语模型	Polk & Newell (1995)
单调性理论	Geurts (2003); Politzer (2007)
文恩图理论	Newell (1981)
欧拉图理论	Erickson (1974); Guyote & Sternberg (1981); Ford (1995)
心理模型	Johnson-Laird & Steedman (1978); Bucciarelli & Johnson-Laird (1999)

资料来源：Sangeet Khemlani, Philip Johnson-Laird, "Theories of the Syllogism: A Meta-Analysis", *Psychological Bulletin*, 138 (3), 2012, pp. 427-457。

这些理论和模型主要探讨以下几个问题：(1) 格效应的认知加工机制；(2) 前提内容对三段论推理的影响；(3) 个体差异及其影响因素；(4) 个体演绎推理能力的发展及其影响因素；(5) 推理策略的习得和使用及其对推理的影响；(6) 三段论形式的难度差异。这些理论研究视角不同，关注的研究问题也有不同。但是大量的实证研究均发现不同的三段论形式存在较为稳定的难度差异。结合国内外的实证研究，本文从格效应、前提性质和三段论的省略式三个角度梳理了形式差异对三段论推理难度的影响，以为后续的研究提供思路。

[①] Jonathan Evans, "Theories of Human Reasoning: The Fragmented State of the Art", *Theory and Psychology*, 1, 1991, pp. 83-105.

二 格效应

三段论的格是指由于中项在前提中的位置不同而构成的四个格。在三段论的大前提和小前提中，中项可以是主项或谓项，由此形成了四种格：第一格（M-P/S-M），第二格（P-M/S-M），第三格（M-P/M-S）和第四格（P-M/M-S）。其中，M 为中项，P 为大项，S 为小项。Frase 最早提出了三段论的格效应（figural effects）这一概念。格效应是指中项的位置会影响三段论格的推理难度。他的实验结果表明：三段论从第一格到第四格的难度逐步递增，不同格的三段论难度存在显著差异。他提出了中项联合理论，该理论认为可以把某个前提中首先出现的项视为一个刺激，谓项视为一个反应，那么三段论的四个格就可以被视作四种学习范式。第一格可被视作 S-M-P 的单向向前连锁。第二格的前提为 P-M 和 S-M，两个前提的不同主项（刺激）得到了相同的反应，所以称为刺激等同。第三格的前提为 M-P 和 M-S，即两个前提的刺激相同，得到了不同的反应，所以称为反应等同。第四格为 P-M-S，是由后往前的向后连锁。[1] 推理过程的不同造成了推理难度的差异。此后，一些研究相继证明了三段论四个格之间的难度差异。[2] 但是这些研究没有得到一致的结果，对于格的难度差异也没有给出充分的解释。

Johnson-Laird 等人指出，除了不同格之间的难度差异，三段论中项的位置差异会造成结论端项顺序的偏差效应，这一效应主要体现在第一格和第四格上：第一格的三段论更容易得出 S-P 方向的结论，而第四格的三段论

---

[1] Lawrence Frase, "Associative Factors in Syllogistic Reasoning", *Journal of Experimental Psychology*, 76, 1968, pp. 407–412.

[2] Roberge James, "Further Examination of Mediated Associations in Deductive Reasoning", *Journal of Experimental Psychology*, 87, 1971, pp. 127–129; James Erickson, "A Set Analysis Theory of Behavior in Formal Syllogistic Reasoning Tasks", in R. L. Solso (Ed.), *Theories in Cognitive Psychology: The Loyola Symposium*, Lawrence Erlbaum, 1974; Louis Dickstein, "The Effect of Figure on Syllogistic Reasoning", *Memory & Cognition*, 6, 1978, pp. 76–83.

更容易得出 P-S 方向的结论。其他两格的结论没有显示出方向偏好。[①] 1984年，Johnson-Laird 和 Bara 提出了心理模型（mental model theory）。[②] 该模型指出三段论格的难度差异的原因在于，在心理操作中，第四格（PM-MS）的中项是首尾相连的，因此不需要任何操作即可将两个前提连接起来。第一格（MP-SM）需要将第二个前提与第一个前提的位置互换，以便得到前后连续的中项，从而将两个前提整合为一个复合模型。Störring 解释了第一格和第四格的难度差异的原因是由于被试在组合第一格和第四格的前提信息时的过程不同。[③]

以 AA4 式为例，如下：

> 所有鸟类学家都是无神论者，
> 所有无神论者都是科学家，
> 　因此，_____

如果按照大前提和小前提以及中项的顺序，在标准的第四格中，该式可以推出"有些科学家是鸟类学家"。如果推出"所有鸟类学家都是科学家"和"有些鸟类学家是科学家"，则该式就为第一格。笔者的一项实验调查了中学生在三段论推理时采用的推理策略，实验要求被试根据前提推出结论，并写下推理过程。实验结果表明，在该形式上推理正确的所有被试都得出了"所有鸟类学家都是科学家"，此时该式为第一格。中项"无神论者"连接了"鸟类学家"和"科学家"，大前提和小前提中的中项首尾相连，所以很容易从两个前提中推出"所有鸟类学家都是科学家"。其他三个形式也同理。

[①] Philip Johnson-Laird, Mark Steedman, "The Psychology of Syllogisms", *Cognitive Psychology*, 10, 1978, pp.64-99.
[②] Philip Johnson-Laird, Bruno Bara, "Syllogistic Inference", *Cognition*, 16, 1984, pp.1-61.
[③] Guy Politzer, "Some Precursors of Current Theories of Syllogistic Reasoning", in K. Manktelow, M. Chung, *Psychology of Reasoning. Theoretical and Historical Perspectives*, Psychology Press, 2004, pp.213-240.

以无效式 AO4 式为例，如下：

所有潜水员都是游泳健将，
有些游泳健将不是运动员，
因此，_____

实验结果表明，有 81.8% 的被试得出了"有些潜水员不是运动员"，有一位被试得出"有些运动员不是潜水员"，一位被试得出"无有效结论"。在该式中，中项"游泳健将"连接了大前提和小前提，由于大前提和小前提的命题性质不一致，被试为将两者联系起来，推出了"有些潜水员不是运动员"。虽然 AO4 式无法推出有效结论，但是被试仍然会通过首尾相连的中项连接两个前提推出结论。这一偏差也是造成无效三段论推理错误的重要原因。

根据心理模型的理论假设，第二格和第三格的结论没有明显的方向偏好，第二格和第三格的难度介于第一格和第四格之间。以 AE2 式为例，被试的答对率为 95% 以上。如下：

所有渔民都是商人，
所有文昌人都不是商人，
因此，_____

由 AE2 式可以推出"所有渔民都不是文昌人""所有文昌人都不是渔民""有些文昌人不是渔民""有些渔民不是文昌人"。有 40% 的被试得出了"所有渔民都不是文昌人"，55% 的被试得出了"所有文昌人都不是渔民"。没有被试得出"有些文昌人不是渔民"。

从图 1 可知，由前提"所有商人都不是文昌人，所有渔民都是商人"，可以得出"所有渔民都不是文昌人"。"商人"和"文昌人"为全异关系，"商人"包含"渔民"。因此，可以推出"所有渔民都不是文昌人""所有

形式差异对三段论推理难度的影响探析

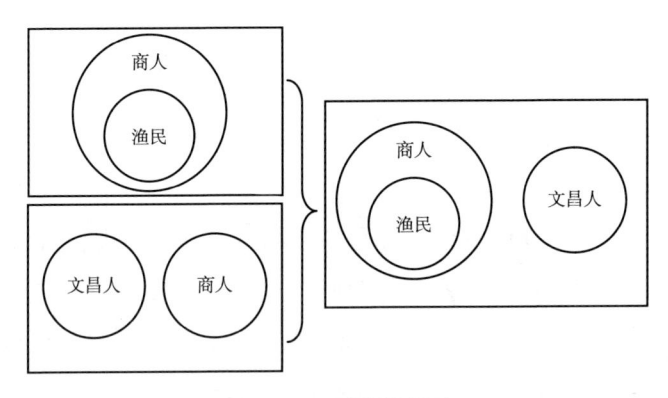

图 1　AE2 式欧拉图示

文昌人都不是渔民""有些文昌人不是渔民""有些渔民不是文昌人"。

第二格的其他形式，比如 EI2 式答对率很低（20.8%），那么影响同一格内三段论形式难度差异的原因是什么？通过作欧拉图示，我们可以直观地分析三个项之间的关系。以下为 EI2 式：

　　所有甲壳虫都不是害虫，
　　有些昆虫是害虫，
　　因此，＿＿＿＿＿＿＿＿＿＿

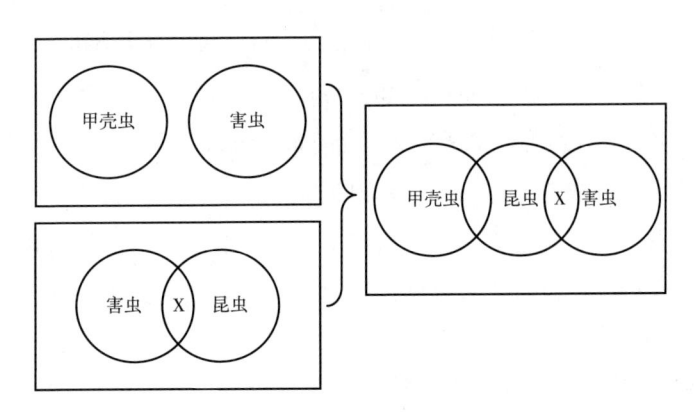

图 2　EI2 式欧拉图示

从图 2 可知，"甲壳虫"和"害虫"是全异关系。"害虫"和"昆虫"相交，结论的推出由于小前提中的特称命题而变得复杂。该式的结论只可以推出"有些昆虫不是甲壳虫"，我们无法断定关于"甲壳虫"和"昆虫"关系的更多信息。

从以上 AE2 式和 EI2 式的对比可以看出，在同一格内，前提性质是影响三段论推理难度的重要因素。前提性质包含肯定和否定以及量化性质，而影响三段论推理加工过程的关键之一是前提性质。接下来将引用心理学以及认知科学的实证研究证据来分析前提性质对三段论推理难度的影响。

三　前提性质对推理难度的影响

亚里士多德在《工具论》中除了将命题分为肯定命题和否定命题之外，还论述了全称命题和单称命题。他在《前分析篇》中指出："前提就是以某事物肯定于或否定于另一事物的一个句子。它或者是全称的，或者是特称的，或者是不定的。"康德提出将命题按照质、量、关系和模态来划分。直言命题分为：全称肯定命题、全称否定命题、特称肯定命题和特称否定命题。[①] 这四种直言命题组合成了不同的三段论形式，因此，三段论的形式差异在一定程度上是由直言命题的性质定义的。下面将介绍实证研究中命题性质对推理加工难度的影响研究，以讨论前提性质对三段论推理难度的可能影响。

Wason 对比了被试在肯定命题和否定命题上的心理加工差异。实验结果发现，被试在否定命题上的反应时（response time）显著高于肯定命题。[②] 研究给出了否定命题与肯定命题反应时差异的三个解释。首先，人们在习得语言过程中对肯定命题的兴趣、使用频率以及在概念学习中对肯定命题的重视使得人们更倾向于对肯定信息做出反应。肯定命题从直觉上给人更加有价

[①] 王耀堃：《传统逻辑与现代逻辑对量词研究的比较》，《上海社会科学院学术季刊》1988 年第 3 期。

[②] P. C. Wason, "The Processing of Positive and Negative Information", *Quarterly Journal of Experimental Psychology*, 11 (2), 1959, pp. 92–107.

值的信息。同时，肯定命题在本质上比否定命题更容易被接受。其次，与否定命题在感知经验中的推理本质有关。肯定命题依赖情境、概念和陈述一对一的联系，而否定命题仅仅暗示了某个特定经验未发生的情境。否定命题只能通过具体的肯定命题进行验证。因此，否定命题与肯定命题相比更加不具体。最后，与人们被否定命题激起的可能的情感反应有关，含有肯定含义的词语比否定含义的词语更容易让人接受。Wason 的实验结果呼应了 Hovland 和 Weiss（1953）的研究发现，即在信息量同等的情况下，从否定命题中获取概念比从肯定命题中获取概念更难。同时也印证了 Bruner（1956）的研究结果，即与否定命题相比，被试更擅长从肯定命题中推断信息。Stupple 和 Waterhouse 的研究结果也发现，被试在否定前提下的加工时间比肯定前提更长。[1] James 采用实验探讨了否定前提对四年级至十年级儿童演绎推理表现的影响。[2] 实验结果发现，否定前提对不同年龄段的儿童推理能力发展影响都存在显著的主效应。被试在否定前提的演绎推理中的得分显著低于肯定前提。在每个年龄段，否定前提的演绎推理难度都显著地高于肯定前提。

Woodworth 和 Sells 认为，限定词性质影响三段论推理难度。他们提出两个假设。假设一，自然语言的歧义性增加了三段论的推理难度。比如限定词"有些"的理解，对形式逻辑不熟悉的人容易将"有些 X 是 Y"等价为"有些 X 不是 Y"。假设二，被试在推理过程更倾向于接受一个特称结论而非全称结论。[3] Loren 和 Jean 也指出，人们倾向于认为 A 命题和 O 命题与其逆命题真值相同是造成推理错误的重要原因。[4] Stupple 等人采用眼动实验对比了被试在第一格和第四格的认知负荷。实验结果发现，特称命题的前提注视时

---

[1] Edward Stupple, Eleanor Waterhouse, "Negations in Syllogistic Reasoning: Evidence for a Heuristic Analytic Conflict", *The Quarterly Journal of Experimental Psychology*, 62 (8), 2009, pp. 1533-1541.

[2] Roberge James, "Negation in the Major Premise as a Factor in Children's Deductive Reasoning", *School Science and Mathematics*, 1968, pp. 715-723.

[3] Robert Woodworth, Saul Sells, "An Atmosphere Effect in Formal Syllogistic Reasoning", *Journal of Experimental Psychology*, 18, 1935, pp. 451-460.

[4] Chapman Loren, Chapman Jean, "Atmosphere Effect Re-examined", *Journal of Experimental Psychology*, 58 (3), 1959, pp. 220-226.

间显著高于全称命题，这说明数量限定词在表征的复杂性上有所不同。[1]

Katsos 等人调查了 31 种语言中 768 名 5 岁儿童和 536 名成人的数量限定词习得顺序。研究结果发现，在不同年龄和不同语言中存在较为稳定一致的数量限定词习得顺序。[2] 研究假设了影响数量限定词习得的四个因素：单调性（monotonicity）、总体性（totality）、复杂性（complexity）和信息量（informativeness）。第一，单调性假设。根据单调性的不同，单调递增数量限定词比单调递减数量限定词更先被习得。在这一假设下，全称肯定数量限定词"所有"比全称否定数量限定词"所有不"更容易习得，特称肯定数量限定词"有些"比特称否定数量限定词"有些……不"更容易习得。第二，总体性（totality）假设。在这一假设下，全称数量限定词比特称数量限定词更容易习得，即"所有"和"所有……都不"比"有些"和"有些……不"更容易习得。第三，复杂性假设。数量限定词"有些"比"大多数"更简单。比如，在加工命题"大多数 A 是 B"时，儿童需要将量化域限制在话语域相关的 A 集合中，然后比较 A 集合中属于 B 的个体和 A 集合中不属于 B 的个体。而在命题"有些 A 是 B"中，被试不需要将数量限定词限制为一组特定的实数或者比较基数。他们只需要将"有些 A 是 B"理解为"至少有一个 A 是 B"。第四，信息量假设。儿童在理解时对违反事实的要求比对违反语用真实性的要求更高。与成人相比，儿童不会拒绝信息量低的表达。调查结果表明，在 29 种语言中，数量限定词"所有"的习得表现高于"所有……都不"。在 28 种语言中，数量限定词"有些"比"有些……不"的更容易被习得。在 25 种语言中，全称数量限定词"所有"和"所有不"比特称数量限定词"有些"和"有些……不"更容易被习得。其中，全称数量限定词"所有"最容易习得，特称数量限定词"有些……

---

[1] Edward Stupple, Linden Ball, "An Inspection-time Analysis of Figural Effects and Processing Direction in Syllogistic Reasoning", *Proceedings of the Annual Meeting of the Cognitive Science Society*, 27, 2005, pp. 2092-2097.

[2] Napoleon Katsos et al., "Cross-linguistic Patterns in the Acquisition of Quantifiers", *Proc Natl Acad Sci*, 113 (33), 2016, https://doi.org/10.1073/pnas.1601341113.

不"最难习得。数量限定词"有些"和"所有……都不"的习得难度差异不显著。数量限定词习得顺序的不同从侧面说明了信息加工难度的不同。

关于前提性质对推理难度的影响，以上实证研究发现了以下几点证据。首先，否定命题比肯定命题更难习得和加工。其次，特称命题比全称命题更加复杂。最后，自然语言的歧义性以及命题性质影响数量限定词的理解和加工。气氛效应等理论模型对此做出了预测，但是无法全面地解释前提性质对推理的影响，这需要更多的实证研究来支持。

四 省略式对推理难度的影响

传统形式三段论包括大前提、小前提、结论三个部分。但是在日常语言的表达中，受语用因素的影响，人们通常会省略有些形式的大前提、小前提或者结论。省略了一个前提或结论的三段论被称为"省略三段论"。省略大前提和小前提的三段论中，大前提和小前提通常都是普遍的真理或者事实。省略结论的三段论中，被省略的结论通常是根据前提不言而喻可以推出的。省略三段论不是三段论的特殊形式，而是人们语言表达的灵活运用。

Politzer 等人描述了"自然三段论"的概念：在日常会话中以各种形式出现的省略了一个隐含在语义记忆中的全称肯定命题的三段论被称作"自然三段论"（natural syllogisms）。[1] 他们测试了成人在传统形式三段论和自然三段论上的表现。结果表明，成人在自然三段论的平均答对率为 78.9%，远高于传统形式三段论。后来他们用该实验测试了 11 岁儿童，结果表明，11 岁儿童在自然三段论的平均答对率为 72.5%，在传统形式三段论的平均

---

[1] Guy Politzer, "Solving Natural Syllogisms", in K. Manktelow, D. Over, & S. Elqayam (Eds.), *The Science of Reason*, Psychology Press, 2011, pp. 19-35.

答对率仅为48.2%。[1] 对9岁儿童进行的相同实验发现，9岁儿童可以较好地完成自然三段论的推理，他们在自然三段论上的答对率普遍高于传统形式三段论。[2] 这一研究结果表明，处于具体运算阶段的儿童在某些推理形式上也可以较好地进行形式运算，三段论的形式差异影响推理难度。

自然三段论是省略三段论的一种特殊形式，它主要发生在日常对话中。自然三段论和传统形式三段论的主要区别在小前提，在传统形式三段论的小前提中，项的关系是偶然的，而自然三段论的小前提的两个项是基于常识的类别包含关系。自然三段论比传统形式三段论更简单的原因是基于假设：储存在语义记忆里的类别包含关系可以有效地触发结论的推导。比如，自然三段论的 IAI4 式："在地下室里，有些螺丝刀坏了，因此，有些工具坏了。"这里省略了小前提"所有螺丝刀都是工具"。这种储存在语义记忆里的类别包含关系可以减少推理时工作记忆的负荷，使得推理更加简单。Politzer等人指出，自然三段论的推导类似于亚里士多德著作中的"ecthesis"，意为用符号清晰而有条理地阐述。[3]

五 未来研究展望

本文结合实证研究的证据从格效应、前提性质和省略式三个方面梳理了三段论的形式差异对推理难度的影响。三段论推理不是孤立进行的，而是组合在推理结构中的，每个推理过程都会对其他成分产生影响。三段论推理推出结论的过程受到多个因素的影响，比如先前知识、认知水平、信念、语用因素等。从形式的角度看，前提性质、中项位置以及省略式等直接影响了推理过程和认知加工难度。

---

[1] Guy Politzer, Christelle Bosc-Mine & Emmanuel Sander, "Preadolescents Solve Natural Syllogisms Proficiently", *Cognitive Science*, 41 (5), 2017, pp. 1031-1061.

[2] 姜海霞：《9岁和11岁儿童三段论推理实验对比研究》，《内蒙古师范大学学报（教育科学版）》2020年第4期，第58~64页。

[3] Robin Smith, "What Is Aristotelian Ecthesis?", *History and Philosophy of Logic*, 3, 1982, pp. 113-127.

格效应对推理难度的影响主要体现在：中项的位置影响个体在推理时信息加工的方向以及结论的端项顺序。当前研究对四个格之间的难度差异仍存在争议，这可能与实验采用了不同的实验范式和实验材料有关。同时，不同的理论模型对推理的加工过程有不同的理论假设。四个格在不同的实验范式和实验材料下是否都存在稳定的格效应、格效应对推理难度的影响等问题还需要进一步更深入、具体的实证研究。

前提性质影响前提的加工和组合难度。已有研究指出，全称命题比特称命题更加容易加工，肯定命题比否定命题更加容易加工。推理时个体倾向于通过对前提的性质所营造出来的气氛来推出结论，这从某些角度可以解释个体推理的过程，同时这也是造成推理偏差的重要来源，因为结论的推出不仅仅取决于两个前提命题性质的组合。[1] 当前对命题性质的研究多是从单一的因素指出个体的加工过程和规律对推理的影响。具体到前提性质对不同的三段论形式的难度影响仍需要进一步的研究以控制其他变量的干扰。

自然三段论省略了隐含在语义记忆中的具有普遍意义或规律的事实，降低了推理时的工作记忆负荷。对于其他的省略式（省略大前提、省略结论）是否更加容易推理仍需要更多的研究。

---

[1] Robert Woodworth, Saul Sells, "An Atmosphere Effect in Formal Syllogistic Reasoning", *Journal of Experimental Psychology*, 18, 1935, pp. 451-460.

Table of Contents & Abstracts

Discernment of Ethical Research on Artificial Intelligence

Chen Aihua / 49

Abstract: The development and application of artificial intelligence raises multiple ethical challenges, including the challenge to the diversity of human existence, the challenge to the plurality of human life, and the challenge to the diversity of life forms. In order to address these ethical challenges, we can only clarify the ethical nature of AI by asking why ethical research on AI is necessary, and then ask how it is related to human ethical awareness. The ethical awareness of human beings is a reflection on their state of existence and life situation, which leads to the formulation of a human order of existence and an ethical normative system to maintain this order from the perspective of contingency. This ethical awareness changes with the state of existence and life situation of human beings in different times. The ethical study of artificial intelligence is possible because scholars at home and abroad have conducted ethical research on this issue from multiple perspectives in order to address the multiple ethical challenges arising from the development and application of artificial intelligence mentioned above. In order to further identify the ethical research on AI, it is also necessary to clarify the progress and trends of its research, including how to build the top-level design, bottom-line thinking and overall planning of AI development and application, and how to build the corresponding ethical normative system and transform it into a reality.

Keywords: Artificial Intelligence; Ethical Research; Ethical Awareness

Reverse Inference: A Strategy for Unifying the Sciences of Language Study at the Mental/Neural Interface

Zhao Mengyuan / 65

Abstract: The research trend of language study based on neural data has restarted a debate on the unity of science in the circle of philosophy, that is, if neuroscience may interfere with linguistic theory, then how can language study keep its own autonomy? The key to a solution is to find out a methodological strategy for language study at the mental/neural interface. Nagel's model of reduction is not only faced with the problem posed by multiple realizability but also too rigid to be satisfied. Reverse inference demonstrates a bridge between neural data and linguistic hypotheses, providing an innovative path for the unification of sciences. To admit language as a study subject of natural science should be accepted as a premise for the unifying the sciences of language study at the mental/neural interface, and the non-reductive strategy for unification provides language study with an epistemic foundation from a transdisciplinary perspective.

Keywords: Reverse Inference; Language; Unity of Science; Bridge Law; Reduction

Exploring the Collective Decision Theory from the Perspective of Aggregation Rules

Dong Yingdong, Chen Yan / 78

Abstract: There are contradictions among the individual members. How can the collective decision be guaranteed? How can the fairness and justice be realized? Not only collective decision-making should consider the choice of aggregation rules but also it is taking into account the incompleteness and limitations of subject's cognition. We should respect the opinions of collective members and realize the basic agreement of interests, so as to reach consensus in decision-making. The study of collective decision-making has realistic significance for the development of society.

Keywords: Collective Decision-making; Preference Aggregation; Judgment Aggregation; Rationality

The Formal Argumentative Explanatory Model of Causal Reasoning
Ying Teng / 90

Abstract: Causality plays an important role in human life. The ability of causal reasoning is the basis for human to perceive the relationship between things. In artificial intelligence, both the explanatory analysis of machine learning and the attribution of counterfactual reasoning rely on causal reasoning. The statistical causal model, which is currently predominant, focuses on probabilistic reasoning under complex and imperfect conditions, and has insufficient interpretability of the reasoning mechanism. Since classical logic and traditional non-monotonic logic meet their own limitations on modeling the non-monotonicity of causal reasoning. Argumentation theory, by expressing the process of causal reasoning as making choice between conflicting arguments, captures essential characteristics of human cognition in causal reasoning and provide a more flexible explanation model of causal reasoning.

Keywords: Causal Inference, Formal Argumentation System, Non-monotonic Reasoning

The Reconstruction of Lewis Causal Theory Inspired by Structural Causal Model
Tan Hao / 109

Abstract: Structural causal model is a tool to represent causality by mathematics, and Lewis causal theory is a tool to represent causality by logic. In this paper, the two are placed under the counterfactual view of causality, and a new method is obtained by reconstructing Lewis causal theory through the enlightenment of structural causal model. This method is preliminarily applied to the Mill's five method in an attempt to solve the problem of inductive causal variable. Finally, it is concluded that the structural causal model and Lewis causal theory correspond to each other to a certain extent, and this application reduces causal problems such as Mill's five method into condition problems.

Keywords: Causal Theory; Lewis; Counterfactual; Structural Equation Model

The Validity of *Modus Ponens* and Logical Equivalents in Counterfactual Semantics   *Wei Tao* / 130

Abstract: There are two ways to study counterfactual in Philosophy. Stalnaker and Lewis describe counterfactual and causality in terms of similarity relations between possible worlds, construct counterfactual logic, and form the similarity-based semantics for counterfactuals. A number of contemporary philosophers such as Pearl, James Woodward and Christopher Hitchcock have explored an alternative counterfactual approach to causation that employs the structural equations framework, and advocate a causal modeling semantics for counterfactuals. Briggs developed the counterfactual semantics of causal model. It is proved that modus ponens is invalid in counterfactuals with counterfactual consequents, and classical logical equivalents not be freely substituted in the antecedents of conditionals. The paper holds that one might intervene to set value of the variable that can determine a particular context, and maintain MP rules and logical equivalent valid.

Keywords: The Semantics for Counterfactuals; Modus Ponens, Logical Equivalents; Intervene

On the Philosophical Characteristics of CnK

Zhou Longsheng / 146

Abstract: By introducing the formal characteristics of CnK and constructing semantic models, this paper analyzes the characteristics and causes of two types of inconsistent knowledge in paraconsistent epistemic logic CnK. CnK is not the formalization of dialectics, but it contains contradictions that do not lead to the trivialization of the system. Meanwhile, CnK embodies some properties of dialectics and the epistemology about the development of knowledge and truth.

Keywords: Paraconsistent Logic; Dialectics; Epistemology

Logic: Descriptive or Normative

Wang Yindan / 156

Abstract: Logic, as a theory describing consequential relations on truth-bearers, has similar descriptive properties to physics, biology and other descriptive disciplines. For this reason, logic is not considered normative. However, this view is resourced from the false dichotomy of descriptivity and normativity. This paper argues that the descriptive and normative aspects have shown a tendency to be compatible with each other in a broader field. In addition, the claim about the descriptive aspects of logic does not mean to dissolute the normativity of logic. On the contrary, the normative side of logic is based on the its descriptive side. This paper will set an exciting prospect for the topic of the normativity of logic.

Keywords: "Descriptive-normative" Thesis; Truth; The Normativity of Logic

Quantification of Intensional Objects in QML Framework

Liu Mingliang / 170

Abstract: Quine's view based on the obscure modal contextual reference and the quantified ontological commitment denies the legitimacy of quantitative modal logic. Marcus conducts quantitative modal logic based on the strict distinction between proper names and qualified descriptions. Defense. The dispute between the two has great flaws under the framework of the description theory of intension and solving the legality of QML basically depends on returning to the description theory.

Keywords: Referential Obscurity; Substitutional Quantification; Description Theory; Quantitative Modal Logic

Single-sentence Fuzziness Measurement Based on MMTD

He Xia / 185

Abstract: The fuzziness of a sentence is measured by the fuzziness of the words it is composed of. The predicate of a sentence is the core component of its meaning. The predicate of a sentence is mainly composed of a combination of verbs and adverbs, or adverbs and adjectives, which is called word links in this paper. A single sentence can contain a single word link or multiple word links. Based on the intermediary measurement of truth degree (MMTD), a quantitative tool for measuring fuzzy semantics, this paper considers a variety of grammatical structures, and establishes a single-sentence fuzzy measurement method and formula according to the existing fuzzy semantic measurement results of words. This paper aims to establish a method for artificial intelligence natural language fuzziness processing.

Keywords: Single Sentencefuzziness; Word Link; Fuzziness Measurement

Gemes' Partial Content and Relevant Applications

Duan Tianlong / 201

Abstract: Theory confirmation, as the focus of classical philosophy of science and scientific logic, is confronted with counter-intuitive consequences such as an "irrelevant" non-black raven confirming "all ravens are black" due to its deductivism appeal. For this reason, based on the concepts of "strongest consequence" and "relevant model", Gemes has imposed relevance restrictions to the traditional content concept which is based on classical logic consequence, and proposed the concept of "content part" and applied it to amend natural axiomatization, H-D, and verisimilitude which are the traditional concepts of philosophy of science. However, although the concept of content part satisfies the "non-trivial requirement", it conflicts with the classical logic intuitions such as "substitution requirement" and "equivalence requirement". Reflecting on these shortcomings, it is found that a reasonable concept of content part needs to conform to the general intuition of relation between whole and parts.

Keywords: Consequence; Relevance; Gemes; Partial Content

The Theory of Propositions in the Perspective of the Algebraic Approach
—Bealer's Approaches and Zalta's as Examples

Tu Meiqi / 222

Abstract: The theory of propositions under reductionism attempts to reduce intensional entities of one kind or another to extensional entities in the propositions, but this theory suffers from different degrees of defects. The theory of propositions under the algebraic approach as a non-reductive way to explain propositions can circumvent the problems brought by reductionism. In this paper, we choose Bealer's algebraic approaches and Zalta's to analyze the theory of propositions under the algebraic approach and compare the similarities and differences of their theories of propositions. It can be seen that propositions explained by the algebraic approach are more in line with people's intuitive habits, more fine-grained, and meet the requirements of intensional logic, avoiding the problem that co-extensional substitution in extensional logic can lead to changes in the truth value of sentences.

Keywords: The Algebraic Approach; A Theory of Proposition; Intensional Logic; Structured Propositions

Practice of the Modernization of Educational Technology for the Course Mathematical Logic in the Artificial Intelligence Era

Li Na / 237

Abstract: In recent years, with the development of artificial intelligence, the field of theorem machine proving has aroused more and more researchers' attention. In addition, various automatic theorem proving systems have been developed. For example, Fitch in the LPL (Language Proof and Logic) System developed by Stanford University can complete the machine proof of first-order logic theorem assisted by computer. Furthermore, at the turn from 1970s to 1980s, Chinese Academician Wu Wenjun tried to prove geometric theorems by using computer and achieved success. From five aspects, this paper briefly introduces the practice and achievements made by the School of Philosophy of Nankai University in the process of the modernization of educational technology for the course Mathematical Logic.

Keywords: Artificial Intelligence; Logic Teaching; Modernization; Practice

An Analysis of the Reasoning Difficulty of Syllogisms

Jiang Haixia / 247

Abstract: The empirical study of syllogistic reasoning began with Störrings' experiments on relational reasoning and syllogistic reasoning in 1908. Since then, the empirical research of syllogistic reasoning focuses on the cognitive processing law of human syllogistic reasoning and explores whether reasoning deviates from logical rules and its internal reasons by comparing human reasoning process with logical rules. Empirical studies find that there are stable differences in the difficulty of different syllogisms, some of which are very simple, even 9 -year -olds can reason very well and some of which are very difficult, lay people without logic training could hardly reason out. With evidence from empirical studies, this paper analyzes the reason why different forms of syllogisms have different difficulty. The analysis takes three aspects: figural effects, proposition, and enthymeme.

Keywords: Syllogistic Reasoning; Reasoning Difficulty; Figural Effects; Categorical Proposition; Enthymeme

征稿启事

  本集刊刊载与逻辑、智能、哲学相关之学术论文，尤其欢迎涉及上述3个领域跨学科交叉研究之论文。

  （一）优先刊发原创性研究之论文。本刊刊发论文正文须为中文；稿件请用word文档，不接受纸质版论文。出版前须经学术不端检测，有条件者请自行检测后投稿，并注明检测结果。同时，在本刊发表之前，投稿论文不得在其他出版物上（含内刊）刊出。

  （二）文章格式严格遵循学术规范要求，包括中英文标题、摘要（200字以内）、关键词及作者简介（姓名、籍贯、工作单位、职务或职称、主要研究领域）；基金项目论文，请注明下达单位、项目名称及项目编号等相关信息。投稿文件名请统一标注为：作者-论文题目。

  （三）论文字数一般为0.8万至1.5万。

  （四）注释采用脚注形式，每页重新编号，注释序号放在标点符号之后。所引文献需有完整出处，如作者、题名、出版单位及出版年份、卷期、页码等。网络资源请完整标注网址。

  （五）编辑部可能会根据相关要求对来稿文字做一定删改，不同意删改者请在投稿时注明。

  （六）编辑部联系方式：邮箱：LIP2021@126.com。

  地址：北京市东城区建国门内大街5号中国社会科学院哲学研究所智能与逻辑实验室，邮编：100732。

  （七）本集刊为连续刊物，常年征稿。收到稿件之后一个月内确定是否录用，出刊时间为每年6月和11月。

《逻辑、智能与哲学》集刊编辑部

图书在版编目(CIP)数据

逻辑、智能与哲学.第一辑/杜国平主编.--北京：
社会科学文献出版社，2022.8
　ISBN 978-7-5228-0204-6

　Ⅰ.①逻…　Ⅱ.①杜…　Ⅲ.①逻辑学-丛刊　Ⅳ.
①B81-55

　中国版本图书馆 CIP 数据核字（2022）第 099405 号

逻辑、智能与哲学（第一辑）

主　　编／杜国平
执行主编／马　亮

出 版 人／王利民
责任编辑／高明秀
责任印制／王京美

出　　版／社会科学文献出版社（010）59367078
　　　　　　地址：北京市北三环中路甲 29 号院华龙大厦　邮编：100029
　　　　　　网址：www.ssap.com.cn
发　　行／社会科学文献出版社（010）59367028
印　　装／三河市龙林印务有限公司

规　　格／开　本：787mm×1092mm　1/16
　　　　　　印　张：17.25　字　数：265 千字
版　　次／2022 年 8 月第 1 版　2022 年 8 月第 1 次印刷
书　　号／ISBN 978-7-5228-0204-6
定　　价／98.00 元

读者服务电话：4008918866

▲ 版权所有 翻印必究